中医实证芳疗全书

郭恒怡 / 著

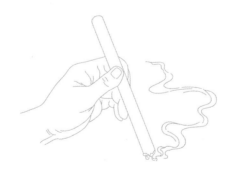

中国轻工业出版社

图书在版编目（CIP）数据

中医实证芳疗全书 / 郭恒怡著. — 北京：中国轻工
业出版社，2022.1

ISBN 978-7-5184-3699-6

Ⅰ.①中… Ⅱ.①郭… Ⅲ.①香精油—按摩疗法（中
医）Ⅳ.① TS974.1 ② R244.1

中国版本图书馆 CIP 数据核字（2021）第 210366 号

责任编辑：钟　雨　　责任终审：张乃东　　整体设计：锋尚设计
策划编辑：钟　雨　　责任校对：晋　洁　　责任监印：张　可

出版发行：中国轻工业出版社（北京东长安街6号，邮编：100740）
印　　刷：北京博海升彩色印刷有限公司
经　　销：各地新华书店
版　　次：2022年1月第1版第1次印刷
开　　本：710×1000　1/16　印张：24.25
字　　数：445千字
书　　号：ISBN 978-7-5184-3699-6　定价：98.00元
邮购电话：010-65241695
发行电话：010-85119835　传真：85113293
网　　址：http://www.chlip.com.cn
Email：club@chlip.com.cn
如发现图书残缺请与我社邮购联系调换
210632S2X101ZBW

芳香疗法一词虽然来源于欧洲，但是早在几千年前中医就开始使用这一疗法，唐宋金元时期更是积累了丰富的经验。

近一个世纪以来，芳香疗法持续在世界各地萌芽、深耕，越来越多的人关注这种独特的自然疗法，并从中受益。目前在国际上，芳香疗法已经成为一种非常受欢迎的辅助疗法，在法国和意大利，只有医生才能运用芳香疗法；在英国任何受过专业训练的专业治疗师都能运用；在德国、瑞士、奥地利，明确区分芳香护理及芳香治疗，芳香治疗只能由医师和自然疗法师执行，护理人员需在医师的指导下进行。德国、法国、英国、美国等发达国家，很多医院里面都有芳香疗法的项目，很多国家已经把芳香疗法纳入到医疗保障体系当中。我国很多城市都有芳疗馆，并且芳香疗法作为和缓医疗还入驻了不少大城市的三甲医院病房。

然而随着芳香疗法的普及，其暴露的缺陷也是比较明显的，其中最明显的便是芳疗方案和处方的个性化订制上。不少芳疗方案和处方千人一面，比较机械死板，不够灵活个性，也不尽符合国人体质，临床上，舒适度好，但疗效比较低。对此，普遍的共识是要引入中医芳疗运用体系。

相对于西方芳香疗法注重单独植物功效、物质结构，中医对芳香疗法的运用更侧重于根据当时当下的个体辨证来使用芳香植物，并且更侧重于植物的气机升降开合寒凉温热，不仅仅只看重其功效。因此，在芳香疗法，特别是芳疗处方的制定上，引入中医辨证体系和中医的本草理论等、对芳香疗法在临床上扩大运用范围，提高临床疗效都具有极为重大的意义。

此书的作者耕耘于芳疗领域多年，又致力于中医的学习，在临床实证中将中医的一些认知、理论、辨证方法、组方原理引入了芳疗，是很有价值的尝试，其实践经验也有值得借鉴学习之处。相信本书的问世，一定会在中国芳疗乃至国际芳疗界上引发有意义的思考及实践，引发更多的人关注或加入到芳香疗法中医实证的队伍里来。故特为序，预祝中医实证芳疗利益更多的人。

阅素灵

中医学博士，心理学博士，道家灸法传承者

2021年10月31日星期日于终南山

推荐序二

我是一名小儿推拿医师，在深圳市中医院工作很多年。2019年11月我被深圳市小儿推拿专委会分配到南山区小儿推拿培训点做培训工作。南山区的小儿推拿委员中就有郭恒怡，我们是在那次聚会上认识的。也是在交谈中，我慢慢了解到了"芳疗"的概念。没想到，小儿推拿专委会中也有专门做芳疗的。通常我们谈起芳疗，大多是指"精油"，而小儿推拿的介质多是水和滑石粉，少量的药油药膏，从没想过专门用精油去做。另外，精油多与高价联系起来。总之起初的印象并不太好。好在，郭是一个善良谦逊耐心的女士，她容忍了我的不屑，耐心地跟我聊起了她10多年的学习过程及感悟，当听到她会用中医辨证的思维针对性地去配制精油时，我肃然起敬。原来，精油是这么玩的！这不就是更进一步的中医外治方案嘛。从此，我不再另眼看待精油的问题。然而市场并不是因为某个人的改变而改变的，大部分人还在盲目的应用，我们在工作中也没有把精油真正的应用起来。

也许郭的名字中真带了一个"恒"字。2021年10月15日晚上，她告诉我她的书《中医实证芳疗全书》即将由中国轻工业出版社出版。我心中感叹，是怎样的耐心和毅力？！16日，当书稿放到我案头时，又一次震惊了我，太全面了。

这是一部中国的芳疗史，记住是中国的，已经突破了传统的西方认知。这是一部详尽的教科书，86种芳香精油的分类，比较，功效，作用特点，一一在案，图文并茂，不仅有西医文献的描述，还有中草药古籍的记载；对常见疾病保健的配方也毫无保留，一一详尽阐述。用到了中医的辨证思维，所用配法合情合理。第一次有一本芳疗的书脱离了西方传统的芳疗理念，就这么与中医紧紧融合在一起，这是一种功德。或许哪一天可以作为芳疗系的专业课本。

很感谢郭恒怡女士找我作序，当我忐忑的提起笔来，我似乎看到一个巨大的领域展现在面前，宽阔的前景，令人心神激荡……我是幸运的，可以为这样一部著作作序。

叶兵

深圳中医院主任中医师，小儿推拿学科带头人

2021年10月17日下午于深圳宅中

　　说到芳香，脑海中就会自动浮现出一系列场景，如大自然的花香、厨房中各种调料的香气、各种水果的香甜，这些香味刺激着我们，产生了美好的回忆和嗅觉的记忆。

　　芳香疗法是与土地连接、与植物交流，重拾身体自然规律的健康生活方式，也是需要用呼吸和身心去感受的一门关于香的艺术。这样的芳香本草既能满足日常生活、修身养性、医疗等多方面用途，又赋予宗教、文化的含义。

　　芳香类药物的应用有着悠久的历史，在传统中医药文化的发展中占有重要的地位。据记载，在古代就有焚烧香草来治病的医疗手段。汉代《神农本草经》记载药物365种，其中芳香类药物有18种；唐代药王孙思邈所著的《备急千金要方》也有很多芳香药物，并详细描述了药物的作用和用药方法。

　　现代芳香疗法常会用到精油。精油是将芳香植物通过萃取工艺得到的植物芳香精华。它香气浓郁、每次应用量较少、便于携带的优点，被大众所追捧。精油的价格有高有低，品牌众多，品种繁多，但对于大众来说如何选择、购买以及正确使用是最大的考验，本书将会为大家解答关于芳香精油的困惑。

　　本书从芳香类药物在历史长河中的发展脉络讲起，对于近百种常用精油的植物的拉丁名、科属、习性、生长环境、药理药效等均做了详细准确的描述，再到芳香类药物对于中医内科、外科、妇科、儿科等的临床应用，也做了详细而准确的讲解，用中医思维运用芳香疗法，是本书亮点所在。可见作者对历史、中医临床、植物学、药理学、中药化学等多学科领域均有很深的造诣。我相信此书将会是中医药学领域中关于芳香疗法的一部承前启后的大作。

　　承蒙信任，不嫌我愚钝不才，让我先睹为快，拜读书稿过程中，受益匪浅、收获良多。此佳作满载着作者的心血，展示了作者的深厚的学识和能力。佳作在即将付梓之际，以飨读者，相信不管是院校的学生、中医临床工作者、芳香疗法治疗师、中医及香道爱好者、普通读者等，都会从本书中汲取养分。

朱键勋

国家中医药管理局中药资源管理人才，长春中医药大学讲师

辛丑年己亥月辛巳日孟冬于长春七星百草园

前言

　　中国古代君子有四雅：焚香、点茶、挂画、插花，被宋人称为四艺，是当时文人雅士追求山林情趣的写照。翻开中国香史，你会发现中国人对于香气的追求，源远流长，太多的文物、古迹、诗词、书画，记载着中国人对品香的极致追求与巧妙运用。

　　我接触芳疗已十余载，最早都是以西方的理念来运用芳疗，强调分子式的研究与功效论证，到一定阶段会发现明显的瓶颈，西方芳疗更像是药学，但它缺乏像中医学这样完整的研究人体生理、病理、药理及人与天地自然关系的体系。芳疗是扎根于自然疗法的体系，而对自然观、天地之道的认知，无疑是中国人的理解最为深刻，运用最为悠久，回过头来看中国香史以及中医学术体系，会有豁然开朗的感觉。中医博大精深，需要花费一生的时间来学习精进，打开这扇门，我欣喜地想和大家分享这种内心的收获与思路的拓宽，也希望借此书抛砖引玉，让更多芳疗界的同仁能够走进中医和中国香道的大门，一起为发展中国式芳疗添砖加瓦。

　　本书上篇主要介绍中国香疗发展的历史，首先通过时间线，介绍香疗在各朝各代的发展情况，论述中国香史与现代芳香疗法的联系；接着提出复兴宋代芳香美学的倡议，源于中国人有爱香的文化渊源以及生活美学，而宋代是中国香疗发展的巅峰，宋代美学也更趋于现代人的审美追求。上篇通过文物、诗词、书画展现古人用香的细节，为发展现代中国式芳疗提供更多灵感。

　　中篇为精油宝典，囊括了从芳疗爱好者到专业芳疗师常用的86款精油，详细介绍每款精油的特性、代表成分、运用历史、功效等内容。精油功效是结合我多年的实践运用经验总结而成，解读精油功效时，尝试使用更多的中医专业术语，更强调植物本身的四气五味以及整体观的运用理念。精油成分是大量考证专业精油供应商的资料整理而得，力求真实、客观、可靠。关于草药植物的介绍，我查阅了很多中药草本的古籍，精选我认为有价值的记载分享给大家，希望大家能更多地运用中医思维去理解精油特性。

　　下篇通过十个主题，从中医辨证的角度，对现代人常见的身心问题进行剖析，比如失眠、常见呼吸道问题、脾胃失调、女性健康调养、脊柱问题、过敏体质等，系统展示中医思维运用精油的理念、方法与形式，并提出芳疗处方，以帮助身体恢复平衡与健康。同时希望读者能知其然、并知其所以然，力求将每个问题发生的原因、为何要这样解决阐述清晰，学会以中医思维进行体质辨识，从而对配方进行灵活调整，实现个性化配方设计。

如果您是专业芳香疗法治疗师，可以从本书了解中国香疗的发展历史，进一步理解精油的性味功效，获取中医思维运用精油的思路。

如果您是中医群体中对芳疗感兴趣的人群，可以通过本书建立对芳疗的基础认知，将芳疗这种非常好的自然疗法结合运用到诊疗过程中。

如果您是芳疗爱好者，可以从本书中获取芳疗专业知识，了解身体运行的自然法则，获得实用的芳疗处方。

如果您是芳疗品牌运营及文案人员、可以从本书获得大量的历史资料及文案灵感。

期待这本书能让大家有所收获。最后，要感谢我人生中亦师亦友的蔡伟忠博士为此书出版给予的鼎力支持，感谢为本书作序的阅老师、叶老师、朱老师，给我提供了很多宝贵的建议和帮助，感激之情定将铭记在心。中医芳疗，前路漫漫其修远兮，书中如有疏漏之处，也请大家多多包涵，愿与各位交流共进。

郭恒怡

2021年11月15日于家中

目录

爱香之道

中国人爱香，自古以来便是传统，早在《诗经》时期，便有唯美文字：

『维士与女，伊其相谑，赠之以勺药。』

——《诗经·郑风·溱洧》

为了让心上人欢喜，相约大自然、溪流边，芳香地，摘一朵花儿赠予心爱之人，以自然的花草表达朴素真挚的情感……愿在心头，勿相忘！彼时的爱情，一分清香便足以，纯粹而又美好。

中国人崇尚自然，讲究天人合一，人法地，地法天，天法道，道法自然。古人对于自然的喜爱，于生活美学上，便落在了充满芬芳气息的植物中，将香草佩于身上，用于美食，疗病养伤；沐浴净身，借一缕香与天地、神明沟通，将芳香散落在生活的每一处细节。古人用香，是中国文化最原始的生活美学。

华夏馨香的渊源

中国人对于香气的喜爱是与生俱来的。《孟子·尽心章句下》云："口之于味也，目之于色也，耳之于声也，鼻之于臭也，四肢之于安佚也，性也。"古时"臭"同"嗅"，嗅乃鼻之天性，而香气于嗅是正面的、令人愉悦的。《荀子·礼论》云："椒兰芬苾，所以养鼻也。"香之美好气味，可以营造怡人的生活氛围，使心神趋于宁静，获得精神的升华。所谓香生静，静生定，定生慧，慧至从容，香对于修身养性有着积极而美好的意义。中国的香学文化伴随着华夏民族走过数千年的兴衰历程，犹如一段气味的文字符号，深深印刻在中国传统文化的史册上。

中国人用香，可以追溯到上古乃至远古时期，6000年前，在黄河、辽河、长江流域，仰韶文化、红山文化、良渚文化、龙山文化、河姆渡文化遗址中均发现了祭坛，记载着古人用"香"与天地沟通的印记。祭祀是华夏文明中很重要的仪式，《尚书·尧典》记载了舜帝登基举行祭祀的场景：在正月上日，于太庙举行继位典礼，举行祭天大典，将继位之事上告天庭，参拜天地四时、山川、群神。《礼记·祭统》有云："凡治人之道，莫急于礼；礼有五经，莫重于祭。"由此可见，在古时，祭祀放在诸多礼仪的首位。

良渚文化
竹节纹带盖陶熏炉

战国
凤鸟衔环铜熏炉

远古时期的农耕文化，人们对天地有着深刻的敬畏，无论帝王将相还是平民百姓，都信天、敬天、拜天，祈求风调雨顺、社稷兴旺、生生不息。在祭祀活动中，会燃点香蒿，燔烧柴木，烧燎祭品，敬供香酒、谷物等。《诗经·大雅·生民》云："载谋载惟，取萧祭脂。取羝以軷，载燔载烈，以兴嗣岁。"这里所说的"萧"就是一种香草，古人借焚萧向上天表达敬意，通达愿望，希望得到天地神灵的庇佑。

"浴兰汤兮沐芳，华采衣兮若英。"

——屈原《九歌·云中君》

华夏文明中，自古便非常注重仪式感，人们对于天地发自内心的敬重，便衍生出诸多礼仪。古代楚地的女巫，在举行祭祀之前，会用兰草熬煮的兰汤沐浴，洁净身心，熏染一身芳香，以沟通神明。古人认为兰草能避不祥，故以兰汤洁斋祭祀。庾信《周祀五帝歌·配帝舞》云："沐蕙气浴兰汤，匏器洁水泉香。"将这满满的仪式感描绘得颇具美意。

兰汤不仅用于祭祀，百姓生活亦有兰汤沐浴的习俗，大约从夏代开始，人们就会在阴历五月采集兰草、熬煮兰汤、沐浴身体，认为兰汤可以治疗风病、祛除不祥。此习俗一直沿袭至宋代，五月五日端午节也被称作"浴兰节"。《荆楚岁时记》有："五月五日，谓之浴兰节。"当时的兰不是指兰花，而是菊科的佩兰，而兰草也因为芬芳怡人，得到另一个美称——"香水兰"。

古人对于兰汤的喜爱，亦散落在诸多诗词之中，南朝梁武帝《和太子忏悔》云：

〉
战国楚墓出土帛画
(传)画中为楚地的女巫

》
战国楚墓
透雕龙纹熏炉

"兰汤浴身垢，忏悔净心灵。"古人认为兰汤沐浴不仅可以洁净身体，更可以涤荡灵魂。

　　古人用香不仅体现在沐浴中，还有香囊这种用香的巧思，更是体现了古人依恋天然馨香的生活美学。《礼记·内则》云："男女未冠笄者，鸡初鸣，咸盥漱，栉縰，拂髦，总角衿缨，皆佩容臭。"这是华夏文明礼仪的又一体现，描写少年在拜见长辈时的仪式：雄鸡初鸣的清晨，认真洗漱梳理妆发，于身佩香囊，以示对长辈的尊敬。"容臭（嗅）"即香囊，古人运用香囊的历史远在周代便有，将香草置于香囊中，佩之于身，所到之处，一步一香，颇受人们喜爱，在屈原的诗词中亦可窥见一斑。

"扈江离与辟芷兮，纫秋兰以为佩。"

——屈原《离骚》

　　将秋兰佩于身上，暗喻了屈原自性高洁，文人用香多有修身养性之意。除此之外，屈原还有大量的诗词借芳香植物寓意高尚的道德品质，"杂申椒与菌桂兮，岂维纫夫蕙茝。""户服艾以盈要兮，谓幽兰其不可佩。""何昔日之芳草兮，今直为此萧艾也？"屈原在《离骚》《九歌》中提到了诸多香草植物，如白芷、花椒、佩兰、菊花、桂花、泽兰、蓬荷、菖蒲、辛夷花等，屈原可以说是先秦文人爱香的典范。

马王堆出土的绣琦香囊
里面盛装植物香料

唐　周昉《簪花仕女图》
画作左侧为辛夷花

　　对于香草的喜爱，不仅体现在历代文人雅士的诗词之中，亦体现在圣贤良言中。孔子云："与善人居，如入芝兰之室，久而不闻其香，即与之化矣。"孔圣人认为和品行优良的人交往，有如步入满室兰花之所，久而久之会闻不到兰花的香味，这是因为你与兰花已融为一体。意指择善友而交，品性便会趋于善。用兰花之香寓意品行高尚之人，足见在圣贤心中，芳香植物和人一样，是具有品格特质的。

芳香植物不仅让人心性优雅，更兼具实用性。《周礼·秋官》云"翦氏掌除蠹物，以攻禜攻之。以莽草熏之，凡庶蛊之事。""庶氏掌除毒蛊，以攻说襘之嘉草攻之。""蝈氏掌去蛙黾。焚牡菊，以灰洒之，则死。以其烟被之，则凡水蛊无声。"古人很早便掌握了芳香植物的妙用，比如熏香用以防治各类"虫"扰。

古人还喜欢用香木搭建屋宇，用芳草装饰居室，屈原在《九歌》中便描绘了一个芳香府邸："荪壁兮紫坛，匊芳椒兮成堂。桂栋兮兰橑，辛夷楣兮药房。罔薜荔兮为帷，擗蕙櫋兮既张。白玉兮为镇，疏石兰兮为芳。芷葺兮荷屋，缭之兮杜衡。合百草兮实庭，建芳馨兮庑门。"用荪草装点墙壁，紫贝铺砌庭坛，芳椒和泥抹壁，以玉桂作梁，木兰为桁橑，辛夷装饰门楣，白芷铺满卧房，剖开蕙草支成幔帐，编织薜荔做成帷幕，拿来白玉做成镇席，疏布石兰芳香四溢，荷叶屋顶覆盖芷草，四周缠绕杜衡草，香气弥漫门廊庭院，引人入胜。

古人不仅追求香居，宫廷礼仪亦是香气萦绕。《汉官仪》和《汉官典职》均记载了尚书郎奏事前用香炉熏衣："女侍史执香炉烧熏，以入台护衣。"且奏事对答时要口含鸡舌香，以使口气芬芳。"含鸡舌香"也成了历史典故，引义在朝为官或是代人效力。

先秦时期，边疆与海外的香料尚未大量传入，传统熏香多以本土芳香植物为主，如

清 郎世宁《花鸟图册 兰花图》

清 袁江《沉香亭图》

兰、蕙、艾萧、郁、椒、芷、桂、木兰、辛夷、茅、麝香等。到了汉代,汉武帝击溃匈奴,统一西南、闽越、岭南等地,疆土面积得以扩大,盛产香草香料的边陲地区亦囊括在版图之中;另一方面,海陆丝绸之路使汉代的交通和贸易四通八达,将境外香料源源不断地运输到境内,沉香、乳香、苏合香、安息香、龙脑、鸡舌香、迷迭香、都梁、果布(龙脑香)等香料传入我国,大大丰富了用香品种。

香之名品——沉香,在东汉时期杨孚《异物志》里便有记载:"木蜜名曰香树,生千岁,根本甚大,先伐僵之,四五岁乃往看,岁月久,树材恶者腐败,唯中节坚直芬香者独在耳。"木蜜就是沉香,显示汉朝不仅已经开始使用沉香,并且知道沉香的由来。

值得一提的是,佛教在汉代传入中国,佛家弟子坐禅、诵经、供奉时都要用香,释迦牟尼在涅槃之前,多次阐述香的重要价值。早期的道教,也与香有着深厚的渊源,修道之人以香养生、养神,在炼制"药金""药银"时亦需焚香。所以宗教发展对中国的香学文化产生了巨大的推动作用。

在汉代,各种熏香器具也越来越精美,在陕西兴平市茂陵东侧的汉墓,出土了鎏金银竹节熏炉,此熏炉底盘透雕两条蟠龙昂首含住炉柄,竹节形的炉柄分为五节,节上还刻有竹叶,柄的上端有三条蟠龙盘旋,龙头将熏炉腹托起,熏炉为博山形,炉体

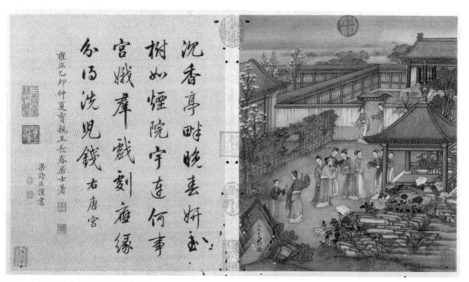

清 冷枚《十宫词图册》之唐宫
以沉香搭建凉亭

沉香亭畔晚春妍,玉树如烟院宇连。

何事宫娥群戏剧,应缘分得洗儿钱。

> 敦煌壁画《引路菩萨》
画中菩萨手持香炉

>> 鎏金银竹节熏炉
局部

下部雕饰蟠龙纹，底色鎏银，龙身鎏金，炉体腹壁浮雕四条金龙，龙首回顾，龙身从波涛中腾出，线条流畅，造型精妙，整个炉体一共有九条龙，"九"在中国古代象征最高数字，龙是皇权的体现，所以这件熏炉属于典型的皇家器物，即便到了现代，所见之人，无不惊叹其之精美。

汉代不仅熏香器具越来越精美，用香形式也逐渐丰富，熏香不仅限于单一品种，开始出现合香，将不同的香料放在一起熏香，让气味更加丰富多元，湖南长沙马王堆一号墓发现的陶熏炉，混放了高良姜、辛夷、茅香等多种香料，这实际上便是合香（调香）的雏形。

到了魏晋南北朝时期，合香已经非常普及，有许多关于香方的著作，如《龙树菩萨和香方》《香方》《杂香方》《杂香膏方》等，虽然时至今日均已散佚，但反映了当时合香的制作和使用已是常态。范晔所著《和香方》

故宫藏画《雍正十二妃》
檀香木床有助入眠

是目前所知最早的香学著作，但今时只存序文，云："麝本多忌，过分必害。沉实易和，盈斤无伤。零藿虚燥，詹唐黏湿。甘松、苏合、安息、郁金、榇多、和罗之属，并被珍于外国，无取于中土。又枣膏昏钝，甲煎浅俗，非唯无助于馨烈，乃当弥增于尤疾也。"道出古人重视香之养生功效，并非只图气味芬芳，通过和香可以平衡香药的偏性，以求熏香同时，能够助益身体康泰。

在古代，人们崇尚自然，所以擅长在大自然中找答案，如果身心有疾，首先想到的一定是运用自然的力量。植物在任何环境下，都是心无旁骛地汲取天地能量，只为开枝散叶，生生不息。古人的智慧，很早就发现了芳香植物蕴含天地能量的疗愈特性，将它们运用在养生疗疾中。早在《史记·礼书》便记载："侧载臭茝，所以养鼻也。""茝"为一种香草即白芷，现在也是常用中药，具有芳香燥湿，祛风散寒，通鼻窍止头痛的功效，古人会用其熏香以养鼻护身。

唐　周昉（传）《调琴啜茗图》
女子坐于桂花树下，桂花香气养鼻怡情

我国现存最早的医方著作《五十二病方》，是1973年出土于湖南长沙马王堆三号汉墓的帛书，原书无名，后人按其目录后题有"凡五十二"字样，将其命名为《五十二病方》，据考约成书于战国时期，这本书共存医方283个，药物247种，其中便记载了诸多药用芳香植物，如青蒿、芎䓖、白芷、桂、菌桂、辛夷、蜀椒、干姜、厚朴等。此书还记载了以药气熏疗牝痔的方法："取弱（溺）五斗，以煮青蒿大把二、鲋鱼如手者七，冶桂六寸。干（姜）二果（颗），十沸，抒置中，（埋）席下，为窍，以熏痔，药寒而休。"可见早在战国时期，古人便以香药疗疾，且汤药并不局限于内服，也可用于熏疗。

现存最早的本草学著作《神农本草经》，成书于汉代，是我国早期临床中药学的系统化整理，被誉为中药学的经典著作。

《神农本草经》全书收载了365种药材，巧妙对应一年365日。"一度应一日，以成一岁。"书中将药材分为上品、中品、下品，以对应天、地、人三界，反映了古人天人合一的思想境界。

"上药一百二十种为君，主养命，以应天。无毒，多服、久服不伤人。欲轻身益气，不老延年者，本上经。"

"中药一百二十种为臣，主养性，以应人。无毒、有毒，斟酌其宜。欲遏病，补虚赢者，本中经。"

"下药一百二十五种为佐、使，主治病，以应地。多毒，不可久服。欲除寒热邪气，破积聚，愈疾者，本下经。"

明确指出了上药养命延年，可多服久服；中药养性，需斟酌服用；下药治病，中病即止，不可久服。传统香药很多都在上品之列，如木香、柏实、榆皮、白蒿、甘草、兰草、菊花、松脂、菌桂、白术、防风、牡桂、辛夷等，这些上品香药，以熏香的方式长期使用，可以养生保健。

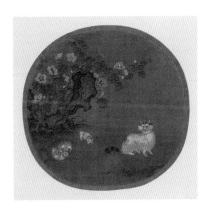

宋　毛松《麝香图》
《神农本草经》卷三·虫部载有麝香

到了三国时期，用香基本是汉代的延续，对香最痴迷者，莫过于曹丕，尤以迷迭香为最爱，其宫院种满迷迭香，并邀请众人一同作赋，曹丕和曹植都曾作《迷迭香赋》，曹丕有云："随回风以摇动兮，吐芬气之穆清。"曹植有云："附玉体以行止兮，顺微风而舒光。"两人对迷迭香的气味、风韵皆称赞有加。曹植的诗中还道明了迷迭香的由来："佩之香浸入肌体，闻者迷恋不能去，故曰迷迭香。""播西都之丽草兮，应青春而凝晖。"说明迷迭香原产于古时的西域之国。

三国时期，各种香药、香料、香草的往来日趋繁盛，吴国丹阳太守万震在《南州异物志》便提到了青木香来自天竺国，状如中国甘草。在古代，各国也会派遣使臣来朝，并带来各种进贡品，其中就包含郁金、苏合香、熏陆香等各种香药。

到了隋唐时期，社会经济繁荣，佛教兴盛，对于香药的崇尚和需求愈加兴盛。《天下郡国利病书》载："唐始置市舶使，以岭南帅臣监领之……贞观十七年，诏三路舶司，番商贩到龙脑、沉香、丁香、白豆蔻四色，并抽解一分。"唐朝香药贸易的规模越来越大，官府便开始设关收税，香药不仅从境外输入，也从境内输出，《唐太和上东征传》记载了鉴真东渡日本时，带去了许多香药，如麝香、沉香、甘松香、龙脑香、安息香、檀香、零陵香、薰陆香、青木香、荜茇、诃黎勒、胡椒、阿魏等。

唐　周昉《簪花仕女图》
古代贵妇头顶簪花，举手赏花的美态

清　郎世宁《花鸟图册之紫白丁香图》
丁香为唐代往来贸易的货品之一

最晚进入中土的高档香料，据考证应为龙涎香，直到晚唐时《酉阳杂俎》才有其记载："拨拨力国，在西南海中，不食五谷，食肉而已。……土地唯有象牙及阿末香"。"阿末香"即龙涎香（Ambar）的音译，产地"拨拨力国"也是音译（Barbary）或（Berbera），是指索马里北部亚丁湾南岸的柏培拉附近区域。

在唐代，各地的土贡也多有香品，尤以麝香最为普遍，其出产于燕山至太行山一线以西以北、青藏高原以东的郡。此外，还有甲香是台州临海郡、漳州漳浦郡、潮州潮阳郡、广州南海郡的土贡；甲煎是循州海丰郡土贡；沉香是广州南海郡土贡；零陵香是永州零陵郡的土贡。

唐代宫廷用香颇为豪华，王建的《宫词》有："每夜停灯熨御衣，银熏笼底火霏霏。"记录皇宫每夜以香熏衣的场景。《旧唐书》记载唐宣宗只有在"焚香盥手"后才批阅章疏，以示对大臣奏折的重视。唐代贾至《早朝大明宫》云："剑佩声随玉墀步，衣冠身惹御炉香。"王维和之："日色才临仙掌动，香烟欲傍衮龙浮。"杜甫和之："朝罢香烟携满袖，诗成珠玉在挥毫。"都是描写朝堂熏香盛景，百官上朝衣袖染香之事。

明　陈洪绶《斜倚熏笼图》
描绘古人以香熏衣的场景

唐代不仅宫廷爱香，文人雅士也爱香，激发了他们的创作才情，出现大量咏香佳作。

王维参禅悟理，学庄信道，精通诗、书、画、乐，喜欢歌咏隐居山水的生活诗篇，有着清新脱俗的自然风格，一缕香，一分清雅。

"暝宿长林下，焚香卧瑶席。"

"藉草饭松屑，焚香看道书。"

"藤花欲暗藏猱子，柏叶初齐养麝香。"

李白是唐代伟大的浪漫主义诗人，热爱游走于大江山川之间、抒发内心情感，诗句有着丰富的想象力和豪迈奔放的风格，一缕香，一分飘逸。

"焚香入兰台，起草多芳言。"
"横垂宝幄同心结，半拂琼筵苏合香。"
"香亦竟不灭，人亦竟不来。相思黄叶落，白露湿青苔。"

杜甫是现实主义诗人，虽历经沧桑，仍心系国家，虽有宏伟抱负，却郁郁不得志，一缕香，一分慰藉。

"宫草微微承委佩，炉烟细细驻游丝。"
"雷声忽送千峰雨，花气浑如百和香。"
"香飘合殿春风转，花覆千官淑景移。"

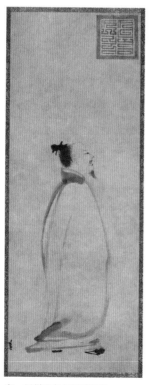

宋　梁楷《李白行吟图》

清　王时敏《杜甫诗意图册》
山花烂漫的美景

李贺虽仕途不顺，却热心于诗歌创作，抒发对理想抱负的追求，一缕香，一分傲然。

"练香熏宋鹊，寻箭踏卢龙。"
"断烬遗香袅翠烟，烛骑啼乌上天去。"
"斫取青光写楚辞，腻香春粉黑离离。"

白居易有着丰富的人生阅历，从年盛时意气风发，到年老时皈依佛门，体现其"穷则独善其身""达则兼济天下"的人生哲学，一缕香，一分淡然。

"从容香烟下，同侍白玉墀。"
"闲吟四句偈，静对一炉香。"
"红颜未老恩先断，斜倚熏笼坐到明。"

杜牧喜老庄道学，有着咏史抒怀的豪情，亦有对生活之美的洞悉，一缕香，一分洒脱。

"桂席尘瑶佩，琼炉烬水沉。"

宋　佚名《十八学士图》
描绘唐代十八学士谈古论今的场景，案几上放着熏香炉

李商隐的诗句中有着缥缈的意境，情思宛转，读来令人荡气回肠，一缕香，一分柔情。

"有心莫共花争发，一寸相思一寸灰。"
"金蟾啮锁烧香人，玉虎牵丝汲井回。"
"谢郎衣袖初翻雪，荀令熏炉更换香。"

刘禹锡一生中大部分时间都在被贬的路上，但他对生活始终一往情深，积极乐观面对人生。一缕香，一分深情。

"博山炉中香自灭，镜奁尘暗同心结。"
"妆奁虫网厚如茧，博山炉侧倾寒灰。"
"博山炯炯吐香雾，红烛引至更衣处。"

宋　佚名《十八学士图》
文人们吟诗作赋

宋　佚名《十八学士图》
桌案上放着香炉

宋　佚名《十八学士图》
文人们读书下棋

温庭筠天生才子，文思敏捷，精通音律，恃才不羁，诗中多讽刺时弊，亦写女子闺情，浓艳精巧，是花间词派的代表作家，称为花间鼻祖。一缕香，一分写意。

"捣麝成尘香不灭，拗莲作寸丝难绝。"
"香兔抱微烟，重鳞叠轻扇。"
"水精帘里颇黎枕，暖香惹梦鸳鸯锦。"

诗人们行走人间，无不与香为伴，品香入微，笔下生辉，为中国香文化留下了宝贵的精神财富。

唐人用香，还有一个特点，喜欢浑厚的复合香味，所以多会使用合香，又称为"百和香"。"百和香"一词最早出现在南朝梁吴均《从军行》中："博山炉中百和香，郁金苏合及都梁。"描写的就是合香在博山炉中释放的馥郁香味。唐人的熏香方式，较前朝也更加典雅精致，采用隔火熏香的方式，这种用香方式不是直接焚烧香品，而是用炭饼作为热源，在其之上放置熏香器具，如瓷片、银叶片、云母片等，再将香料放置于器具上，此方法减少了烟火乌气，也使得香气更加美妙纯粹，这种熏香方式为中国香席提供了最佳的用香方式，香席的雏形据此诞生。

古代文物　博山炉

在唐代，香药不仅用来熏香，也会用来制成养颜护肤品，用料考究、制作精良。刘禹锡在《谢历日面脂口脂表》云："兼赐臣墨诏及贞元十七年新历一轴，腊日面脂、口脂、红雪、紫雪并金花银合二、金棱合二。"记录了皇帝在节庆日赏赐臣子面脂、口脂。杜甫也曾有诗云："口脂面药随恩泽，翠管银罂下九霄。"可见唐人美容不仅限于女性，男性亦在其中。除了口脂、面脂等，唐人的美容品还有香粉、香露。

说到香露，不得不提到蔷薇水，在五代后周显德五年（公元958年），占城国（古称林邑，故地在今越南中南部）派遣使者进贡蔷薇水十五瓶，并称此蔷薇水得之于西域，这是蔷薇水传入我国最早的记载。另一项记载是在现今河北曲阳，五代时期节度使王处直的墓葬遗址中，在西耳室壁画上绘有成套的女性梳妆用具，其中有一只瓶颈细长的鼓腹瓶，正是典型的蔷薇水瓶的造型，表明在五代时期女性用蔷薇水保养容颜。

清　唐涛《贵妃出浴图》
宫女端着花露侍奉贵妃（清代视角）

清　华岩《花鸟草虫图册》之玫瑰花

"周显德五年，昆明国献蔷薇水十五瓶，云得自西域，以洒衣，衣敝而香不灭。"

——南唐张泌《妆楼记》

蔷薇水就是蔷薇香露，初得香露，人们并不知道这西域而来的香露是如何制作而成的，以为是采集蔷薇花上的露水而得，也为香露蒙上了一层神秘的面纱，只有宫廷贵族方能享用此香露。到了宋代，人们逐渐了解到香露的制作工艺。

宋人蔡绦所著的《铁围山丛谈》记载了从宋太祖建隆年间至宋高宗绍兴年间，约二百年的朝廷掌故、宫闱秘闻、历史事件、人物轶事、诗词典故、文字书画、金石碑刻等诸多内容，是一部反映北宋时期社会各阶层生活状况的鲜活历史长卷。在此书中，蔡绦指出：

"旧说蔷薇水，乃外国采蔷薇花上露水，殆不然。"

他明确指出了，以往认为蔷薇露是采集花上露水的说法是不对的。

"实用白金为甑，采蔷薇花蒸气成水，则屡采屡蒸，积而为香，此所以不败。"

道明了蔷薇花露是水蒸气蒸馏而得，据此可见，制作蔷薇水的蒸馏法大约在北宋时从大食国（阿拉伯）传入了我国。

蔷薇花

"故大食国蔷薇水虽贮琉璃岳中，蜡密封其外，然香犹透彻，闻数十步，洒著人衣袂，经十数日不歇也。"

文中还描述了蔷薇花露装于琉璃瓶中，用蜡密封，奇香异常。

"至五羊效外国造香，则不能得蔷薇，第取素馨茉莉花为之，亦足袭人鼻观，但视大食国真蔷薇水，犹奴尔。"

并且讲述了蒸汽蒸馏法传入中国后，广州（五羊）当地的民众效用此法蒸馏茉莉花露和素馨花露，我们现在知道茉莉花香气娇贵，不适合用蒸汽蒸馏法，所以文中也指出茉莉花露的香气不及蔷薇花露，但可见当时人们已经学会这种蒸馏方法，并用于本土植物的蒸馏。

茉莉花和金银花

古埃及文明中，对于各种药草的运用历史悠久

在欧洲芳香疗法历史中，早期也是将两河流域、古埃及、古罗马人运用芳香植物的历史囊括其中，有一个重要事件是：十字军东征将阿拉伯地区的蒸馏设备带回欧洲本土，并开始蒸馏欧洲本土的植物，这标志着欧洲芳香疗法的兴起。十字军东征大约是在公元1096—1099年，而芳香疗法"Aromatherapie"这一词汇是在1926年才由盖特弗塞首次提出。

阿拉伯地区的蒸馏法传入我国的时间大约是在北宋年间（960—1127年），这便是一件非常有趣的事情，说明阿拉伯的蒸馏法几乎同时传到了东方的中国以及西方的欧洲国家。

在宋代，阿拉伯等国与中国的海外贸易不断扩大，进口货物中很大一部分是"香药"，以至于当时的海上贸易通道被称为"香药之路"。北宋的造船工艺以及航海技术也十分发达，宋代诗人谢履云："州南有海浩无穷，每岁造舟通异域。"可见当时的造船航海业之盛况。

宋代的造船工艺有多精湛，我们可以从一艘古船的考古过程得以了解。1973年，在福建泉州湾后渚港，有渔民在附近海滩上捡了很多木块当柴烧，却发现难以引燃，引发了考古学家的注意，认为这可能是古代遗木，便开始考古发掘工作，当沉船上2米多厚的堆积层被清除后，一艘古船赫然眼前，由此揭开宋代古船的神秘面纱。古船长24.2米，宽9.15米，排水量近400吨，载重200吨，是当时世界上发现年代最早、规模最大的木帆船。在船体主龙骨两端的榫合处，还有七个小圆孔排列成"北斗七星"的形状，孔中各放铜、铁钱一枚，在下方还有一个大圆孔，内放铜镜一面，象征"七星伴月"，这些圆孔是闽南造船的习俗，称作"保寿孔"，寓意"纳福避邪"，考古学家还在船上发现了香料、药物、胡椒、铜镜等珍贵文物，推断这艘古船应该是从东南亚返航的泉州商船。这些古时商船，源源不断地将盛产于中东及东南亚地区的沉香、檀香、乳香等香料通过海路运输到中国，而这些海上运输的船舶，便有了诗意的名称——香舶。

北宋　张择端《清明上河图》局部
宋代的造船业发达

南宋　刘松年《山馆读书图》
书案上放着香熏炉

宋代的港口在今时的扬州、宁波（明州定海）、泉州，广州（番禺）等地，吞吐量巨大，而香药更是最重要的贸易货品之一，官府按一定比例收取关税，是国库的重要来源。史料记载，仅熙宁十年广州一地所收的乳香就高达三十四万余斤。

我们可以从《宋会要辑稿》中了解当时香药贸易的盛况。《宋会要辑稿》记载了宋朝政治、军事、经济、制度、礼乐、教育、选举、科技等方方面面的内容，全书366卷17门，内容丰富，卷帙浩大，与《宋史》《续资治通鉴长编》一起构成宋朝三大资料宝库。在《宋会要辑稿·职官四四·市舶司段》里记载："*市舶之利最厚，若措置得当，所得动以百万计，岂不胜取之于民。*"由此可见，以香料为主的海外贸易，所带来的关税收入对宋代官府收入影响甚大。北宋初年香料收入为全国岁入的3.1%，到南宋建炎四年达到6.8%，绍兴初达到13%，绍兴二十九年仅乳香一项就达到24%，几乎占全国岁入的四分之一。管理这些贸易关税的"海关"，在宋朝叫"市舶司"，

宋　佚名《槐荫消夏图》
案几上放着香熏炉

其主要职能就是"*掌蕃货、海舶、征榷、贸易之事，以来远人，通远物。*"

宋代香药贸易兴盛，官府还设立了"香药榷易院"，宋高承《事物纪原·东西列班·香药》云："*自三佛齐、勃泥、占城犀象、香药之物，充牣府库，始议於京师置香药榷易院，增香药之直，听商人市之，命张逊为香药库使以主之。*"记载了香药榷易院的设立。当时的部分香药已经由官府统一管理，规定不得私自交易。在《宋史·食货下八》里有载"*自今惟珠贝、玳瑁、犀象、镔铁、鼊皮、珊瑚、玛瑙、乳香禁榷外，他药官市之余，听市于民。*"说明官府将香药视为与玛瑙同等重要的商品进行管制。

在宋代使用的香药种类非常之多，各类宋代史料中记载有：木香、沉香、乳香、没药、丁香、蔷薇水、桂花、白茉莉、胡椒、檀香、肉豆蔻、零陵香、

南宋　刘松年《秋窗读易图》
桌案前放着香熏炉

茴香、龙脑、薄荷、豆蔻、苏合香油、胡椒、安息香、降真香、麝香、栀子花、苏木、龙涎、荜澄茄、橘皮、草果、藿香、木兰皮、苍术、桂皮、白芷、干姜、川芎、川椒、山茱萸、官桂、芦荟、防风、黄芪、荜拔、青橘皮、高良姜、松香、草豆蔻、乌药香、菖蒲、熏陆香……数量之多，不一而足。

这些香药在"官书"里也有详细记载。成书于北宋太平兴国二年（977年）的《太平御览》，是宋代著名的百科全书，以天、地、人、事、物为序，整理古籍，收集资料，可谓包罗古今万象，里面所引用的原书十之七八已无法看到了，可以说此书是北宋前文化知识的总汇。此书原名《太平编览》，因深得宋太宗的重视，其每日阅三卷，历时一年读完，因此更名为《太平御览》，意思是皇帝亲自阅读的书，是北宋四大部书之一，此书分为五十五部，专门设有"香部"，详细记载各类香料的古今资料，足以可见香文化在北宋是极受重视的。

宋代也是香文化从宫廷贵族走向民间百姓，从文人书阁走向市井民巷的重要阶段。北宋风俗名画《清明上河图》是中国十大传世名画之一，长528.7厘米，宽24.8厘米，绢本设色，以长卷的形式描绘了北宋都城汴京（又称东京，今河南开封）的城市风貌，见证了北宋城市经济的繁荣盛况。在《清明上河图》中，就有售卖"香药"的商铺——刘家上色沉檀拣香铺，说明当时香药已进入寻常百姓家中，社会各阶层都广泛用香。

北宋　张择端《清明上河图》中的"刘家上色沉檀拣香铺"

宋朝的历代皇帝都有用香的史料记载。周密《癸辛杂识》有记："朝元宫殿前有大石香鼎二，制作高雅。闻熙春阁前元有十余座，徽宗每宴熙春，则用此烧香于阁下，香烟蟠结凡数里，有临春、结绮之意也。"描写宋徽宗在宴席上大量焚烧香药，香烟缭绕数里。

宋朝从皇上到权臣都喜熏香，朝臣蔡京与同僚雅集时："谕女童使焚香，久之不至，坐客皆窃怪之。已而报云香满，蔡使卷帘，则见香气自他室而出，霭若云雾，濛濛满坐，几不相睹，而无烟火之烈。即归，衣冠芳馥，数日不歇。"描写了当时的焚香颇具巧思，先至旁室焚香，待香气浓聚时，再将卷帘打开，香入正室，宛若云雾之地，不见烟火，却香飘满室，宾客衣染香气，数日不散。

宋代皇室各种礼仪，无不以焚香为尚。其中祭祀用香最为频繁，封禅亦属于祭祀范畴，用香更甚，丁谓在《天香传》记载当时道场科醮："无虚日，永昼达夕，宝香不绝。"宋真宗崇道非常虔诚："每至玉皇真圣、圣祖位前，皆五上香。"

在宫廷，如遇宴饮庆典活动，皇帝还常以香赠予群臣，以示恩宠。《天香传》里就记载了北宋宰相丁谓，因深得宋真宗信任，获赐沉香、乳香、降真香等，足以自用。特别有意思的是，皇帝

佚名 《御座焚香图》
宫女侍奉闻香

明　杜堇《玩古图》
桌上放着香熏炉

也有"小气"的时候，蔡绦在《铁围山丛谈》中写到宋徽宗得到龙涎香后，分赐给大臣享用，后来发现此香"辄作异花气，芬郁满座。终日略不歇。"令宋徽宗深感大奇，又命受赐臣子归还龙涎香，现在看来真是令人忍俊不禁，却也足见宋徽宗是极爱香之人。

宋朝皇室不仅爱用香，也出品了诸多有名的合香方。宋末元初陈敬所著《陈氏香谱》中便记载了许多以皇室命名的香方，比如宣和御制香，宣和内府降真香、宣和贵妃黄氏金香等，在民间广为流传。在《百宝总集珍》里还记载了："复古云头并清燕，三朝修合时煞当钱。"复古、云头、清燕是宫中所制龙涎香的名号，以宋高宗、宋孝宗、宋光宗三朝时制作的最有价值，可以当钱使用，足见其珍贵。

宋代大臣、后妃也以配制个人特色的合香为风尚，如"崔贵妃瑶英胜""元若虚总管瑶英胜""韩钤辖正德香""元御带清观香""邢太尉韵胜清远香"这些带有个人品味的合香，体现了权贵们对香的极致追求。集前朝香文化之大成的香学著作《香乘》，对于合香有云："合香之法，贵于使众香成为一体，麝滋而散，挠之使匀；沉实而腴，碎之使和；檀坚而燥，揉之使腻。比其性，等其物，而高下之。如医者之用药，使气味各不相掩。"道出了合香就如同医家按君、臣、佐、使配伍药方，颇为讲究。

宋代不仅权贵喜爱合香，文人亦爱合香，且水平高超，明代大儒屠隆在评价苏轼合香的境界时便说道："和香者，和其性也；品香，品自性也。自性立则命安，性命和则慧生，智慧生则九衢尘里任逍遥。"所以，文人合香，并不是一味追求合香之气味，而是要体现自己的心性修为。

与宋代宫廷用香不同的是，宋代文人用香多追求清雅脱俗、崇尚山林美学的合香之气。其中山林四合香最为流行，以荔枝壳、甘蔗滓、干柏叶、茅山、黄连这些寻常之物来合香，与宫廷喜用沉香、檀香、龙脑、麝香合香，形成鲜明对比，体现文人的山林之志。

宋代最爱香之人莫过于黄庭坚，他自称"天资喜文事，如我有香癖。"对于文人而言，一缕香气，便可沉浸于自我的精神世界之中，体悟人间处处桃花源的清丽雅致。崇宁二年，黄庭坚被贬到了小城宜州，蜗居于城南一处杂闹之市，但仍然无法淹灭黄庭坚的生活雅趣，他将陋室命名为"喧寂斋"，安然焚香静坐，怡然自得，体现了黄庭坚超然脱俗的思想境界，就如同其所作诗词一般："隐几香一炷，灵台湛空明。"

在宋代风雅爱香又追求性灵空明的文人，比比皆是。

如宋胡仔《春寒》："小院春寒闭寂寥，杏花枝上雨潇潇。午窗归梦无人唤，银叶龙涎香渐销。"

南宋至元　赵孟頫（传）《松荫会琴图》
侍童身旁放着熏香炉

明　董其昌《仿宋元人缩本画跋册》
描绘文人眼中的山林之美

如赵希鹄《洞天清录·弹琴对月》："夜深人静，月明当轩，香爇水沉，曲弹古调，此与羲皇上人何异。"

如周紫芝《汉宫春》词前小序："然如身在孤山，雪后园林，水边篱落，使人神气俱清。"

这些雅性的小诗，将香之美、香之品、香之性、香之境，体现得淋漓尽致。

宋代士大夫阶层日趋兴盛，有传宋太祖曾在太庙立下誓碑："不得杀士大夫及上书言事人。"虽然现今已难辨真伪，但不得不说，宋代是古时文人的黄金时代，从香文化来看，宋代文人雅士的确清高又自性风雅，宋代文人留下的咏香诗词，数量之多、质量之高，令人惊艳。文坛名家几乎都有咏香的佳作。

南宋　刘松年（传）《十八学士图》之二
文人雅集

北宋　赵佶《文会图》
描绘文人会友饮酒赋诗的场景

南宋著名诗人陆游有《夏日》："团扇兴来闲弄笔，寒泉漱齿独焚香。"《即事》诗："语君白日飞升法，正在焚香听雨中。"《烧香》："一寸丹心幸无愧，庭空月白夜烧香。"《太平时》："铜炉袅袅海南沉。洗尘襟。"《雨》："纸帐光迟饶晓梦，铜炉香润覆春衣。"从寻常之事中，品香随处可寻。同时陆游也是一位调香高手，他的《焚香赋》写的就是用荔枝壳、兰和菊的花朵、松柏的果实来制作合香："暴丹荔之衣，庄芳兰之苗。徙秋菊之英，拾古柏之实。纳之玉兔之白，和以桧华之蜜。"

南宋　刘松年（传）《十八学士图》之四桌上放着香熏炉

爱香之人黄庭坚亦细腻地描写过品香时的感受及内心所悟，可见其并非只是贪恋一味，而是在一缕香气中品味人生。《有惠江南帐中香者戏答六言二首》："百炼香螺沉水，宝熏近出江南。一穟黄云绕几，深禅想对同参。"《子瞻继和复答二首》："迎香天香满袖，喜公新赴朝参。""迎燕温风旖旎，润花小雨斑斑。一炷烟中得意，九衢尘里偷闲。"

苏轼有《寒食夜》："沉麝不烧金鸭冷，淡云笼月照梨花。"借香描写一份清冷。苏轼独爱沉香，《沉香山子赋》描写沉香："独沉水为近正，可以配薝卜而并云。矧儋崖之异产，实超然而不群。既金坚而玉润，亦鹤骨而龙筋。惟膏液之内足，故把握而兼斤。"将海南崖香的特性描述得惟妙惟肖。《翻香令·金炉犹暖麝煤残》，此调也是苏轼所创："金炉犹暖麝煤残。惜香更把宝钗翻。重闻处，余熏在，这一番、气味胜从前。背人偷盖小蓬山。更将沉水暗同然。且图得，氤氲久，为情深、嫌怕断头烟。"多美的词，把香韵展现得柔情万分，"嫌怕断头烟"更将惜香之情得以升华。

宋代另一位不太有名的诗人邬虑，有同调

陈少梅《东坡肖像》

小词一首《翻香令·醉和春恨拍阑干》："醉和春恨拍阑干。宝香半炬倩谁翻。丁宁告、东风道，小楼空，斜月杏花寒。梦魂无夜不关山。江南千里霎时间。且留得、鸾光在，等归时，双照泪痕乾。"亦是诗中有香，香中有情。

苏轼的父亲苏洵有《香》："捣麝筛檀入范模，润分薇露合鸡苏。一丝吐出青烟细，半炷烧成玉筋粗。"详细描述了合香的过程，诗人对香的一份耐心、细致和雅性展露无遗。

李煜的诗也常常借香抒意，醉生梦死的后宫之乐可见一斑，《浣溪沙·红日已高三丈透》："红日已高三丈透，金炉次第添香兽，红锦地衣随步皱。"亦借香描述少妇的思念愁苦，《采桑子·亭前春逐红英尽》："绿窗冷静芳音断，香印成灰。可奈情怀，欲睡朦胧入梦来。"而《虞美人·风回小院庭芜绿》更是道尽伤春

宋　刘松年（传）《十八学士图》之一
文人赏画

怀旧之情："笙歌未散尊罍在，池面冰初解。烛明香暗画堂深，满鬓青霜残雪思难任。"

欧阳修有《一斛珠·今朝祖宴》："愁肠恰似沉香篆。千回万转萦还断。"写出了一段淡愁闲恨。

作为"千古第一才女"的李清照，更是与香有着不解之缘，其存世的五十九首词中，有二十二首与香或花草有关，一缕香，贯穿了她跌宕起伏的一生：少时烂漫无邪，嫁后琴瑟合鸣，晚年悲凉。读至情深处，半生归来，看山仍是山，不禁让人泪眼蒙眬。

《醉花阴·薄雾浓云愁永昼》："薄雾浓云愁永昼，瑞脑销金兽。"

《诉衷情·夜来沉醉卸妆迟》："夜来沉醉卸妆迟，梅萼插残枝。酒醒熏破春睡，梦远不成归。"

《忆秦娥·咏桐》："断香残酒情怀恶，西风催衬梧桐落。"

《孤雁儿·藤床纸帐朝眠起》："沉香断续玉炉寒，伴我情怀如水。"

《菩萨蛮·风柔日薄春犹早》："沉水卧时烧，香消酒未消。"

《转调满庭芳·芳草池塘》："当年曾胜赏，生香熏袖，活火分茶。"

《浣溪沙·淡荡春光寒食天》："淡荡春光寒食天，玉炉沉水袅残烟。梦回山枕隐花钿。"

《浣溪沙·莫许杯深琥珀浓》："瑞脑香消魂梦断，辟寒金小髻鬟松。醒时空对烛花红。"

《浣溪沙·髻子伤春慵更梳》："玉鸭熏炉闲瑞脑，朱樱斗帐掩流苏。通犀还解辟寒无。"

如果没有这些诗词，香文化就缺少了点睛之笔。优美的古诗词，体现了文人爱香、品香、惜香之性，透过这些诗词，我们仿佛回到宋朝，闻见那一缕缥缈，体会到诗人笔下的悲欢离合、爱恨情仇。

在宋代，各阶层都喜香用香，也将宋代香学推升到至高水平，一批制香名家和香学大家应运而生，如黄庭坚、贾天锡、洪刍、韩琦、张邦基等，香学著作亦是层出不穷。成书于宋代的《香谱》为洪刍所著，反映了宋代香文化高度发展的真实状况，是现存最早、也是保存较完善的香药谱录类著作。将用香诸事分成香之品、香之异、香之事、香之法四大类别。除此之外，其他香学典籍也是百花齐放：丁谓《天香传》、范成大《桂海虞衡志·志香篇》、颜博文《香史》、周去非《岭外代答·香门》、

宋　刘松年（传）《十八学士图》之三　文人下棋

曾慥《香谱》《后香谱》、南宋至元初叶廷珪《南蕃香录》《名香谱》、赵汝适《诸蕃志·志物》、陈敬《陈氏香谱》、张子敬《续香谱》、潜斋《香谱拾遗》、候氏《萱堂香谱》《香严三昧》等。为中国古代香学研究提供了丰富的史料，其中黄庭坚的香学体系，对后世的香学文化以及日本香道都产生了深远影响，其《香十德》更是高度概括了香文化的内在品质。

香十德

感格鬼神，清净身心，

能除污秽，能觉睡眠，

静中成友，尘里偷闲，

多而不厌，寡而为足，

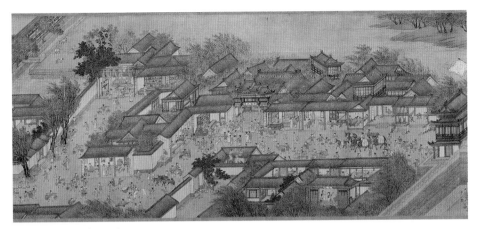

明　仇英《清明上河图》
描绘了宋代热闹的街市场景

久藏不朽，常用无障。

自然之道，总是盛衰起伏，阳长阴消，阴消阳长，香文化亦然，宋代的辉煌，崖山之后，开始西下。

到了元代，最具代表性的事件，应该就是线香的出现，熊梦祥《析津志》记载："湛露坊自南而转北，多是雕刻、押字与造象牙匙箸者。""并诸般线香。"线香的出现，直接改变了人们的用香方式，使得用香更加便捷与平民化，但少了一份香之雅、香之韵，缺了一分品香的意趣，所以线香并没有取代传统香席仪式，也没有替代高端的用香方式。

明代之后，实行"海禁"，香文化发展一度处于低谷，明代朝廷甚至曾发政令，要

元　王渊《杂花图卷》局部
花香馥郁，常用于合香

求将民间合香的君臣之药排除香方之外，令合香黯然失色。一直到明中晚期，随着海禁的解除，才使香文化的低谷逐渐回升。

虽然明代在整体用香规模上大为缩减，但在用香方式上，皇室仍然考究，有大量精美的香具，对原料、配方、制作、贮藏亦相当讲究。也有一些新兴的用香方式出现，比如慈禧太后最喜欢的品香方式，就是将佛手、香橼、酸橙这类香果置于盘中，让香果之气散于厅室，品闻一分清新之气。文人用香则追求生活雅趣，把"香"作为文人雅士的重要标志。

总体而言，明代的香文化已不复唐宋，稍有夺目之彩只能算是香具的发展。线香的制作技术已完全成熟，且广泛流行。还出现了签香、塔香。

明　仇英画作（传）
待从在照护案几上的香熏炉

值得一提的是成书于清代的《红楼梦》，算是封建王朝香史的最后一颗明珠。作者曹雪芹亦是爱香之人，家族有喜香渊源，据《本草纲目拾遗》载，康熙年间曾有香家

明　仇英《汉宫春晓图》局部
左侧条几上放着香熏炉

为曹雪芹的祖父曹寅制作藏香饼，香方来自拉萨，采用了沉香、檀香等二十余味香药。

《红楼梦》里大观园也是处处生香，描写了非常多的用香情境，"鼎焚百合之香，瓶插长春之蕊。""又有销金提炉焚着御香。""值事太监捧着香珠、绣帕。""只见园中香烟缭绕，花彩缤纷。""但见庭燎烧空，香屑布地。""鼎飘麝脑之香，屏列雉尾之扇。"袭人的手炉里燃的是梅花香饼；秦可卿亦是一股细细的甜香袭人；宝玉在婚礼上晕倒之后，家人急忙"满屋里点起安息香来，定住他的魂魄。"宝钗服用的冷香丸制作更是考究：用春天开的白牡丹花蕊、夏天开的白荷花蕊、秋天的白芙蓉花蕊、冬

清　孙温《红楼梦》109
厅堂放置香熏炉

清　孙温《红楼梦》63
旁边条案上放着香熏炉

天的白梅花蕊各十二两，于次年春分这日晒干，一齐研磨，再要雨水这日的雨滴，白露的露水，霜降时的霜，小雪时的雪，加蜂蜜、白糖制成香丸，以没药为药引，盛在旧瓷坛内，埋在花根底下，服时，用十二分黄柏煎汤送下。这冷香丸集四季之气，令人叹为观止。

　　清代是中国历史上最后一个帝制王朝，标志着封建王朝的没落。闻香品茗只在少数皇族贵官或文人雅士中流行，珍香尤其难得，动荡的时局让香文化发展举步维艰，使得香文化只留一丝残影。

·东方&西方　古代&现代　万法归一

　　香文化的发展需要安定繁荣的社会环境，现代中国，城市化迅速发展，国人生活水平迅速提升，人们开始追求更高品质、更具优雅格调的生活方式，印刻在中国传统文化中的香文化，也开始日趋兴盛。当今世界犹如地球村，信息飞速发展，各种技术日新月异，也给香文化带来更广阔多元的发展空间。

　　代表西方芳香文化的芳香疗法，纵观其历史渊源，其前身也是药草学说，现代流行的欧洲芳疗，其兴起的关键点就在于十字军东征，将阿拉伯地区的蒸馏技术带回欧洲，而同一时期或者更早一点，蒸馏技术也传入了中国。现代欧洲芳香疗法所用的纯露，对于中国人而言，并非新鲜事物，纯露就是我们古时的药露，也称为香露，在古时香品与芳香美食的制作中广泛运用。

明　仇英《清明上河图》局部　果子店
古代美食制作用到香露

南宋文学家岳珂在《桯史》中记载番禺食客："合鲑炙、粱米为一，洒以蔷露，散以冰脑。"说明当时蔷薇露用作饮食，已为普遍。

蔷薇露在诗词中也多有出现，比如张元干的《浣溪沙·蔷薇水》写道："月转花枝清影疏，露花浓处滴真珠，天香遗恨胃花须，沐出乌云多态度，晕成娥绿费工夫，归时分付与妆梳。"虞俦的《广东漕王侨卿寄蔷薇露因用韵》二首则描写得更具体，其一云："熏炉斗帐自温温，露挹蔷薇岭外村。气韵更如沉水润，风流不带海岚昏。"其二云："美人晓镜玉妆台，仙掌承来傅粉腮。莹彻琉璃瓶外影，闻香不待蜡封开。"说明当时人们将蔷薇露视作液态的"香料"，通过隔火加热蔷薇水的方式来扩香，也用蔷薇水来保养容颜，这与现代运用纯露的方式大同小异。

蔷薇露也用来调和妆粉。貌美如花，一分是容颜，一分是体香。汤舜民《一枝花》有词："蔷薇露羞和腻粉，兰蕊膏倦揽琼酥。"乔吉《小桃红》里有："露冷蔷薇晓初试，淡匀脂。"《玉箫女两世姻缘》亦有："想着他和蔷薇花露清，点胭脂红蜡冷。"现代女性在化妆后也会用纯露喷雾来定妆，古今用法虽不完全相同，但爱香之心是一样的。

古时香品的制作也会用到香露，合香时，会将数种香料研磨成粉，混合蜂蜜、白芨，用蔷薇露加以调和，密封在容器内，再埋入地下静待时间的洗礼，合香"成熟"后再取出，做成饼状、丸状，熏香时便有了花香。

花露的蒸馏工艺，能查阅到的记录，大抵是在宋代由阿拉伯地区传入我国，但更

明　仇英《贵妃晓妆图》
描绘晨起听乐、梳妆、采摘鲜花、簪头等生活场景

清　陈枚《月曼清游图册》11《围炉博古图》
随处可见的熏香炉

早的汉代，其实我国也有蒸馏工艺的雏形，1975年安徽省天长县安乐乡出土的一件汉代铜蒸馏器，其结构由上下两部分组成，上体底部带箅（笼网），箅上附近铸有一槽，槽底铸有一引流管，与外界相通。在蒸馏时，配以上盖，蒸汽在器壁上凝结，沿壁流下，在槽中汇聚后顺引流管流至器外，其工作原理也是收集蒸馏液。我国本土的这种蒸馏器的器形来源，大抵是青铜器中的"甑"和"甗"，虽然汉代的铜蒸馏器有可能是用来制酒的，但其实和花露的蒸馏工艺颇为相似。

汉代铜蒸馏器

与阿拉伯的蒸馏工艺类似的还有"李王花浸沉"，记载在陈敬所著的《香谱》中："沉香不拘多少，剉碎，取有香花蒸，茶蘼、木犀、橘花或橘叶，亦可福建茉莉花之类，带露水摘花一盉，以瓷盒盛之，纸盖入甑蒸食顷，取出，去花留汗，汁浸沉香，日中暴干，如是者三，以沉香透润为度。或云皆不若蔷

清　陈枚《月曼清游图册》07《桐荫乞巧图》
仕女皆身佩香囊

薇水浸之最妙。"这里所说的蒸花取汁便是香露，用来浸泡沉香，且用蔷薇水浸泡最好。

宋代是花香型香品的黄金时代，为了让鲜花的馨香融入香品，宋人发展出"花蒸香"的工艺，与"李王花浸沉"大同小异，杨万里有诗《和仲良分送柚花沉》："熏然真腊水沉片，蒸以洞庭春雪花。只得搉曹作南熏，国香未向俗人夸。锯沉百叠糁琼英，一日三熏更九蒸。却悔香成太清绝，龙涎生妒木犀憎。"这"柚花沉"用的就是花蒸香工艺，柚花在春天开花时，花朵洁白，有美名曰"春雪花"，周去非在《岭外代答》中称柚花"气极清芳，番人采以蒸香，风味超胜。"采柚花蒸香以制沉香，让熏香时花木合香隐现，颇有趣味，杨万里《出蜒》言："瓶里柚花偷触鼻，忽然将谓是烧香。"便是描述了其闻见柚花香气时，误以为是熏香而来之。

除了柚花，古人还会用朱栾花蒸制沉香，韩彦直《橘录》中有记载："朱栾作花，比柑橘绝大而香。就树采之。用笺香细作片，以锡为小瓱。每入花一重，则实香一重，使花多于香。窍花瓱之旁以溜汗液，用器盛之。炊毕，撒瓱去花，以液浸香。明日再蒸，凡三换花，始暴干，入瓷器密盛之。"朱栾花和柚花一样同属芸香科植物，韩彦直在形容"朱栾沉"的气味时称："焚之，如在柑林中。"

花与木可以有非常多的组合，《陈氏香谱》云："梅花、瑞香、荼蘼、栀子、茉莉、木犀及橙橘花之类，皆可蒸。"除了这些，还有素馨、梅花等，花蒸香的工艺就是将沉香、檀香、栈香等香料，切成小块，此为"香骨"，将它们与鲜花一起密封在容器中，放入蒸锅，以小火缓慢加热，让鲜花的馨香得以释放，被木片吸收，巧妙萃取出复合香。不同的花与不同的木材融合，形成了香气各异的合香，花香木香交相轮回，使得香品的气味更加馥郁，香型更加丰富。张元干的《浣溪沙》便对"花蒸香"给予了极高的评价："花气蒸浓古鼎烟，水沉春透露华鲜。"

宋人所用的这种花蒸香工艺，其实和现代芳香疗法所说的ATTAR萃香法有着异曲同工之妙。ATTAR萃香法源于印度古法，是将鲜花浸泡在净水或纯露里，再放入蒸馏桶中加热，鲜花里的芳香分子会随着蒸汽萃取而出，进入冷却槽，在冷却槽中事先已注入檀香精油，利用檀香精油来抓取鲜花的香气，虽然和"花蒸香"的工艺并不完全相同，但目的都是利用木香来抓取花香，从而获得花木复合香。

中华民族从来都是充满生活智慧，宋人利用花蒸香工艺获得的两种香品，与现代芳香疗法中的纯露和精油熏香大同小异。南宋张世南《游宦纪闻》记载道："以栈

清　陈枚《月曼清游图册》06《碧池采莲图》

清　陈枚《月曼清游图册》01《寒夜探梅图》

香或降真香作片，锡为小甑，实花一重、香骨一重，常使花多于香，穿甑之傍，以泄汗液，以器贮之。毕，则撤甑去花，以液渍香。明日再蒸，凡三四易花。暴干，置磁器中密封，其香最佳。"将香花与栈香或降真香制成的薄片一起放入甑中，然后放在热水锅上加热，水蒸气从甑底的孔眼中进入甑内，香花中的芳香分子随蒸汽释放，一部分会被香料薄片吸收，一部分冷却收集起来形成香液，古人称之为"汗液"，以此香液再浸泡香片，让香片更充分地吸收花香，如此反复，最后将香片晾干密封收藏，

清　陈枚《月曼清游图册》04　庭院观花图
古人爱花、赏花，极尽巧思留住花香

这种方法同时得到两种香品：染上花香的木片，以及染上木香的花露。古人之巧思，妙也！高观园在《霜天晓角》中形容道："炉烟浥浥，花露蒸沉液。"孟晖老师也评价道："与今天利用香熏炉加热精油的方式颇为相近。"

　　不仅古时的花露与现代的纯露实为一物，宋代发展成熟的隔火熏香法，实际上与现代芳香疗法的精油熏香也极为相似。宋代杨万里在诗词《烧香七言》里将这种品香技巧描述得细致入微：

烧香七言

琢瓷作鼎碧于水，削银为叶轻如纸。

不文不武火力匀，闭阁下帘风不起。

诗人自炷古龙涎，但令有香不见烟。

素馨忽开茉莉折，低处龙麝和沉檀。

平生饱识山林味，不奈此香殊妖媚。

呼儿急取蒸木樨，却作书生真富贵。

　　这首诗开头先讲了熏香所用的器具是青瓷鼎式炉，这种瓷炉轻巧不导热，然后准备一片薄如纸片的银叶来做隔火的盛具，火力要均匀、文武适中，香室需要透气但不能穿堂起风，香熏的过程没有烟，只有缓慢散发出来的香气。

颜博文在《香史》中也记载了隔火熏香法："焚香，必于深房曲室，矮桌置炉与人膝平，火上设银叶或云母，制如盘形，以之衬香，香不及火，自然舒曼，无烟燥气。"这里虽然用了焚香二字，但实际上已经不是直接焚烧香品，焚香二字成了品香的代名词。此诗描述了品香适合在环境幽雅之处，香炉置于矮桌上，高度约为膝盖处，这样香气上升，刚好适合从鼻吸入。在火上要放置隔火的银叶或云母，上面再放香品，这样不会直接燃烧香品，而是通过加热，释放香品的芬芳之气。

李商隐有《烧香曲》："八蚕茧绵小分炷，兽焰微红隔云母。"说的也是隔火熏香法。除此之外，还有香囊、香包、香浴等，这些用香方式的重点都是为了将芳香分子扩散出来，透过嗅觉或皮肤来吸收，进而影响身、心、灵。

现代芳香疗法中运用的精油熏香，其实和隔火熏香的原理是一致的，通过不同的萃取方法先将这些芳香分子析出凝聚，再以熏香法将芳香分子扩散至空气中，达到香氛的效果。用精油制成香膏或泡浴也是常见的使用方法，与古时的香囊、香包、香浴大同小异。中国传统香疗和现代芳香疗法，其实质都是释放植材或香品的芳香分子，使人体接触吸收，从而达到怡情调心、宁神调体之效。

明　佚名《千秋绝艳图》
采花闻香　弹曲熏香

清　刘彦冲《听阮图》
伴着一缕香烟　赏景听阮

唐　张萱《虢国夫人游春图》宋代摹本
描绘古人春日里亲近自然的游玩场景

现代精油的萃取，运用最广泛的是蒸汽蒸馏法，通过水、火将植物中的精华蒸腾而出，再冷凝集成。类似的工艺，其实中国也早已有之，我们只要稍微了解一点道家养生术，便可知一二。

中国本土发展起来的道教，其炼丹术是道家养生术的重要内容之一，我国著名的化学史专家袁翰青先生指出："道教炼丹术是近代化学的先驱，它所用的实验器具和药物则成为化学发展初期所需要的物质准备。"

厦门大学黄永锋教授在《道教外丹术性质三论》一文中指出：据《史记》记载，汉武帝刘彻听从方士李少君的建议，派人从事炼丹活动。据此可见，中国的炼丹活动肇始于汉代甚至更早，比古希腊、埃及、波斯等都早。

秦汉时期，我们的青铜、铁器、陶瓷工艺就已经相对成熟，为炼丹术的兴起奠定了物质技术基础。法兰西学院汉学研究所所长施博尔博士曾评论道："一个有助于炼丹术经验之发展的中国传统是青铜与铁的技术。青铜熔化和铸造在中国文明中得到了很高水平的发展。"魏晋南北朝时期，炼丹术发展迅速，葛洪、陶弘景都对炼丹有着独到的见解，尤其是葛洪的《抱朴子内篇·金丹》详细记录了炼丹史料，为后世研究提供了宝贵资料。

宋　佚名《山坡论道图》

炼丹所用的器具，经历时代变迁，也日渐完善与成熟，使用最早、应用最久的反应器是丹釜，由上下两个黄土泥烧制的土釜组成，药物放在下釜中，倒扣上釜，两釜之间的缝用泥封住，加热下釜，升华的丹药便冷凝在上釜的内壁，这是最早的空气冷凝方式。后来炼丹史上还有：八卦炉、太极炉、未济炉、既济炉、风炉、气炉、阴阳炉、明离炉、镣炉、侠炉等。

未济炉就是上火下水的丹灶，既济炉则是上水下火的丹炉。火鼎，用来装料，水鼎，贮水用于冷却。炼制时加热火鼎，所炼之物，就会在水鼎蒸馏析出，当时这样的装置已经相当精细了，但操作仍然麻烦，每次炼丹都要拆鼎，而且所炼之物不够纯净。

到了宋代，炼丹家们就发明一种抽汞的蒸馏装置，宋代吴悮在其《丹房须知》中绘制了这种抽汞，并配文注解："葛仙翁云：'飞汞炉，木为床，四尺如灶，木足高一尺己上，避地气，揉圆釜，容二斗，勿去火八寸，床上灶，依釜大小为之"……鼎上盖密泥，勿令泄炁。仍于盖上通一炁管，令引水入盖上盆内，庶汞不走失也。"

飞汞炉和现代的蒸馏仪非常类似，通过加热得到蒸汽，再冷凝收集，并且通过抽汞将其分离析出，不论其原理还是结构，和现代的精油蒸馏技术都大致相同。

古时炼丹情景图
图中炉具形似飞汞炉

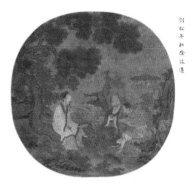

宋　刘松年　《松荫谈道图》

道士炼丹有着中国历史文化的背景渊源，体现中国人特有的思维模式。有研究学者认为，阿拉伯的炼丹术源于中国。阿拉伯炼丹家贾比尔著有《七十书》，最后几章关于金属、矿物、盐类和其他物质的介绍中便具有中国炼丹术的色彩，他认为在地心内部由硫和汞发生化合作用，生成七种金属，黄金最难生成，但在热力作用下可加速形成，这七种金属中，有一种被称为中国金属的白银，具有鲜明的中国烙印。贾比尔有关水银的知识完全来源于中国，他说水银纯净如童贞，既有起死回生之药效，又能使铜铁锡变成黄金，这与《周易参同契》中关于铜铁制作金银的说法，如出一辙。

另一位阿拉伯炼丹家拉齐，著有《秘密书》《秘中秘》，他在著作中写到合金的方法，他指出"鍮石"出自中国。也从侧面反映阿拉伯炼丹术的中国背景。而欧洲的炼丹术则是从阿拉伯国家传入，精油的蒸馏术也是在此基础上发展而来。

在飞速发展的21世纪，世界大同，一脉香文化，外在形式如何并不重要，偏于古法之妙，或是博采现代之长，都是为了用天地精华，联结人与自然的亲密属性，而形式背后的"道"，才是中国人应该追求的文化传承。

中国人自古便爱香、用香、品香、赞香，我们有自己独特的、华夏基因的芳香疗法体系，无论是上层文化，还是中层技术，再到下层运用，都面面俱到。其包含生活美学及芳香疗疾两方面的精髓，所囊括的范畴非常之广，我们应该扎根于本土文化，让传统芳香疗法，辉煌再现！

复兴宋代芳香美学

三联周刊曾经做过一个调查——"你最想穿越到哪个朝代？在对人们心中理想世界的追问下，出现最多的答案是宋朝，原因很简单，宋朝并重理想与现实，兼具大俗与大雅，是最适合生活的朝代。"《清明上河图》《东京梦华录》《西园雅集图》所展现的大宋王朝，让人为之神往。

宋　李公麟《西园雅集图》

· 人们为何偏爱宋代？

贾冬婷曾说道："宋朝的确是中国历史上最具人文精神、最有教养、最有思想的朝代之一。"当代著名历史学家、英国剑桥博士伊懋可（Mark Elvin）对中国经济史、文化史和环境史造诣颇深，他曾评价宋朝："这个时候的中国是世界上城市化水平最高的社会。"

宋代芳香美学，代表了中国历史长河中香文化的鼎盛时期。皇室痴迷用香，文人挚爱用香，民众普遍用香。整个宋朝都缭绕着氤氲香气，香不仅是生活方式，更是从某个方面代表了民族气质，蕴含着中国人特有的文化基因。在全球化的今天，芳香文化代表了一种符号，我们需要发展镌刻中国传统基因的芳香文化，中华五十年的文化底蕴，赋予"中国香"更深刻的内涵，香以载道，代表了中国人的审美，对天、地、人的理解，我们的精神追求以及生活情趣。我们向自身文化寻找，无论是中国传统文化和审美的高峰，还是艺术与生活通融的美学源头，都当推宋朝。

宋　李嵩《听阮图》
侍从在照护香炉

· 初心在方寸，咫尺在匠心

在中国香史中，宋代是最具有匠心精神的时期。对香的研究细致入微，单以沉香立传的第一人丁谓，在《天香》中首次对海南沉香进行"四名十二状"的分类别级，并提出了香气品评的标准，将一种香研究到如此透彻的程度，印证了宋人对香的至高追求。

在宋代，无论皇亲贵戚，还是文人雅士，都以自制个人特色的合香为风尚。合香需要敏锐的觉知力，丰富的想象力，超高的审美情趣，高雅的文化底蕴，对各类香药都要有深刻的理解方能大成。宋代的合香无论从气味所呈现的意境，还是为香命名的巧思，都追求灵性、雅韵、诗意。以香痴自居的黄庭坚是合香高手，其有名的"黄太史四香"便极具宋香特点。

意和香——清丽闲远，自然富贵。见证着挚友之间深厚的情谊。

意可香——香殊不凡，鼻端需然。意合佛家生死轮回之"三界二十五有"的境界，使香之精神内涵得以超然。

深静香——恬淡寂寞，非世所尚。匠心制香，闻香忆友。

小宗香——闭阁细品，风骨卓然。更显一分清雅。

宋香的匠心不仅体现在合香上，还体现在用料的考究上。炭饼是作为熏香时的热

北宋　张择端《清明上河图》局部
"正店"门口的鲜花摊　鲜花常用于合香

源，在宋代常用各种物料精心调配，不仅用到木炭、煤炭、柏叶这些常见的易燃物品，更有淀粉、糯米、枣、葵菜、葵花、干茄根这些辅料；而香灰也要用杉木、松针、稻糠、松花、蜀葵等植物烧灰后细筛，得到触感润滑细腻的香灰；再把炭饼埋入香灰里焚烧，隔火熏香；如果是印香，则把香粉平铺在香灰上燃烧，处处体现着对香气品质的追求。

　　在宋代很流行的印香，也是现代香道常用的熏香方式。印香又称为篆香，古时用木材镂雕成不同的图案或文字模具，这些图案和文字要巧妙地设计成连笔，然后将模具放在压实的香灰上，将香粉铺在镂空的模具纹路上，压紧，扫去多余的香粉，再将模具拿起，就得到了由香灰形成的精美图案，再由一端点燃，香粉顺着连笔的图案或文字燃尽，颇有一番情趣。

　　篆香中最有名的莫过于心字香，杨慎《词品》有云："所谓心字香者，以香末萦篆成心字也。"心字香就是篆刻成心字的印香，不少文人以"心字香"表达心意，如杨万里："送以龙涎心字香，为君兴云绕明窗。"王沂孙《龙涎香》："汛远槎风，梦深薇露，化作断魂心字。"蒋捷《一剪梅·舟过吴江》："何日归家洗客袍？银字笙调，心字香烧。"

　　印香不仅可以是文人的浪漫，也可以具有实用价值，比如以香计时，宋代洪刍《香谱》载："香篆，镂木以为之，以范香尘。为篆文，燃于饮席或佛像前，往往有至二三尺径者。"篆香又称百刻香，它将一昼夜划分为一百个刻度，寺院庙宇中便以燃香用作计时。熙宁年间还有更精细的午夜香刻，宣州石刻有载："时待次梅溪始作百刻香印以准昏晓，又增置午夜香刻如左：福庆香篆，延寿篆香图，长春篆香图，寿征香篆。"以香计时，便要求高度的精细化，无不体现宋代的匠心巧思。

宋人还会用花蒸香工艺制得"四季花香"，历时一年，每逢名花盛开之时，便将花骨与鲜花复蒸，最终得到四季的馨香。这种耐性、这种妙意，在张元干《浣溪沙》中得以展现："花气熏人百和香。少陵佳句是仙方。空教蜂蝶为花忙。和露摘来轻换骨，傍怀闻处恼回肠。去年时候入思量。"想来，一缕香，能汇集四季鲜花之馨香，是何等繁蕊竞放、引人入胜，让人不禁感叹，宋人对香的追求可谓匠心极致。

除了宋香，宋瓷亦是经世之美。宋代匠人不尚奢华不好奇巧，对美有着高度的理解和追求，宋瓷无论从器形、釉色，还是纹理、技艺都达到一个前所未有的高峰。"家有良田万亩，不及宋瓷一片"，足以可见世人对宋瓷的热爱。汝窑的冰裂之美，定窑的粉白之润，钧窑的火变艺术，哥窑的攒珠之密，官窑的高雅之气，无一不是宋人的匠心之作。

宋代无论在瓷器、还是香道上，都体现了专注技艺、对完美的追求，正是匠心精神的最好诠释，也是现代快节奏社会中，稀缺的静心钻研精神，是古人对于"专注出天禄，散淡废灵明"的最好诠释，更是当下国人所追求的精神力量。

宋 佚名《十八学士图》
后方案几上放着香炉

宋 李嵩《花篮图》现存三幅
描绘不同季节盛开的鲜花

· 极简审美

国学大师陈寅恪曾说："华夏民族之文化，历数千载之演进，造极于赵宋之世。"代表宋朝美学的瓷器，以质朴、简约、富有韵味为特点，与当代艺术取向高度契合。《中国艺术史》的作者迈克尔·苏利文（Michael Sullivan）亦有着类似的观点："某些唐代陶瓷可能更强壮，清代陶瓷可能更精良，但宋代陶瓷则具有形式上的古典纯洁感，釉色上展示了早期陶瓷的活力与晚期陶瓷的精良之间的完美平衡。"形容宋瓷"完美、平衡"，这大概是对中国美学的至高评价，源于宋代审美的极简主义。

宋瓷造型简洁流畅，没有什么多余的装饰，也不强调色彩，但十分注重质感，汝瓷追求"似玉非玉而胜似玉"，有着"雨过天青云破处""千峰碧波翠色来"的美誉。宋代香具追求古朴精致、灵巧实用，简约大气，有着天然恬淡的艺术感染力。宋人能够巧妙地把高雅艺术和超脱境界融入日常，以"器物"来承载属于那个时代的"文化"。

宋代美学追求返璞归真，简约自然。这种美学的形成，实际上体现了儒、释、道三家思想的高深融合，儒学发展到宋代，社会上层的儒者普遍对道、佛思想都抱持开放、包容的心态，宋徽宗本人更是位道君，他对道教表现出高度的崇拜和痴迷，道家以朴素为美，追求天然去雕饰，少即是多。即便是在治国之道上，也追求"王者之治，至简而详，至约而博。"这些普遍的文化背景，影响了宋代追求极简的审美情趣。

宋代，不仅在宋瓷、香具上体现极简，品香亦如是一般，虽然也擅用合香，但从宋代开始流行单品沉香，范成大不仅善用隔火熏香，而且是单品沉香的香学大师。他的隔火熏香技术炉火纯青，能使煤炭烬而气不焦，馨香弥

室。因为单品一香，能够有更深刻的体会，他在《志香》中对崖香气味有细致入微的描述："大抵海南香气皆清淑，如莲花、梅英、鹅梨、蜜脾之类。焚一博投许，氛翳弥室，翻之四面悉香，至煤烬气亦不焦，此海南香之辨也。"对越南沉香也进行了准确的气味描述："沉香，出交趾。以诸香草合和蜜，调如薰衣香。其气温馨，自有一种意味，然微昏钝。"经历了前朝外来香的迷恋，到了宋代，回归本土，开始欣赏更适合中国人韵味儿的海南崖香。不禁让人感叹，这段史实正如现代中国芳香疗法的发展，在经历看似辉煌的西方芳疗渗透，又本能回归到中华文化的内心崇尚。

宋代审美追求"韵者，美之极也"。韵可以是清丽、古典、淡然、脱俗，也可以是深沉、稳健、富丽、优雅……它不是单指某一种风格，但一定代表着某种审美内涵，它反映的是一种开放、多元、又有着深刻自信的审美境界，简约却不简单，用朱熹的门生魏了翁的话来概括就是"无味之味，至味也。"

极简不仅代表一种审美情趣，更代表着一种人文思想。现代人也渐渐趋向追求简约，恰如宋代美学的历史演变，我们往往拿起的太多，不舍放下，而繁华终将逝去，显露生命的本真，拥有越少，则越自由。

· 文化盛世

北宋画家李公麟，以写实的手法将中国文化史上最著名的文人雅集之一记录下来，成就《西园雅集图》，画中展现了以苏轼为中心的文人圈聚集在驸马都尉王诜府中，或吟诗作赋，或抚琴唱和，或打坐问禅，一幅雅境。这是一次诗人、词客、书法家、画家、思想家、音乐家的雅聚，米芾为此画作记："水石潺湲，风竹相吞，炉烟方袅，草木自馨。人间清旷之乐，不过如此。"

宋代堪称文化盛世，体现在其书院为历朝历代之最。据统计，南宋书院的数量是北宋的六倍，是从唐到北宋五百年间的三倍。众多大家立志散播文明的种子，诲人不倦，就如《玉壶清话》里介绍应天府书院的主持人戚同文：

宋 《景德四图》之《太清观书》

"宋都之真儒也。虽古之纯德者，殆亦罕得。其徒不远千里而至，教诲无倦。"

正是因为有了这样的文化背景，香文化才得以鼎盛。宋代"香以载道"的文化底蕴最为深厚。香席雅集在宋代也最为盛行。香席是以品香为载体，结合文化、艺术等形式的一类雅事，宋代"焚香、点茶、插花、挂画"称为四般闲事，体现士大夫从物质到精神的生活追求，文人们聚集在一起，品香的境界也由"嗅觉"的感观体验上升到了"观想"的思维境界，发展出"鼻观"——"鼻者，用鼻子嗅闻香味；观者，由香引动观想"。鼻观不执于物，不执于想，以"犹疑似"表达个人品香的主观感受，人人皆不同，不纠结，不执着，而香带来的心境人人不一，与禅宗："说一物便不中"的境界十分相似。

宋人的书画中，无数个雅集场景里，香都是那个必不可少的重要元素之一，而这一缕香，也伴随着文人的思想和情怀，得以升华。

·香药、香方与香药方

宋代医家对香药的喜爱与重视在中医史上堪称空前绝后。该时期的各种医方普遍使用香药，如《太平圣惠方》《太平惠民和剂局方》《圣济总录》《苏沈良方》《普济本事方》《易简方》《济生方》等。宋代，由于香文化的兴盛，这些方剂书中记载的香药、香方，为数甚多甚广。

作为官方发布的《太平圣惠方》，历时14年编成，以香药命名的方剂有120首之多，而各类方药中出现的香药更是不计其数。

宋朝官修方书《太平惠民和剂局方》中，收录了很多香茶、香汤和熏香的方剂，至宝丹、苏合香丸、紫雪丹、安息香丸、丁香丸、鸡舌香丸、沉香降气汤、灵宝丹、调中沉香汤、牛黄清心丸、麝香天麻丸……都大量用到香药，诸如没药、安息香、乳香、麝香、沉香、木香、丁香、苏合香……更有卷之十为"治小儿诸疾附诸汤诸香"。在此书中，不仅记载了以香疗疾的方子，还有以香调身养颜的方子，比如"调中沉香汤"：用麝香、沉香、生龙脑、甘草、木香、白豆蔻制成粉末，用时以沸水冲开，还可以加入姜片、食盐或酒，"服之大妙"，可"调中顺气，除邪养正"，治疗"食饮少味，肢体多倦"等症，"常服饮食增进，脏腑和平，肌肤光悦，颜色光润。"

宋太医院编写的《圣济总录》里的方剂，以香药作丸散的也非常之多，仅以木香、丁香为丸散的方剂，就多达上百个。苏轼、沈括的《苏沈良方》、许叔微的《普

北宋　张择端《清明上河图》局部
左上角有"赵太丞家"即官医开办的医馆
西面招牌写着"治酒所伤真方集香丸"，东面招牌写着"大理中丸医肠胃冷"，
西面靠里招牌写着"赵太丞家统理男妇儿科"，再往里招牌写着"五劳七伤回春丸"

济本事方》、王颐的《易简方》、严用
和的《济生方》等诸多医书中，都大量
使用香药以及方剂，并因此产生了"局
方学派"，形成了喜用香药的局方用药
倾向。

　　宋代香学书籍里也有各类以香疗
疾的典故，洪刍《香谱》有记载月支
香："天汉二年，月支国进神香。武帝
取视之，状若燕卵，凡三枚，似枣。
帝不烧，付外库。后长安中大疫，宫
人得疾，众使者请烧香一枚以辟疫

南宋　佚名《杂剧　卖眼药》

气，帝然之，宫中病者差，长安百里内闻其香，积数月不歇。"讲的就是西域月支国
进贡神香，汉武帝吩咐交仓库保管。后来长安城流行瘟疫，不少宫人染疾，使者们请
示皇帝能否焚烧神香以避疫气，汉武帝同意了，此香一燃，使宫中染病人数减少了很
多，长安城百里都能闻见此香，且数月不消。

以香避疫还有宋陶谷《清异录·鹰嘴香》的记录："番禺牙侩徐审与舶主何吉罗洽密，不忍分判，临歧，出如鸟嘴尖者三枚，赠审曰：'此鹰嘴香也，价不可言。当时疫，于中夜焚一颗，则举家无恙。'后八年，番禺大疫，审焚香，阖门独免，余者供事之，呼为吉罗香。"讲的是徐审与何吉罗关系甚密，临分别的时候，何吉罗送给徐审三枚鹰嘴香，并告知此香可以避疫。八年后番禺大疫，徐审拿出此香焚烧，使得家人免受疫情感染，感念何吉罗，便把此香命名为"吉罗香"。

其实，香药本身就是中药的一部分，所以古时以香疗疾的部分实在是不胜枚举，香药、香方、香药方，伴随着华夏民族数千年的繁衍生息，护身佑体，其运用形式也丰富多样，可以熏香、泡浴、湿敷、冲洗、内服、艾灸……不仅可以疗疾，更可以养生，且因具有香气的加持，使人心神愉悦，实在是应该好好发扬光大。

北宋　张择端《清明上河图》局部
招牌写着"杨家应诊"意为杨姓大夫开办的诊所

香药用于医疗养生，在古时主要有两种方式，其一是以"药品"的形式出现，将香药当作药材来使用，取其"药"性疗疾。其二是以"香品"的形式出现，在予人添香的同时养生祛病，所以作为专门研香的书籍，也多有记载治病的香方，《香乘》中有专篇"养疗香"，文中记载了香药、香茶，诸如透体麝脐带、独醒香、孩儿香茶等。

严小青在《新纂香谱》的前言中，总结了香药的功能有：

气香入脾，悦脾，醒脾。

气香开胃，行胃气。

气香透心。

气香透骨，透膜。

气香入络，透络，清络。

气香利窍，宣窍，开窍。

芳香燥湿化浊，开郁。

芳香避秽，逐秽，透邪。

气香主散，能散邪，能泄气。

气香上行，增进饮食，开发胸肺之气而宽畅胸膈，能引清阳之气而止痛。

气香能和五脏，温养脏腑，调和卫气，宣通气机。

南宋　马远《竹涧焚香图》

芳香疗疾，是中国香疗发展非常重要的一部分，这有别于欧洲芳香疗法与中医的结合，后者的角度不同，将两者结合还是立论在欧洲的芳疗体系与中医并重，各自独立所以要相互结合，但实际上欧洲芳疗很多时候还是以结构化、分子化来研究植物精华，对于治疗体系的认知也是建立在神经学、内分泌学等分科视角，但中医传统香疗并非如此，它是建立在中医元气论的角度去理解和认知生命与疾病，强调元整体，认为研究关系、规律更重要，而生长于天地间的植物，也和人一样，都要遵循自然之"道"。

发展中国本土的芳香疗法，可以认为是发展中医文化中关于香药的部分，也可以认为是发展香文化中关于疗疾的部分，这都大同小异，因为都是基于中国传统的文化底蕴，同宗同源。而现代欧洲的精油萃取工艺，我们可以看作是香药/中药的现代化工艺，如此思路的转变，会让人豁然开朗。我们所遵循的是华夏文明对香的认知，所恪守的是中医文化对生命的体悟，所承袭的是华人传统的生活美学。寻根溯源，以中国文化为主基调，开拓思维，用中国文化的包容心去接受现代创新，最终发展的，就是真正属于中国人自己的芳香疗法。

·芳香疗法的现代工艺发展

陈云轶译注的《香典》集合了古时三大用香典籍《香乘》《香谱》《陈氏香谱》，吴向阳等编辑在序言中有言："《香乘》不仅载录历代涉香资料，且注意搜集当时最新的香业动态。其'墨娥小录香谱'一卷中，载有'取百花香水法'（直接用水蒸气蒸馏花之法），翔实具体地记载了我国在公元16世纪之前已认识并掌握蒸馏技术的具体情况。明代，自海外输入的香料已有膏香、油质、水、露等天然香料的

宋 苏汉臣《妆靓仕女图》

提取物。因此，一些原有的传统产品所用香料，也尝试直接用膏、油、水、露等新剂型取代，随之也带来了合香工艺的更新。对此，《香乘》卷二十五俱有载录，如直接将苏合香油、榄（香）油、玫瑰露等原料加入复合香方之中，并在加工过程中采用隔水加热、浸泡提取有效成分和色素的工艺，以及用纱袋装盛香料浸泡以提取油溶性香成分制成油质加香产品（如头油）等技法。这里记载的膏、油、水、露的直接应用以及溶剂的热法提取芳香成分等工艺，可视为现代香料工业的先驱。"

墨娥小录香谱·取百花香水

采集百花头，放入甄内装满，上面用盆、盒之类盖好，四周封严。

将竹筒劈成半截，用来接取甄下倒流的香水，储藏使用，称之为花香。

这是广南真法，效果极妙。

芳香文化发展到21世纪的今天，我们既要保留古法工艺，亦可革新现代工艺，现代工业让我们可以更快捷高效地运用各种方式，提取香药中的精华，比如以蒸馏法获得的精油，让我们可以更方便愉悦地使用。而香药其实是中药的一部分，我们只要稍以融会贯通，便可总结出精油和中药（香药）的许多共通之处：

·精油和中药都讲究道地药材，不同产地疗效亦有所差别。

·不同科属的植物，比如薰衣草精油常见的有真正薰衣草、穗花薰衣草、醒目薰衣草等，而中药三七有分五加科、菊科、景天科，功效亦有所差别。

·同种植物采用不同部位，比如苦橙树上，叶片，花朵，果实果皮分别可以萃取精油，功效各不同；中药里麻黄和麻黄根来源于同一植物的草质茎和根部；

宋 佚名《盥手观花图》

地骨皮和枸杞子来源于同一植物的根皮和成熟果实；当归的头、身、尾，其功效因采用植物的不同部位，疗效各有不一。

·精油萃取所使用的药草植物，与中药材一样，讲求采摘时节，栽种方法，通常野生的更为稀有，功效更好。

·精油有不同的萃取方法，比如同是姜精油，有蒸汽蒸馏法和超临界二氧化碳流体萃取法两种常见方法。中药姜也一样，不同的炮制（种植）方法，可以改变药性。

·精油和中药都讲究配伍，中药有四气五味，升降沉浮，不同归经，有相须、相使、相畏、相杀、相恶、相反；精油有高、中、低音油，使用禁忌，不同脉轮的能量属性。中药和精油在配伍后，都能使疗效更准确、更安全、更有效。

·中药和精油都讲究用量，中医的辨证论治里，"理—法—方—药"是一个基本的内容，也是一个基本的程序和过程。中医的不传之秘在于药量，说的就是用量之玄妙，量大量小，对不同的时、空、人，都有讲究。精油也是一样，用量的不同会直接影响作用的大小，导致功效的不同，甚至出现相反的治疗效果。

精油与中药虽然有很多共通之处，但也有区别，中药大多使用水剂，而精油是提取植物中的油融性精华，体现了植物不同的面，在使用上也可以形成互补。当然相互之间也有交叉，中药汤剂中也含有油性成分，比如广藿香在煎煮的时候会强调勿久煎，就是要避免挥发油成分过度消散；而芳香疗法中也有纯露这类水剂，所以也是"你中有我，我中有你"，其实这些都是取自大自然的天地疗愈力，不同的制剂只是运用方式的不同，只要足够熟悉并理解深刻，我们便可以把这些不同的制剂合理、灵活地配合使用，最终的目的便是帮助身体恢复平衡中和的状态。我们可以通过其互补性来指导日常运用，它们的区别在于：

宋　佚名《女孝经图卷》
桌案上摆放着香熏炉

·精油相较于中药，在使用方法上更为愉悦与便利，精油外用既安全，又能使效果精准快速。

·成熟的精油厂商，都有权威的第三方有机认证，而且在萃取方法上，现代发展得更为成熟完善，且精油萃取并不强调纯手工，例如精油萃取中使用最广泛的蒸汽蒸馏法，容易实现规模化、工艺标准化，同时又能保证精油的品质与功效；而每一批次的精油，其天然化合物结构也会存在细微差异，这又保持了植物的天然属性，并不像人工合成化学制剂每一批次完全一致。同时，因为有着完善的成分分析体系（质谱气层图），因此在临床运用中，能更便利、有效、精准的把控精油品质。

·中医治疗古有东方砭石、南方九针、北方灸法、西方毒药，中原导引按跷。精油可以在一些治法上共同作用，提升疗效。

·中医学有着完善的研究人体生理、病理的体系，而现代芳香疗法更偏向于中医学里的中药学，它对养生疗疾的指导不够完整、全面，所以我们依托中医学的体系来运用精油、纯露、植物油，更贴合自然疗法对人、对生命的理解。

·对于普通家庭的养生疗疾而言，便利性很重要，每一种疗法都有其特点与优势，相互结合便会事半功倍。比如艾灸、小儿推拿、导引按跷、脏腑点穴、刮痧，都可以与精油的药膏、药油结合使用。

在现代芳香疗法的发展中，我们同样依古法，遵循两大类别的效用：生活情趣我们沿袭东方美学，养生疗疾我们沿袭古中医一脉，我们有足够的文化自信，能够将承载华夏基因，属于中国人自己的芳香疗法发扬光大。

值得一提的是，复兴宋代芳香疗法美学，实际上"宋"只是一个符号，它代表了中国香学的鼎盛时期，以及契合现代人的生活美学及文化背景，但是整个华夏香学的发展，并不是一个点，而是一条线。在这历史长河中，我们所要传承、发扬的是中国香学所代表的文化内涵，香气不仅芬芳怡人，还能祛秽致洁、平衡身心、调和情志、养生养性。——"香气调身静心养性"正是中国香文化的核心理念与重要特色。中国芳香文化不仅体现了中华民族的精神气质、传统习俗与生活美学，更反映了中国人的思维模式、对世间万事万物的认知、理解与生命价值观。

当然，在发展的过程，我们也需要革新一些理念和方法，比如现代我们摒弃使用动物香，以体现对自然、对生命的人文关怀。我们也要寻求更适合现代人生活情境以及审美情趣的用香方式，万法不离其宗，在寻变中守道，遵理中求新，最终回归——人与自然的和谐统一。

北宋　赵佶《听琴图》
案几上放着香熏炉

走进现代芳香疗法

中国传统香学主要分为熏香及疗疾两部分，现代芳香疗法仍然以这两大主题作为延续，一为生活美学，如何营造香氛空间，带给我们愉悦的体验，产生积极正面的影响；二为芳香疗疾，将现代人常见的一些问题，引经据典，再以通俗化的语言进行系统剖析，力求将精油使用的辨证思路充分阐释，疾病是复杂的，每个人的情况都不尽相同，明白身体运行的机制才能更好地有的放矢，灵活变通，同时将芳香疗法与中医常见外治法相结合，简便易行，将失衡的身体状态重新调回平衡。

在进入现代芳香法之前，需要了解几个概念。

·什么是精油

精油是通过蒸馏法、压榨法、超临界二氧化碳流体萃取法、良性溶性萃取法等方式，将植材中的精华成分释放、凝聚，得到的高精纯物质。精油凝聚了天地间的能量，通常来讲，产量越低、越难获取的精油，拥有的能量越强。

精油代表没有被稀释过的100%纯精油，又称为单方精油。如果将几种纯精油调配在一起，称为复方精油，仍然是100%纯精油，没有被稀释过的。

除了个别情况下，精油一般不会直接使用，需要经过植物油、天然膏霜等介质进行稀释，植物油就是类似荷荷巴油、甜杏仁油、葵花籽油这一类以物理压榨方式获取的油脂，其主要作用是滋润、修复、保护肌肤，可以直接用于皮肤上，精油经过植物油稀释后，就不能再称作精油，只能称为按摩油、滋养油、护理油等。

精油的英文是Essential Oil，传统溶剂萃取法获得的植物精华称为原精，英文是Absolute，原精在萃取过程中会有化学制剂残留，会对皮肤和身体造成不良刺激，所以芳香疗法不使用原精，大家购买时要避免选择。

近几年有良性溶剂萃取的精油，对皮肤和身体没有刺激和负担，有的还能通过有机认证，可以用于芳香疗法，比如良性溶剂萃取的茉莉精油，但较为少见，不易购买。

· 精油的萃取方法

精油的萃取方法，现在常见的有四种：蒸馏萃取法、压榨萃取法、超临界二氧化碳流体萃取法，良性溶剂萃取法，其他方法萃取出来的并不是精油，比如传统非良性溶剂萃取法获得的是原精，酊剂法获得的是酊剂，脂吸法获得的是香膏香脂，浸泡法获得的是植物浸泡油。

大多数精油都是通过蒸馏法萃取而得。蒸馏萃取法可以细分为蒸汽蒸馏法、水蒸馏法、水蒸气扩散法、精馏法、分馏法和循环蒸馏法。

蒸汽蒸馏法是将植材架于蒸架之上，加热蒸架下部的水，利用蒸汽通过植材，将植材中的精华物质释放萃取，随后蒸汽被收集于管道内进入冷凝区，循环流动的冷水将蒸汽管道降温，蒸汽遇冷凝结成液体，最后流入容器桶，液体会分为两层，一层是精油，一层是纯露。

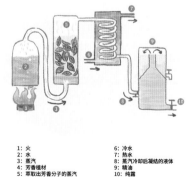

1：火
2：水
3：蒸汽
4：芳香植材
5：萃取出芳香分子的蒸汽

6：冷水
7：热水
8：蒸汽冷却后凝结的液体
9：精油
10：纯露

水蒸馏法与蒸汽蒸馏法不同之处在于，它是将植材浸泡于水中蒸馏，再收集水蒸气冷凝后，获得精油和纯露。

水蒸气扩散法是通过加压，使蒸汽从上往下通过植材，萃取出精油。

精馏法是指初步蒸馏后，为了去除杂质，以真空或水蒸气再次蒸馏，获得精纯度更高的精油。

分馏法是指少数植材需要分段用不同温度萃取出不同的芳香分子，越大的分子会越晚被萃取出来，混合后就获得完整的精油成分及疗效。比如依兰第一阶段萃取带花果香的芳香分子，第二阶段萃取草木香的芳香分子，混合后称为完全依兰。

循环蒸馏法是指第一次蒸馏后，将获得的纯露再次循环蒸馏，以获得更高的精油产量以及更完整的精油成分，比如玫瑰就是用这种方法萃取，获得的玫瑰精油称为奥图（otto）玫瑰。

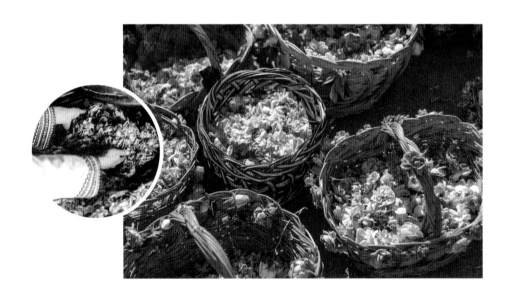

压榨萃取法主要针对柑橘果皮类精油，比如甜橙、柑橘等，将果皮上的油囊刺破、挤压、过滤、分离，得到精油。这种萃取法获得的精油品质不一，取决于萃取目的是以精油为主还是以果汁为主，如果目的是萃取果汁，将上层的精油分离，可能含有水分，精油品质相对较差。以精油为主的萃取工艺，会获得更精纯的精油，品质较高。压榨法获得的果皮类精油容易氧化，一般建议放在冰箱保存。

超临界二氧化碳流体萃取法又称为CO_2萃取法，通过压力和温度的变化，从而改变二氧化碳的形态，当压力增加温度降低，二氧化碳就变成液态，可以作为"溶剂"

将精油里的芳香分子萃取出来，再释放压力升高温度，二氧化碳又变回气态，与精油完全分离，由此获得的精油不会含有二氧化碳的残留，品质纯净，深受芳疗师的喜爱。相较蒸馏法萃取的精油，更接近植物本身的气味，两种方法获得的精油功效也不尽相同。

良性溶剂萃取法是近几年发展起来的，溶剂残留值很低，且对人体和环境友好，所以可以放心用于芳香疗法。

值得一提的是浸泡法，将植材中的有效成分通过植物油浸泡析出，虽然不是精油的萃取方法，但同样有很好的治疗效果，尤其适合不容易获得精油的中草药，中医芳疗常用此法，很多个案的处理都会使用中草药浸泡油，比如过敏性鼻炎、皮肤炎症、身体调理、肌肉酸痛或扭伤等。

· 如何甄选高品质的精油

一个好的配方，需要高品质的精油才能更好地达到芳疗效果，如果精油品质不达标，往往难以达到理想的治疗效果。如果是掺假或伪劣的精油，甚至会对身体造成伤害。所以，如何选购精油，是非常重要的，下面将依照不同经验、不同专业级别的人群分别介绍，方便大家各取所需。

对于刚接触芳疗的人，或是普通消费者来说，你需要留意以下内容。

※ 拉丁名（学名）

植物的中文俗名或英文俗名，有时候会有很多个，同一个俗名有时候也会指向不同的植物，而拉丁名，就是植物的学名，是植物的唯一标识，就是说一个拉丁名只对应一个植物，不会对应两个植物，所以就成了植物最好的"身份证"，不会混淆。学名由植物属名+种名构成，后面可能还会加上化学形态、

人工或杂交，变种等信息，但都不改变其唯一指向性的特征。

不过反过来，极少数植物会有两个或三个拉丁名，比如真正薰衣草可以是*Lavandula officinalis*或*Lavandula vera*，前面的属名一样，后面的种名不一样，意思分别是"药用的"以及"真正的"，但这两个拉丁名都属于真正薰衣草，它的指向仍然具有唯一性，所以只要对应好拉丁名，就可以购买到真正需要的品种。

不同拉丁名的精油，功效会有差别，比如薰衣草家族就有真正薰衣草、醒目薰衣草、穗花薰衣草、头状薰衣草等，你要确保购买的品种刚好是需要的，这时候就要以拉丁名为辨识要素，拉丁名一般会在精油包装上以斜体字显示。

※ 产地

不同产地的精油，功效会有所差别，《晏子春秋·杂下之十》有云："橘生淮南则为橘，生于淮北则为枳，叶徒相似，其实味不同。"橘和枳都各有其用处，没有谁高谁低，精油也一样，不同产地的精油，其天然化合物构成及性味不尽相同，必然带来功效上的差别。

比如广藿香精油，马达加斯加产地有更多醇类成分，适合用于保养皮肤。中国本土产地则有更多的酮类成分，适合用于脾胃保养。再比如玫瑰有保加利亚、土耳其、山东平阴、甘肃苦水、云南等产地，现代芳疗界认为保加利亚是最佳产地，这个最佳是指欧洲传统芳疗认为的玫瑰精油的功效，但并非绝对，比如中医芳疗将玫瑰用于疏肝时，是从另一个角度来看待玫瑰精油，则会有不同的选择。

在购买精油的时候，要认清产地，确保所购买的精油能对应需求的功效。

※ 萃取部位

萃取植物不同的部位，精油的功效也会不同，萃取部位作为学名的补充信息，共同为我们选购精油提供参考，比如芹菜籽精油，如果是全株植物萃取的精油含有呋喃香豆素，会引发光敏反应，白天用完晒太阳，会让皮肤变黑。而种子萃取的精油就没有这个问题，所以一般建议选用种子萃取的精油，购买时就要留意。再比如苦橙树，从它的叶片、花朵、果实果皮萃取的精油分别为苦橙叶精油、橙花精油、苦橙果皮精油，拉丁名是一样的，因为来自同一种植物，但功效不同，所以要留意萃取部位。

再比如玫瑰樟精油，过去是用木心萃取，由于过度砍伐，导致玫瑰樟濒临灭绝，所以市面上一度购买不到玫瑰樟精油，近两年开始用玫瑰樟的枝叶萃取精油，对于护肤来讲也是可以的，因为醇类成分含量也可以达到80%左右。但从中医芳疗的角度，将玫瑰樟用于"补气"，枝叶精油的效果就相对很弱，这就是植物之"气"的不同，所以购买时需要留意萃取部位。

※ 萃取方式

不同的萃取方式获得的精油，功效也会不一样。有一些精油会同时用不同的萃取方式获得，比如乳香、没药、小豆蔻、欧白芷、芫荽籽、姜、欧洲刺柏、大马士革玫瑰等精油，有蒸馏萃取法，也有超临界二氧化碳流体萃取法；再比如莱姆精油，有蒸馏萃取法，也有压榨萃取法。所获得的精油，其天然化合物构成及性味不同，功效也会有所差别，选购时要留意。

※ 包装

精油是高精纯的物质，需要性质稳定的容器储存，一般是用避光的深色玻璃瓶，使用完以后要立即盖紧，以免挥发和氧化，对于柑橘果皮类容易氧化的精油，建议放在冰箱保存。其他精油则常温保存即可。

精油不能用塑料容器储存，且精油瓶不能倒放，否则塑料滴管盖长期浸泡在精油中，会受到腐蚀，也会影响精油品质。

※ 生产日期

不同的精油保存期限各不相同，容易氧化、变质的精油要尽量购买新鲜的，比如果皮类精油。而另一些精油刚好相反，存放的时间越长，品质和功效越好，通常是树脂类、木材类的精油，比如檀香、乳香、没药、广藿香等精油，当然，对于陈放精油有一个前提是，最初用来陈放的精油品质要好，否则再"陈"也没有意义。

其他大多数普通精油的存放时间是2～5年，一般厂家会标识限用日期，在使用精油的时候也要随时留意，如果有明显的变味，即使没到限用日期，也不能继续使用。

※ 容量

不同国家生产的精油惯用的容量有所不同，有的用毫升，有的用克，有的用盎司，如果要进行价格对比，需要进行换算，一般来讲，美制1盎司=29.57毫升，英制1盎司=28.41毫升，而克数与毫升的换算则取决于精油与水的比重，或轻或重，不尽相同。

※ 是否为纯精油

纯精油在包装上会显示"Essential Oil"，有时候会写"100% Essential Oil"或是"Pure essential oil"，为什么要特别讲这个问题？因为很多人买到的都是被稀释过的按摩油/精华油，一直误以为是精油。

※ 是否通过有机认证

芳疗领域的研究以及成熟芳疗师的经验表明，有机精油的气味、品质、功效都要优于非有机精油，只需要较少分量就能获得更快、更深入的效果，或者说有更高的能量。有机意味着没有使用杀虫剂、除草剂、杀菌剂、农药、化学肥料等，且非转基因，追求更自然、更安全的栽种方式。

值得一提的是，有机认证的标准和体系，各个国家不太一样，严格程度也不同，选择权威的有机认证机构更有保障。有机都是针对人工种植而言，比有机认证更有价值的是野生，植物在没有人工干预的情况下，"野蛮"生长，需要有更强的汲取养分以及抗击不利或恶劣环境的能力，所以野生植物的精油往往功效更强，能量更高，当然也更少见，价格也更高。

※ 品牌效应

即便你兼顾了以上所有因素，在同一要求和选择标准之下，不同的品牌，品质也会有所差别，这里面有更多无法从包装上阅读的信息，比如收割植物的方式、采摘花朵的时间、萃取仪器的工艺水平、精油的存储和运输管理方式、以萃取精油为主还是以收集纯露为主……这些都会影响精油的品质。

优秀的专业芳疗品牌，历经打磨，会非常重视品牌的价值，生产管理体系也相对完善，对普通消费者来说是比较省心的选择。

以上十个因素，如果都能兼顾到，就可以挑选到品质相对可靠的精油，这对一般消费者或是芳疗爱好者来说就够了，但如果是专业芳疗师，会有更高的标准，需要考量其他因素。通常是一些更加细节的内容。

比如萃取精油的容器材质，举个例子，广藿香精油是用铁制容器萃取还是用不锈钢容器萃取，成分是不一样的，如果用来调配香水，一般会选择不锈钢容器萃取的，它可以防止香水变色。如果用来做芳疗配方，那会选择铁制容器萃取的，因为含有更多芳疗所需的有效成分。

专业芳疗师会关注更多"自然"属性的因素，比如采收的季节、采收的时间、采收的方式是机器收割还是手工采收，种植的土壤状况，比如含钙高的土壤更适合甘菊类的植物生长，还要关注不同年份的气候因素，以及农户的种植管理方式等，当然，也会凭经验，在使用精油后判断厂家资料的真实性。

专业芳疗师还会关注质谱图、气相色谱质谱、高效液相色谱等，一些专业的精油网站会有分析证书（Certificate of Analysis），简称COA；或是GS/MS Report，就是精油的成分分析报告，因为精油是天然产物，不同批次的精油成分会有所差别，专业的芳疗师可以通过这些报告，了解精油主要的有效成分是否达到预定目标，以确保芳疗功效。

以上所说的内容，都是相对客观、可数据化的内容，对于资深芳疗师来说，因为有着丰富的用香经验，所以可以利用主观感受来辨别、甄选高品质精油。主观挑选，对人的要求很高，但却可以透过感官，去获取那些看不到的信息，主观是向下兼容的，如果你的感官足够灵敏，经验足够丰富，就可以抛开以上所说的因素，直接获取答案。

最常见的主观因素是运用嗅觉来挑选精油。精油的包装标识、数据都是人为的，其真实性是可以修改的，但是嗅觉永远不会欺骗我们，这要求芳疗师从一开始建立自己的气味记忆库时，就要使用高品质的精油，当记忆的输入达到一定量的时候，就会变成你的主观标准，一旦你闻到不对或不好的精油时，你的嗅觉马上会为你发出警报，这也是专业芳疗师训练灵敏嗅觉的意义。

更高层次的甄选精油，就是感受植物/精油之"气"，"气"是无形不可见的，只能通过感官去体验。中医在艾灸时，施灸者或被灸者都有可能产生"得气"的感觉，艾灸里有一种灸法称为"无为灸"，它没有一套既定可行的辨证方式来选择灸点，而是施灸者手持艾条，在被灸者身上缓慢移动游走，寻找合适的灸点，当找到正确的治疗点时，会有一种磁铁般的吸引力，便停留于此施灸，当"灸透"的时候，吸力会消失，再继续移至下一个施灸点。这要求施灸者身体通透灵敏、平心静气、专注感受，这是一种"得气"。而被灸者也会"得气"，比如感受到被灸部位酸、麻、胀、痛，或是感觉循经行走的"气感"，每个人"得气"的感受并不完全一样，有的人会感觉发热、蚁行、风吹、水流感，或是像向内打气及压重感。

在使用印度老檀香精油的时候，如果气血充足、运行通畅、感觉敏锐、心神专注的人，可能也会感受到这种"得气"感，将精油抹在后腰，以此为原点到背部、腹部、双臂或双腿，可能会有一种类似艾灸的"得气"感从身体流过，树龄越长的精油"气感"越强。

除此之外，还可以用盲闻、久陈（将精油滴在闻香纸上，从第一天至第七天每日嗅闻精油）来感受其留香时长以及香调的变化。老檀香精油非常罕见，掺假现象也很严重，而身体的感受是最真实的，所以，对于资深芳疗师而言，要善于运用身体去感受和甄选精油。

再比如挑选乳香精油，好的乳香精油，可以让呼吸变慢、变匀、变长，肺是唯一一个同时拥有自主及不自主运动的脏腑，可以沟通内外，平衡身心，通过呼吸的改变，可以调气、调神，好的乳香精油会带来心神方面不同的感受，而品质差的乳香精油，则没有这样的效果。

对于精油的挑选，不同的人群可以从以上三个层次来选择适合自己的方式，一般来讲，产量越大、价格越低的精油，掺杂或作假的必要性越低，相对容易选择。对于珍稀精油，则需要花费更多的精力、时间去仔细甄别。普通爱好者需要考量的主要是前面提到的十个因素，专业芳疗师因为运用的品种更多，对功效的要求更准确和全面所以也需要考量更多因素。

·如何搭配家居精油包

很多人在最初开始购买精油时，不知道应该选择哪些精油，有的精油买来很长时间也不用一次，造成不必要的浪费，专业芳疗师也常常需要为顾客挑选精油包，那么该如何组合呢？

如果从熏香的角度，可以考虑不同香型的搭配，以下是具有代表性的香气类别，排在首位的精油也是首选推荐的。

花香：玫瑰天竺葵、真正薰衣草、罗马洋甘菊精油。

果香：甜橙、柠檬、佛手柑精油。

木香：玫瑰樟、日本扁柏、北非雪松精油。

叶片香：芳樟、五脉白千层、澳洲尤加利精油。

药草香：马鞭草酮迷迭香、辣薄荷、罗勒精油。

树脂香：乳香、没药精油。

针叶香：香脂冷杉、欧洲银冷杉、黑云杉精油。

果实香：芫荽籽、黑胡椒、小豆蔻精油。

根茎香：岩兰草、姜精油。

珍稀香：橙花、玫瑰、茉莉、檀香精油。

最初开始接触芳疗，最推荐的是玫瑰天竺葵、甜橙、玫瑰樟、芳樟精油，代表花、果、木、叶四大主香调，如果进一步想要各种香型都有，可加上马鞭草酮迷迭

香、乳香、香脂冷杉、芫荽籽、岩兰草、橙花精油，这便组成精油包1.0版，这些精油不仅气味都比较好闻、能被大多数人接受，且相互之间容易兼容，不会出现气味难以调和的情况，而且所代表的功效也比较全面，可以用于处理生活中的常见问题，利用率高。

如果除了熏香，还想组方用于更多的身体调理，那么以上所列的十种香型的所有精油都是常用的，它们构成精油包2.0版，当然，像玫瑰、茉莉、檀香这类昂贵精油，可以先不买或是购买小容量。

除此之外，如果想要进一步广泛运用精油，可以在精油包中加入茶树、丝柏、永久花、德国洋甘菊、穗花薰衣草、罗文莎叶、广藿香、沉香醇百里香、松红梅、快乐鼠尾草、丁香、欧白芷、罗勒、野胡萝卜籽、苦橙叶、锡兰肉桂叶、锡兰肉桂皮、玫

瑰草、柠檬草、依兰、留兰香、葡萄柚、马郁兰、欧洲刺柏、柠檬尤加利、山鸡椒、巨冷杉、澳洲尤加利、白千层、香桃木、欧洲赤松、沉香、月桂精油。构成精油包3.0版，就是一个足以应付生活中出现各类状况的精油包。

如果是专业芳疗师，就需要备上更多品种，以处理不同的个案，包括常见香药/中药萃取的精油。

· 如何搭配旅行精油包

如果想在出差或是旅行途中，随时随地拥有喜欢的香氛空间，那首先要带上的就是你最喜欢的精油气味。每个人对气味的喜好是不同的，你喜欢的香味会带给你舒适与愉悦，让你在异地也能感受像家一般的放松与温馨。

其次我们要考虑在异地容易发生哪些突发状况，以此来搭配我们的精油包。出门在外，最常使用精油的场景有：睡眠障碍；水土不服导致的腹泻；贪恋美食导致的腹胀、便秘、积食；劳累导致免疫力下降，着凉、闷热引发的外感；外出旅行活动量过大造成的肌肉酸痛；突发的外伤，比如摔伤导致的破皮、出血，扭伤；最后还有环境的能量净化。

基于这些需求，同时考虑出门在外不方便，要避免行李过重，所以要尽量选择功效多样化的精油。我们可以这样配置旅行精油包：芳樟、姜、真正薰衣草、永久花、黑胡椒、乳香、马鞭草酮迷迭香、罗勒、广藿香、锡兰肉桂叶、辣薄荷精油。这些精油可以单用，也可以组方，应对旅行过程中发生的各种突发状况。中篇精油宝典会介绍常用精油的功效，可以根据个人体质，在基础旅行包中进行增减。

· 什么是纯露

纯露是在蒸馏精油的过程中产生的，蒸汽通过植材，萃出精华，进入冷凝区凝结成液体，便形成了纯露和精油，纯露会含有微量的精油，更多的精油无法溶于水，会凝结起来，大多浮在纯露的表面，将它们分离，就得到了精油和纯露。

纯露和精油有相似的气味和功效，但又不完全一样，精油完全是植物的油融性精华，纯露主要是植物的水融性精华，以及微量的油融性精华。

纯露品质的好坏，和精油的辨别方法类似，也取决于前面所提到的因素，值得一提的是，纯露品质会受到工艺的影响，比如是以萃取精油为主还是以萃取纯露为主。如

蒸馏植材，可以同时获得精油和纯露

果以精油为主，会将纯露循环蒸馏，以获得更高的精油产量。如果以纯露为主，则以萃取最佳品质的纯露为工艺标准，并不考虑精油产量，因此获得的纯露品质更好。

萃取纯露的水也非常重要，有活泉水、地下水、高山净水、自来水。水的碱性大不大、是否为软水、是否含重金属等因素，都会影响纯露的品质，纯露以水为最大的基础介质，如果水不好，纯露的品质也不会好，这就和泡茶是一样的道理，我们都知道，"水为茶之母"，古人泡茶是非常讲究的，什么茶用什么水，甚至什么节气的水，比如雪水、露水，甚至某种花朵上的露水，因为水也是有"气"的，比如东阿阿胶为什么要用那口古井里的水？就是因为"气"不同。纯露也是一样的，水的品质很大程度决定纯露的品质，好的水萃取的纯露，用来护肤能让肌肤更滋润、更柔软、更细滑，用来口服也会更顺口，身体更容易吸收利用。

纯露在近十几年越来越被重视，它比较温和，效果没有精油那么强，但在口服方面，只要品质过关，比口服精油更安全，更便于操作。同时，纯露和精油也可以结合起来运用，为芳香疗法提供更多元的运用方式。

· 如何使用精油/纯露/植物油

精油的使用方法非常多，在什么情况下运用什么方法，其实是很有讲究的，会直接影响到芳疗效果。比如处理肺系统问题，可以用精油熏香和涂抹精油按摩膏；处理脾胃问题，首选是涂抹按摩，熏香的效果就弱很多；处理失眠，可以泡浴、熏香、涂抹结合，依照失眠的严重程度不同，可以选择一种方式，或搭配多种方式。下面将介绍不同的精油使用方法及各自的特点。

※ 水氧机

水氧机的原理是通过超声波震荡的方式将精油扩散至空气中，和空气加湿器的工作原理类似，需要加水作为介质，区别在于，专业的精油水氧机用水量很小，微波震荡的频率很高，可以产生非常细、轻的水雾，这样可以让精油更好的扩散，并且盛装水和精油的容器也是特别材质，不是加湿器使用的普通塑料，因为精油会腐蚀塑料。有一些水氧机还会增加其他功能，比如持续喷雾、间断喷雾、负离子、夜灯等。

选购水氧机的重点就是了解超声波震荡的技术指标，一般来讲每秒250万次以上就可以获得非常好的雾化效果，水汽越细越轻，越能充盈整个空间，如果雾化程度不好，水汽又大又重就会很快落下来，不能很好地扩散，甚至会在桌面或地面，形成一圈水汽。

水氧机还有一个好处，不仅可以熏香精油，还可以直接熏香纯露。当然，你也可以在纯露里加入精油，用纯露和精油复配熏香。

※ 电热扩香器、陶瓷熏香炉

这两种扩香器都是通过加热精油的方式扩香，电热扩香器是插电加热，陶瓷熏香炉是燃烧蜡烛加热，通过加热使精油挥发于空气中，适合对热不敏感的精油，如果是柑橘果皮类的精油就不建议使用这类扩香器。相对而言，扩散精油的效能比水氧机更弱。

熏香炉的好处是可以一物多用，下面用蜡烛加热，上面可以放精油，也可以放香丸、树脂、香木、香粉，熏香炉的材质有陶瓷和金属，缺点是香气散发较慢，不适合大空间，另外熏香炉有明火，要格外留意使用安全，尤其不适合儿童房使用。

※ 伯努利扩香仪

此扩香仪是利用伯努利定律（Bernoulli fluid mechanics），通过流速与压强的调整，辅以物理震荡，将精油分子扩散，优点是扩香效果好，范围广、速度快，缺点是精油消耗量大，适合空间较大、人群密集、流动性强的场所，比如医院。

※ 扩香石、扩香木、扩香水晶、扩香藤条

这类扩香物不需要电、火，原理就是先吸附精油，然后缓慢释放。

扩香石通常由特制的细幼石膏粉加水，倒入模具中凝固而成，还可以加入色素或干花，制成各种漂亮的造型，女性和儿童会比较喜欢。

扩香木也会做成一些简约的造型，有着天然的木头质感，受到喜欢自然风物的人群偏爱，没有过多的装饰，也适合男士使用。

扩香水晶是一些质地偏稀松、有透气孔的晶石，可以吸收精油，近一两年比较流行，不同的水晶，被赋予不同的含义，适合作为礼品，天然晶石还会有能量释放，也具有家居美感。

以上三种扩香物都是使用纯精油来扩香。对于精油香水，则可以选择藤条，吸收香水，再释放于空气中。

这一类扩香物优点是兼具装饰美感，令人赏心悦目，但缺点是扩香能力较弱，只能依靠精油自身的挥发性缓慢释放，不适合大空间使用，适合在车内、书柜、床头等小范围使用。

※ 扩香首饰

近年来，因为芳香疗法被越来越多的人熟知，这类扩香首饰也越来越精美，多用金属搭配水晶装饰，制成手链或项链，深受女性喜爱，首饰上会有非常迷你的精油瓶，可以在里面滴几滴精油，佩戴在身上，随时享受香氛，也可以配伍自己喜欢的复方精油，营造独特的个性香氛。

一些木制的手链和项链，也可以吸收精油，和扩香木的原理是一样的，将精油滴在上面，缓慢释放，如果使用萃取于木心的精油，还可以养护木珠。

※ 香薰蜡烛

一顿浪漫晚餐或是夜晚的香薰泡浴，都少不了蜡烛的陪伴，对氛围的烘托必不可少。精油香薰蜡烛通过燃烧蜡的热能，扩散精油。其实精油制作的香薰蜡烛，成本是很高的，因为精油的用量要非常大，才能有香味扩散出来。因为有加热，就不太适合对热敏感的精油。当然也可以借鉴古人浸泡香材的方式，先获得芳香浸泡油，再制成蜡烛。

市面上很多的香薰蜡烛并不是精油制作，而是香精制作，香味非常浓烈，这种化学香并没有精油的疗愈能量，也不如精油亲近嗅觉。

运用天然的植物油、大豆蜡、蜂蜡等原料，可以制作成香薰按摩蜡，它不像普通蜡烛需要较高温度才能融化，这类原料可以制成低温蜡，在蜡烛燃烧时，蜡体会从固态变成液态，温热的蜡油和体温相近，很适合用来按摩身体，一方面具有美妙的香氛，另一方面可以滋润肌肤，不同的精油配方，可以达到不同的疗愈效果，比如放松肌肉、舒缓精神、增进情趣等。这样的香薰按摩蜡，精油浓度不用太高，因为它不是通过燃烧扩香，而是通过涂抹扩香，效能会高很多。

除此之外，还有香薰蜡牌，蜡牌是用油和蜡加热后，放入精油，再倒入模具制成，也像扩香石一样，可以有丰富的造型，因为制作时就已经加入精油，所以会缓慢释放香味，蜡牌不点火加热，更像是扩香石的使用方法，同样适合小空间，但不适合夏季的车内熏香，因为蜡牌可能会因为车内温度过高而融化。

※ 精油香水

香水可以说是女性的必备品，用精油可以调配出具有个人特质的气味，每个女性都会想要一瓶能够彰显个人魅力的香水。精油香水的基底是酒精，具有挥发性，非常适合扩香，但不是具有刺激气味的医用酒精，而是醇化过的特制酒精，比如安息香醇化酒精，这类醇化酒精有淡淡的香味和高挥发性，可以溶解精油，所以很适合用来调配香水。

将精油调配在醇化酒精里，它不受芳疗处方的限制，浓度可以视个人对香味的需求调整，所使用的精油品种可以是一种、几种、十几种，甚至几十种，也会用到一些芳疗处方中较少用到的精油，比如琥珀、黄葵籽精油，这类精油是专门用来调配香水的，疗愈力比较有限，但因为气味特别，非常适合调香使用。

除了精油香水，如果想营造个人香，也可以直接将喜欢的单方精油或复方精油，滴在衣服上，一般建议滴在不起眼之处，最好是深色衣物或贴身衣物，避免一些深色精油留下油渍，精油会自然挥发，就像古人身挂香囊一样，香气随身而动，步步生香。

※ 香膏

香膏也是沿袭古人的用法，可以用浸泡香油，或是普通的植物油，添加10%～30%的精油，加入蜂蜡加热冷却后形成膏状质地，携带方便。香水是以酒精为基底，所以不能直接喷洒在皮肤上，但香膏都是天然的原料，使用时可以抹在手腕或耳后，若隐若现的一缕香，淡淡的宛若体香，很是迷人。

※ 手帕

如果身边没有扩香仪器，可以借助任何一个载体，手帕，衣服，口罩，枕头，纸巾等，将精油滴在这些载体上，就可以营造香气氛围，适合近距离的闻香，比如在人流密集的地铁站或是电梯里，有人感冒打喷嚏，可以迅速将精油滴在手帕或纸巾上，轻捂口鼻缓慢呼吸，对呼吸道是一个很好的净化，有很多精油适合防止病菌传染，一方面对一些病毒、细菌有灭活作用，另一方面可以激发机体自身的免疫力。

在近距离吸香的时候，要注意精油浓度不能太高，一般建议1～2滴精油即可，如果抹在某个载体上，比如口罩，最好先将精油滴在手指上，然后分散轻拍在口罩外侧一面，不要让精油集中在一个点，以免浓度过高导致鼻腔不适，同时，纯精油要避免接触眼睛，因为近距离吸香，如果浓度没有把握好，精油的挥发对视黏膜也会略有刺激，尤其是小朋友要留意这一点。

※ 植物油/无香基底霜

精油透过皮肤吸收，进入人体循环系统，是精油最广泛使用的外用方法，一般会通过植物油或无香基底乳霜进行稀释后使用。

从护肤的角度来讲，乳霜是很好的选择。基底乳霜是水和油的乳化物，芳疗用的乳霜成分很简单，一般使用纯露替代水相，用天然植物油作为油相，使用植物提取的乳化剂，将水和油乳化就形成了乳霜，清爽型的称为乳，滋润型的称为霜，两者只是质地上的不同，取决于水油比例以及乳化程度的不同。

乳霜可以让肌肤水油平衡，水相帮助皮肤立即补充水分，油相使滋润的效能更持久，补水和保湿的概念是不同的，水和油分别完成这两个功效，两者缺一不可。

在乳霜里加入精油，就可以调配成护肤品，也可以调配成具有治疗功效的膏霜。值得一提的是，一般不建议使用市售乳霜来调配精油，因为市售乳霜中含有香精、防腐剂等成分，而精油的分子很小，具有高渗透性，会成为一个载体，将这些皮肤不需要的成分带入肌底层，所以只能用天然的基底乳霜来调配精油，这样既可以让营养成分进入肌底层，又不会对肌肤产生负面影响。

除了乳霜，也可以用天然植物油稀释精油，在护肤中归为养肤步骤，适合对滋养度需求更高的熟龄肌肤。一些身体调理油，比如处理肌肉酸痛、女性胸部及胞宫保养、脾胃调理等，也可以用植物油和精油来调配。植物油稀释精油，是古法芳疗最天然、最原始的运用方式，调配方便快捷，直接将精油滴在植物油中即可，油可以较长时间保持润滑，也适合用于按摩。

常用的植物油有甜杏仁油、荷荷巴油、橄榄油、椰子油、牛油果油、葵花籽油、杏桃仁油、摩洛哥坚果油（阿甘油）、红花籽油、榛果油、玉米胚芽油、亚麻籽油、菜籽油、月见草油、芝麻油、葡萄籽油、核桃油、小麦胚芽油等；稀有的植物油有石榴籽油、玫瑰籽油、仙人掌籽油、沙棘籽油等，这些油都可以作为稀释精油的基础油，基础油一般通过物理低温压榨法获得，芳香疗法不建议采用高温萃取的植物油，因为高温会破坏油脂中的营养成分。和精油一样，通过有机认证的植物油，品质更高。

这些植物油各有各的功效和妙用，可以和精油协同发挥疗愈作用，有的非常突出，尤其对于肌肤年轻态以及问题肌肤的护理，即使不搭配精油，仅仅使用植物油，也能展现惊人的效果。

不同的植物油，质地各不相同，有的清稀好吸收，配方中可以100%使用，有的浓稠不易吸收，需要配合其他清稀的植物油一同使用，皮肤越干越适合质地厚重的植物油，有更高的营养，更好的滋润效果。

作为刚接触芳疗的人群，最推荐的基础油是甜杏仁油，它兼具几方面的优势：质地适中，亲肤容易吸收；性质稳定不易氧化，方便保存；没有特别的气味，适合调香；价格适中，容易购买；非常温和，即使小朋友也可以安心使用。

将精油调配在植物油或是无香基底乳霜里，就可以直接涂抹在皮肤上，滋润肌肤或是作为按摩介质。无香基底乳霜因为有水相，保存期会更短，植物油相对可以存放更长时间。

※ 芦荟胶

用天然的芦荟，去皮萃汁后可以制成芦荟胶，不额外添加水分，芦荟本身就有非常好的皮肤疗愈功效：调节皮脂分泌，可以平衡水油；强有力的保湿效果，对干燥敏感肌肤有修复作用；抑制黑色素生成，美白肌肤；舒敏抗炎、镇痛清热的作用，适合处理各种皮肤不适（非开放性伤口）；抑制细菌繁殖，对

痘肌有很好的调理修复作用；促进新陈代谢，修复受损，帮助肌肤新生。

将精油调入芦荟胶中，芦荟胶可以形成覆盖式的吸收模式，肌肤的每次"呼吸"都在吸收精油和芦荟的精华，可以大大提升精油的使用效能。

除了肌肤保养以外，一些皮肤问题也可以使用芦荟胶作为介质，比如晒后敏感、皮肤止痒、烧烫伤等；扭伤需要冰敷时，可以使用冷藏后的芦荟胶调入精油；现代女性喜欢去做一些医美项目，诸如光子嫩肤、水光针、热玛吉等，做完以后皮肤可能会泛红、敏感、干燥，也可以使用芦荟胶镇定安抚肌肤，此时因为皮肤受损，所以精油浓度要低一些。

除了芦荟胶，其他一些天然凝胶也可以作为基底，加入精油，制成搓手凝胶、冷敷凝胶等。

※ 泡浴/沐足/盆浴

这三种方式也是精油的常用方法，我们知道，精油不溶于水，所以它需要介质来完成水油相融，一般会选用全脂牛奶、葡萄酿造的红酒、粮食酿造的白酒、浴盐、精油乳化剂等，按照不同的需求来选择介质。先将精油滴在介质中，再倒入浴缸或沐足桶，如果是泡浴

一般使用10～20滴精油，如果是沐足一般使用6～12滴精油。也可以将精油稀释在植物油中，涂抹全身，再进行泡浴，水的压强会更有利于精油的渗透和吸收，但这种方式非常容易引发滑倒，需要谨慎选用。

如果是春夏季沐足或泡浴，水温不宜过高，泡到微微发汗即可；如果是秋冬季，水温可以略高过身体，泡到身体温热便可，不需要泡到发汗。

泡浴因为有水对全身产生压力，所以不适合有心脏问题或高血压的人群，正常人群泡浴时间也不宜过长，一般建议10～20分钟即可。

泡浴是非常好的放松身心、促进睡眠的方式；沐足是非常好的养生保健方式；结合精油，可以达到事半功倍的效果。

盆浴一般适合处理私处的一些感染不适或是痔疮，因为牛奶会有利于病菌滋生，高度酒精可能会对娇嫩部位产生刺激，所以在做盆浴的时候不建议使用牛奶和高度酒精作为介质，可以使用精油乳化剂。

※ 栓剂

如果精油需要作用于阴道或直肠，那么栓剂是一个比较适合的方式，栓剂是用基础油、蜡、脂、精油，经过精密的比例调整，加热后注入模具，冷却后便形成栓剂，使用时直接将栓剂推入阴道或直肠，栓剂会随着体温而融化，释放精油，从而达到治疗效果。

同理，也可以用注射器，将融入精油的植物油推入阴道或直肠。另外，女性也可以用OB浸泡加入精油的植物油，再推入阴道。阴道和直肠都属于黏膜吸收精油，比皮肤吸收精油更高效快捷，而且黏膜比皮肤更脆弱敏感，因此精油浓度不可过高，尤其对于女性私处，要避免灼伤。

※ 喷雾

喷雾和香水的原理类似，可以利用酒精为基底，加入精油即可。喷雾所使用的酒精，并不一定要醇化酒精，普通医用酒精即可，比如对于脚气，喷足或喷鞋都适合。脚气需要干燥的环境，才不会使细菌繁殖，酒精可以令足部干爽，同时精油可以抑菌。再比如出差或旅行在外，用酒精调配精油，可以消毒酒店用品，还能留下精油的香味。

有些人会用精油和酒精制作防蚊喷雾，其实是不恰当的，我们需要了解避蚊的效用原理，即使是化学避蚊胺，能产生效果的范围也是有限的，比如抹在颈部，对手臂的防蚊效果就未必能实现，所以需要将裸露在外的皮肤都喷洒防蚊液，如果使用酒精直接接触皮肤，会造成一定的刺激，引发皮肤干燥，所以建议使用纯露作为基底，这

样就可以直接接触皮肤了，但精油不能溶于纯露，所以需要精油乳化剂作为介质。不过喷雾的气味消失得比较快，所以避蚊最好的方式是做成防蚊乳液，一方面可以实现大面积的涂抹，滋润皮肤的同时有效避蚊，另一方面，乳液的留香时间更长，可以让防蚊的效果更持久。

※ 蒸汽吸入

蒸汽吸入是将精油滴入热水中，利用热水蒸腾之气，将精油扩散，用于嗅吸。此方法也可以比较好的扩散精油，缺点在于热水容易烫伤，使用时要格外小心。

※ 冷热贴敷布/热敷包

在需要冷敷或热敷的时候，贴敷布是个很好的选择，敷布也可以用一般的毛巾或纱巾取代，将敷布浸泡在纯露或稀释过精油的水中，可以是热水也可以是冰水，结合当下的需求是需要热敷还是冷敷来决定。

除了敷布，还可以制作敷包，它的填充物有很多，比如菊花清肝明目，可以做成眼敷包，赤小豆可以祛湿，绿豆可以清凉解毒，艾绒可以温阳，薰衣草干花可以助眠等。将这些材料装入布袋中就制成了敷包，需要使用热敷包的时候，可以先用微波炉进行加热，再滴上精油，敷在身体上，如肩颈、腰部、小腹等处，热敷可以促进局部气血流动，协同精油，发挥多种功效。需要使用冷敷包的时候，可以放入冰箱，冷敷适合处理身体局部的红肿热痛问题。

※ 纯精油涂抹

纯精油未经稀释直接涂抹于皮肤上，一般是处理急症或是小范围问题，比如刀伤要止血，一定是用纯精油；不太密集的大颗痘痘，也可以使用纯精油点涂。其他比如头疼涂抹太阳穴、局部杀菌处理、快速补充身体能量，也可以使用纯精油。

纯精油的使用原则就是短时间、小范围。从精油的选择上来讲，越是温和的精油当然越安全，刺激性强或是有轻微毒性的精油则要谨慎使用纯精油。

不过整体来讲，同样是纯精油，外用仍然比口服安全得多。外用时如果产生皮肤敏感，可以马上处理，不会造成过量的吸收从而影响身体健康，但口服如果发生不适，并不能快速从消化道清除，所以风险更大。

※ 精油口服

精油口服是非常严谨的使用方法，国外口服精油一般是指成品的精油胶囊、锭片等，这类含有精油的胶囊或锭片大多属于药品，有着更为严格的监管体系，在外包装上会注明含有什么精油，浓度是多少，进行了广泛的临床安全性验证，并且使用时有专业的药师或芳疗师指导，口服的安全系数相对较高。

如果自己DIY口服精油，一般会选择植物油、蜂蜜或精油乳化剂作为介质融合精油，这类介质的量通常不会太大，不然口服也难以接受。量小，意味着DIY的时候，多滴一滴精油，对整体浓度的改变就会影响很大，不小心就会超过安全剂量，而且口服对精油品质要求非常高，如果出现身体不适也不容易居家快速处理，所以，不建议普通消费者随意口服精油，必须在专业芳疗师的指导下进行口服。

· 精油使用浓度

如果是空间扩香，要考量精油的品种，精油按挥发程度分为高、中、低音油，高音油分子小、容易扩散，香味来得快、去得也快；低音油分子大，不易扩散，香味缓慢释放，留香持久；中音油则介于两者之间。

高音油比如甜橙精油这一类，在扩香时用量可以多一点，低音油比如檀香

精油这一类，用量则相对少一点。同时我们也要考虑空间的大小，空间越大使用量也越大。熏香时不要完全密闭空间，除非是开启空调或新风系统的房间，否则门或窗要留一条小缝，保持空气轻微流通。

空间熏香的浓度，最终的决定因素是嗅觉，没有定式，每个人嗅觉的灵敏度不同，一个合适的精油熏香浓度，就是你能闻到精油的气味，并且感到舒适，如果觉得淡了就多用，浓了就少用，灵活变通。如果用于治疗，在嗅觉舒适的情况下，越高浓度，效果越好。

皮肤吸收精油的浓度取决于你想要的功效，普通护肤浓度较低，身体调理浓度较高。计算的方式是1毫升=20滴，如果10毫升的基础油，需要5%的浓度，则是10毫升×5%×20滴=10滴，即在10毫升基础油里滴10滴精油，就是5%的浓度。

植物油使用量	精油浓度	精油滴数	植物油使用量	精油浓度	精油滴数
10毫升	1%	2滴	20毫升	1%	4滴
10毫升	5%	10滴	20毫升	5%	20滴
10毫升	10%	20滴	20毫升	10%	40滴
10毫升	20%	40滴	20毫升	20%	80滴
10毫升	50%	100滴	20毫升	50%	200滴

黏膜吸收精油的计算方式也一样，我们前面提到的使用方法中，通过口服、鼻腔、阴道或直肠吸收精油，都属于黏膜吸收，一般来讲，黏膜较皮肤有更丰富的毛细血管，对精油吸收更快速，利用率更高，所以精油的使用浓度要比皮肤更低。

能量越强的精油，使用的浓度就要越低。比如薰衣草精油的产量相对较大，所以使用时浓度高一些也没关系，但是沉香需要经过很多年才能结香，这个过程植物聚集的能量是非常强的，再经过萃取将精华浓缩后，能量就更强了，比传统燃点沉香木片，或是用沉香粉做成蜜丸焚之，其精油显然具有更强的能量，所以在使用的时候浓度要低。

不同人群使用精油的浓度也会有所差别。老年人、儿童、虚弱的人都需要降低使用浓度。体质不同的人，对精油的效能反馈也不同，比如敏感的人，只需要少量就会有反应，我曾遇到个案，她使用檀香面霜也会感觉到睡眠质量明显提升，面霜是护肤品，相对于治疗性的方案来讲，精油浓度是偏低的，但遇到敏感的人，通过嗅吸面霜的气味，就能起到安神的效果，对于不敏感的人来讲，就仅仅只是护肤的效果。所以，越是敏感的人，精油使用浓度越低。另外，敏感肌人群，当然浓度要更低，以免造成皮肤过敏。

处理不同的身体问题，精油浓度也要灵活变通。比如檀香精油，一般的印度檀香精油，需要30年以上树龄才能萃取，越长的树龄拥有的能量也越强，如果将檀香用于睡眠，你需要低浓度使用，可以让呼吸变慢变匀变长，稳定杂乱的心绪，帮助入睡以及增加深睡；但如果你需要用檀香精油来补气，那么就需要提升使用浓度，这是强调补强，所以低浓度往往效果就没那么好。再比如用薄荷精油辛凉解表，低浓度有助降低体温，但一旦超越身体承受浓度，则会激发身体的自我保护，反而会让体温上升，所以小朋友退烧，就要讲究浓度。抛开使用量谈功效和不良反应，都是没有意义的。

不同的芳疗方案，所使用的精油浓度也会有所区别，还是以檀香精油为例，如果用于长期的身体调理，这是一个稳定、坚持的芳疗方案，我们要给身体一些时间慢慢调理、转变，这时候提倡低浓度。如果需要立即、强效的"补气"效果，比如身体特别疲累又有不可避免的工作或学习任务时，则需要高浓度使用，这时候才能快速注入能量，当然，所有短平快的方式都只能偶尔为之。常态很重要，如果想要一个健康的身体，就要在平时的点点滴滴上去积累，长期高浓度使用精油，一定是不建议的。

最后，还要考虑时空的因素，春夏秋冬，不同的季节，一方面皮肤和身体的敏感度会不同，另一方面也要遵循四季调养之道，"春生、夏长、秋收、冬藏"，比如处理感冒，同样是解表，如果是在冬天，是不是要考虑散的力量相对低一点？比如补充阳气。夏天阳光充沛，我们可以多晒太阳来补充阳能，这时候阳虚体质需要补阳的话，是不是可以使用浓度低一点？不同地域的使用也会有差别，潮湿的海边城市会强调祛湿。如果护肤，在北方干燥的地区要强调补水，南方日照强的区域可以着重美白。

所以，精油的使用浓度是多维度考量的，一定要保持灵活、清醒的思维，细致分析，严谨尝试，如果是普通消费者或芳疗爱好者，大多数是为自己或家人调香，经过一段时间你就会了解自己和家人的体质适合什么浓度；如果是专业的芳疗师，就需要细致的沟通，不断地总结，这样才能为不同的人群设计配方，确定合适的精油浓度。

中篇

精油宝典

本篇将介绍常用的86款精油，囊括了日常生活所需的绝大部分精油，不仅介绍了精油的基本资料，包括中英文俗名、拉丁名、植物科属、萃取的方式及部位、产地、气味等信息，还从植物的生长特性、精油的天然化合物成分、运用的历史渊源等方面解读精油的功效，以便更好地运用精油。

本书对于每一款精油的代表成分，都是从最新的精油成分报告采集真实数据汇总而成，参考的精油数据大多数是通过有机认证或野生的高品质精油。资料中的产地是目前各款精油的主产区或优质产区。

本篇尝试运用更多中医思维来解读精油，结合下篇的临床应用，力求给读者展现专业实用、通俗易懂的中医芳疗思维。

对于类同精油的对比讲解，也是本篇的一大特色。例如，同一种精油不同的萃取方法，将它们的化合物构成以列表方式展示，以方便了解差异和应用上的不同；再如，檀香、百里香、迷迭香、薰衣草等精油，都有多个品种、产地、化学类型，解析时会将类同精油进行对比，细致深入地介绍它们的区别在哪里，在临床应用上有什么不同的功效，处理不同的问题最适合选用哪款精油，希望能为大家提供更多专业且实用的信息。

珍香类

zhenxianglei

大马士革玫瑰

英 文 名：Damask Rose
拉 丁 名：*Rosa damascena*
植物科属：蔷薇科蔷薇属
萃取部位：花
萃取方式：蒸馏
气味形容：馥郁、优雅、香甜、令人沉醉的花香调
主要产地：保加利亚

代表成分

香茅醇	27%～32%	牻牛儿醇	16%～25%
十九烷	14%～20%	二十一烷	7%～8%
十六醇	3.4%	松油烯	3.4%
沉香醇	1.3%	十七烷	1.2%
乙酸牻牛儿酯	1%	金合欢醇	1%
甲基醚丁香酚	1%	牻牛儿醛	0.7%
甲基醚丁香酚	0.6%	二十烷	0.6%
苯乙醇	0.6%	月桂烯	0.5%
正二十三烷	0.5%	橙花醛	0.4%
α-萜品醇	0.4%	乙酸香茅酯	0.3%
大根老鹳草烯	0.3%	十五烷	0.3%
反式玫瑰醚	0.1%	顺式玫瑰醚	0.2%

生理
功效

- 疏肝解郁，活血、散瘀、止痛
- 缓解肝郁气滞、血瘀造成的一系列症状
- 重要的养肝、养血精油
- 洁净、滋补子宫，活化气血
- 缓解更年期症状，如心悸、阴虚燥热
- 助益心脏、改善心律不齐
- 调节月经不律与经前症候群
- 有助提升男性精子数量与质量

- 处理产后抑郁症
- 具有催情功效，改善性冷淡
- 促进阴道分泌，改善阴道干涩
- 促进多巴胺的分泌
- 改善偏头痛
- 适合干性、敏感、熟龄肌肤
- 修复毛细血管，改善红血丝
- 抗衰老、美白、淡斑、促进气血循环
- 有益肺部及消化道，但较少用

心理功效：给予爱的支持与包容，让内心变得柔软、自信，使理性与感性的光辉并存，带来平衡、和谐、喜悦、圆满的内心状态。

　　大马士革玫瑰在中国植物志中的标准学名是"突厥蔷薇"，从发展中国本土芳香疗法的角度来看，应该采用植物志中文学名。此处仍然沿用过去芳疗界的惯用名"大马士革玫瑰"，是方便读者辨认，提供一个缓冲适应期，希望在将来慢慢规范为中文学名，以便更专业的发展中国本土芳香疗法。类似的情况后文介绍的精油中还会出现，都将特别说明中国植物志中的标准学名。

　　大马士革玫瑰又称为保加利亚玫瑰，为落叶灌木，喜欢排水佳的土壤，能长到2.2米高，茎上有粗壮、弯曲的刺，花朵从浅粉到深粉色，它的起源目前存在一定争议，以往被认为是缘于中东，但最新的基因研究表明它更有可能是起源于小亚细亚。

　　早在古罗马及古希腊时期，玫瑰就非常受欢迎，古希腊盲人诗人荷马（Homer）在《伊里亚特》与《奥德赛》中赞颂玫瑰，古埃及人会将玫瑰用于宗教仪式，玫瑰迷人的香氛，总是让人心旷神怡。

　　中医古籍记载的玫瑰花品种与大马士革玫瑰不尽相同，但功效可相互参考。《食物本草》记载："玫瑰花，味甘，微苦，温，无毒。主利肺脾，益肝胆，辟邪恶之气。食之芳香甘美，令人神爽。"《本草纲目拾遗》记载："玫瑰花，气香性温，味甘微苦，入脾、肝经，和血行血，理气治风痹。"《药性考》云："玫瑰，性温。行血破积，损伤瘀痛，浸酒饮益。"总结下来，玫瑰花具有舒肝解郁，活血化瘀，行气止痛的功效。在临床实践中，也验证玫瑰精油具有这些功效。

　　玫瑰精油的出现，相传是10世纪时，阿拉伯医师阿威西纳（Avicenna）在进行炼丹术时意外发现的，他本意是想利用玫瑰、金属铁和其他基质配合在一起，试图转换为黄金，就在此过程，无意间产生了玫瑰精油和玫瑰纯露。尽管现在看来，这是奇思异想，但在当时人们的认知状态下，做各种尝试仍然是有价值的，虽然没有合成黄金，却发现了玫瑰精油，让我们得以享用这种"植物液态黄金"。

　　全世界有7000多种玫瑰，但能用来萃取精油的品种却寥寥无几。其中最优秀的品种就是大马士革玫瑰。"大马士革"这个名字，源于叙利亚的首

都——大马士革，过去被认为是玫瑰的发源地，并在十字军东征时期，传到了欧洲。

十七世纪时，一位土耳其商人将玫瑰带到了保加利亚，之后被广泛种植，现在，保加利亚被认为是大马士革玫瑰精油的最优产地，尤其是玫瑰谷产区，这里平均海拔300～400米，气候湿润，夏季平均降雨量较高，冬季不会太冷，气候及土壤环境非常适合玫瑰生长。玫瑰喜欢沙质、无黏土、可渗透的土壤，开花期最好湿度充足，无大风，而玫瑰谷刚好具备这样的条件，两条河流调节湿度，两大山脉挡住季风，形成了玫瑰谷得天独厚的地理环境。在玫瑰开花时期，玫瑰谷中午之前凉爽，午后热一些，有时下雨，这种环境可以更好地激发玫瑰精油的产生，并且不易挥发，牢牢锁在花瓣中。玫瑰谷的气候环境，还有一个好处是可以让花朵分批开放，给予手工采摘者数周的工作时间，这有利于玫瑰精油的萃取作业，保证新鲜的花朵能及时蒸馏。

玫瑰采摘通常在5月底至6月，每年有20～40天适合采摘的时期，采用纯手工采摘，生产1克玫瑰精油，需要一千多片花瓣。4500千克的玫瑰花瓣只能萃取出1千克的玫瑰精油，因此玫瑰精油被称为"液体黄金"，确实名不虚传。

在玫瑰谷东端，位于巴尔干山脉（Balkan mountain range）的山脚小镇卡赞勒克（Kazanlak）有一个玫瑰博物馆，存放了大量与玫瑰种植、生产有关的器具，讲述玫瑰的历史和动人传说，最大的亮点是有一艘玫瑰油船，最后一次使用时间是1947年，但至今仍然散发着强烈的玫瑰香味。

玫瑰香气的关键成分被认为是：β-大马士革酮（beta-damascenone），β-紫罗兰酮（beta-ionone）和玫瑰醚（rose oxide），虽然它们的含量不足1%，却决定了玫瑰90%的香气。

玫瑰精油的萃取法非常多，有脂吸法、溶剂萃取法、蒸馏法、超临界二氧化碳流体萃取法。适合用于芳香疗法的，只有蒸馏法和超临界二氧化碳流体萃取法这两种。购买时一定要留意，不要买溶剂萃取法得到的原精，它只适合香水行业。

玫瑰精油的用处非常广泛，被誉为"精油之后"。玫瑰精油的成分非常复杂，约有400多种天然化合物，玫瑰是最适合女性的精油之一，它有着良好的疏肝解郁功效，同时又能洁净、滋养女性的生殖系统，调节女性内分泌，对肌肤的保养功效也是非常全面，让女性得

保加利亚玫瑰谷是大马士革玫瑰的最佳产区

以永葆青春。玫瑰精油可以通经，所有具有通经效果的精油都要避免孕期使用。

　　玫瑰精油除以上对于身体的调理与治疗功效，还有不能忽视的心理功效，女性大多是非常感性的，玫瑰精油可以为女性带来支持、爱护、理解与包容的感受，能够增强女性魅力与自信，一个觉得自己很好并深爱自己的女性，必然散发着不一样的动人光彩。

檀香

英 文 名：Sandalwood
拉 丁 名：*Santalum album*
植物科属：檀香科檀香属
萃取部位：木心
萃取方式：蒸馏
气味形容：深层、悠远、沉静的木质香味
主要产地：东印度迈索尔地区

生理功效

- 补气且行气、补肾、补肺、强心
- 净化身心，帮助身体排毒
- 助益肺系统，处理久咳成损
- 具有安抚镇定功效，适合过敏性干咳
- 缓解慢性支气管炎、咽炎
- 提升免疫力，预防感染，温和的肺部抗菌剂
- 改善心脏无力，改善气血不足
- 改善失眠，安抚神经，加深呼吸
- 缓解腰痛、坐骨神经痛、背部疼痛
- 改善记忆力减退、脱发、耳鸣
- 改善内脏下垂、肌肉下垂、子宫下垂
- 治疗淋巴与静脉阻塞、蜂窝组织炎

- 尿道杀菌剂，有助治疗尿道炎、膀胱炎、前列腺炎
- 缓解盆腔充血与炎症
- 缓解胃灼热，安抚肠道痉挛
- 对改善性冷淡与性无能有一定帮助
- 抚顺肌肤，改善皮肤发痒、发炎、红血丝
- 适合干性、熟龄肌肤，深度保湿、抗衰老、美白
- 温和收敛抗菌，处理皮肤炎症、油性及痤疮肌肤
- 绝佳的定香剂

心理功效：放松、镇静、安抚情绪，净化思绪，静生定、定生慧，带来智慧与圆融。

檀香是常绿小乔木，寿命很长，可以超过一百岁，一般高度在4~10米，枝圆柱状，带灰褐色，具条纹，小枝细长，淡绿色，叶片为椭圆卵状，顶端锐尖，边缘波状，背面有白粉，花为深红色。檀香是一种寄生树，根部会吸附于其他树种的根上，在幼年时，主要靠吸食其他树木的营养存活壮大，成年后依

檀香与印度宗教文化息息相关

附性逐渐降低。树皮呈深红棕到黑色。3~4年会结果实，随后产生种子。

人类使用檀香的历史至少有3000年。2012年，印度发现了公元前1200年的檀香木炭（Mchugh）。早在公元前900年，檀香木粉就被用于个人护理。檀香与印度的宗教文化息息相关，许多庙宇都用到檀香木，焚烧檀香的香味，被认为是神圣的气息，可以和神灵"沟通"，广泛运用于宗教仪式上，也常出现在佛经中。古埃及人也将檀香用于宗教仪式，焚烧敬神。

阿育吠陀疗法及印度药典，都将檀香入药，印度医学认为檀香是强力的尿道杀菌剂，用来治疗各种尿道感染症。19世纪，檀香也被添加到英国、德国和比利时的药典中。

李东垣称檀香："能调气而清香，引芳香之物上行至极高之分。"中医古籍对檀香的记载非常多，如《食物本草》（点校本）记载："白旃檀，味辛，温，无毒。主消风热肿毒。治中恶鬼气，杀虫。煎服，止心腹痛，霍乱肾气痛。水磨，涂外肾并腰肾痛处。散冷气，引胃气上升，进饮食。噎膈吐食，又面生黑子，每夜以浆水洗拭令赤，磨汁涂之，甚良。李时珍曰：《楞严经》云：白旃檀涂身，能除一切热恼。今西南诸番酋皆用诸香涂身，取此义也。杜宝《大业录》云：隋有寿禅师妙医术，作五香饮济人。沉香饮、檀香饮、丁香饮、泽兰饮、甘松饮，皆以香为主，更加别药，有味而止渴，兼补益人也。道书檀香谓之浴香，不可烧供上真。"这段很有趣，不仅记载了古人用檀香治病调身养性，还用檀香护肤。

《本草汇言》记载："檀香，味辛、苦，气温，无毒。阳中微阴，入手太阴、足少阴、阳明经。白檀香，辟恶气，散结气，除冷气，（陈藏器）伏妖邪鬼气之药也。（梅高士稿）辛香开发，能升胃气。元素方通噎膈，进饮食，除心腹冷痛，散阴寒霍乱诸证。入调气药中，引芳香之物上至极高之分，胸膈之上，咽嗌之间，为理气之妙剂也。但辛香芳烈而窜，如阴虚火盛，有动血致嗽者，勿用之。李濒湖先生曰：白檀辛温，气分之药也。故能理卫气而调脾肺，利胸膈，却阴寒霍乱；紫檀咸寒，血

分之药也，故能和营气而消肿毒，治金疮，止血定痛。"在《证类本草》中也有记载檀香，王家葵、蒋淼点评云："《本草纲目》提到的紫檀是豆科植物紫檀*Pterocarpus indicus*，白檀或称白旃檀则是檀香科植物檀香*Santalum album*。"道明了古书记载的白檀与紫檀是不同植物科属。

在清代赵学敏所著的《本草纲目拾遗》中，还记载了檀香油："出粤中，舶上带来。味苦。除恶，开胃，止吐逆。"这里的檀香油可能是来源于他国的檀香浸泡油，也可能是檀香精油。更有意思的是，书中还记载了日精油，言："泰西所制，其药料多非中土所有。"并且称赞日精油："决非寻常浅效，勿轻视焉可也。治一切刀枪木石及马踢犬咬等伤，止痛敛口，大有奇效。"在书中还列明了使用日精油的方法，虽然不能考证日精油到底是什么植物所制，但从中可窥见，古人是抱持开放的心态接受外来之物，在临床上验证其功效，以人为本，兼容并蓄，我们作为传承者，也要好好传承发扬这种精神。

印度檀香又称为白檀，剥开树皮，木身外面呈现白色，这也是拉丁名"album"的由来，意指白色。檀香精油存在于黄褐色的心材中，要经过缓慢的生长才会逐渐生成，至少需要10年才能形成芳香的心材，18~25年才慢慢趋于成熟，过去认为，至少30年树龄的檀香树才能采收，50~60年树龄时达到最佳采收时期，随着树龄的增长，木心中的精油含量越来越高，精油品质也越来越好，而低树龄的檀香树含油量则极为有限，品质也相对没有那么优秀。

印度檀香精油的主要成分是α-檀香醇和β-檀香醇，其中又以β-檀香醇更为珍贵，树龄越老的檀香精油，β-檀香醇的含量越高。印度檀香精油的α-檀香醇在48%以上，β-檀香醇为20%~32%，随着树龄越长，β-檀香醇越高，甚至可以达到35%~40%，另外含有佛手柑醇约7%。

树龄60年以上的印度檀香精油，其芳疗价值非常高，尤其对于补气、补肾、补肺、强心来说，对于干燥老化肌肤的滋养也非常好。檀香精油除了树龄越老越好，萃取后的精油存放时间也是越陈越好，所以存放年份越久的檀香精油价值越高。

印度檀香是不可多得的优质香材，历代深受重视与追捧，尤其是十九世纪引入欧洲以后，香水业对它的需求逐年暴增，造成无节制的砍伐，过去印度官员的腐败也使得檀香的管控名存实亡，导致檀香越来越稀有，1998年被国际自然保护联盟列入濒危树种，毕竟，檀香树的生长周期太长了，需求却越来越大，而树却要慢慢生长，无法满足人类的需求，因此檀香精油的价格也一路攀升，在近短短几十年的时间，翻了数百倍。

檀香树在50岁以上才能完全成熟并产生优质的精油，但由于过度采伐造成的资源匮乏，被砍下的檀香树年龄越来越小，30岁、25岁、20岁，甚至18岁，而年龄越小的檀香树精油含量越低，为了得到更多的精油，就要砍伐更多数量的檀香树，这对檀香来说，简直是灾难。

尽管现在有其他产区、品种的檀香精油，填补了檀香市场紧张的供需关系，但经验丰富的芳疗师都知道，树龄60年以上的印度檀香精油是不能被取代的，所以一定要用在最需要它的地方，这才是对珍稀资源的最大尊重和爱惜。当然，其他檀香品种虽然无法完全取代印度檀香，但也有它们的价值，我们一起来了解。

印度油疗 "Shirodhara"

太平洋檀香，是指原产于新喀里多尼亚（New Caledonia）以及瓦努阿图（Vanuatu）的檀香，这两个地区都位于南太平洋，拉丁名为*Santalum austrocaledonicum*，过去几十年，瓦努阿图也是无节制的砍伐，到1987年左右，瓦努阿图政府才严格管控可砍伐数量，所以现在市面上也鲜少能够买到出产于此地的檀香精油了，几乎都依靠新喀里多尼亚的出口，因此，太平洋檀香也被称为新喀里多尼亚檀香。

新喀里多尼亚檀香是印度白檀的替代品中，相对优秀的品种，α-檀香醇约为41%～50%，β-檀香醇为20%～25%，另外含有紫杉醇11%～12%，佛手柑醇3%～6%，香气比较接近印度白檀，比印度白檀略微甜一点。

另一种接近印度白檀的是澳洲白檀，这里要特别说明一下，其实以产地命名是非常容易混淆的，比如出产于澳洲的檀香有两种，一种是引种于印度白檀，一种是当地的穗花檀香，两者的拉丁名和天然化合物构成是不同的，所以为了细致表述，在此将它们称为澳洲白檀和澳大利亚檀香（穗花檀香）。

澳洲白檀来源于印度白檀，树种的拉丁名自然是与印度檀香一致，都是*Santalum album*，在印度出现巨大的供应缺口时，澳洲及时开发了这条檀香产业链，开始种植檀香树，澳洲有成片的人工檀香林，是人工种植檀香最成功的国家，种植面积也在逐年递增，这为香水业带来了好消息，其实对于芳疗行业也是好消息，至少香水业不会再过度抢购印度白檀用以香水的调配，当然，现在印度白檀精油的价格也很高，已经不适合香水业了。

澳洲从20世纪80年代末，开始复制印度森林的自然环境，培育檀香的"宿主树"，以适应檀香在当地的生存，并持续研究土壤类型、宿主树木管理、育种、灌溉、土地管理等影响檀香生长的关键因素，重点放在选择育种和自然林业管理上，以生产更大的树木，得到更多的心材与精油产量，这些努力没有白费，最终使得精油产量提升18%。

过去野生的印度白檀，需要50年才能成熟，而人工种植的澳洲白檀只需要15～20年就能成熟，当然，这种研究是仅仅以化合物含量来下结论，从中医看待植物的角度来说，就像野生的药材与人工养植的药材，药用价值自然是不同的。不过在西方的药物产业链中，西澳林业部的努力仍然是很有价值的，现在西澳的精油产业，通过了国际标准化组织（ISO）、良好生产规范（GMP）等标准认证，只要培育出的檀香符合美国食品和药物管理局（FDA）对于植物药物的要求和标准，就可以进一步拓展檀香的治疗价值与运用市场。

澳洲白檀的气味比较接近印度白檀，但不如印度白檀的木香味这么干净、纯粹，略带一点新鲜的木屑香味。α-檀香醇约47%，β-檀香醇约26%，另外含有5%左右佛手柑醇，2%左右的紫杉醇。檀香醇的含量上，与新喀里多尼亚檀香不分伯仲。除了澳洲以外，在斯里兰卡、印度尼西亚也有种植白檀。

檀香精油萃取于木心

还有一个与檀香接近的是产于夏威夷的山檀，也被称为夏威夷檀香或皇家夏威夷檀香，鼎鼎有名的檀香山就在夏威夷，檀香山曾经遍布野生的檀香林，18世纪开始大量采伐，也为当地檀香生态造成不可逆转的伤害，以致夏威夷山檀精油一度断货，不过后来又重新造林，开展可持续发展山檀项目，目前可以较稳定的供应。

夏威夷山檀的拉丁名为*Santalum paniculatum*，它的α-檀香醇约49%，β-檀香醇约21%，另外含有4%左右佛手柑醇，8%左右的紫杉醇，9%左右的莲花醇。夏威夷山檀的气味像是白檀略带一点清扬的花香调。

以上所说的几款檀香相对比较接近印度所产的檀香，还有一款檀香则有较大差异，在中国植物志中的学名是澳大利亚檀香，俗称为澳洲穗花檀香，拉丁名为 *Santalum spicatum*，这款檀香也被称为"轻版檀香"，α-檀香醇约为27%，β-檀香醇约为10%，另外含有佛手柑醇约4%，没药醇约3%，金合欢醇约6%，莲花醇约3%，紫杉醇约2%，呈现更多样化的天然化学结构，没药醇能够镇静、消炎肌肤，金合欢醇可以抑制黑色素生成，所以澳洲穗花檀香更适合有舒敏及美白需求的肌肤。澳洲穗花檀香的气味是隐约的木香，混合一些森林木的气息。

还有一种西印度檀香，拉丁名为 *Amyris balsamifera*，其实是芸香科植物，又称为阿米香树，在中国植物志中的学名是炬香木，和檀香没有什么关系，印度白檀产自东印度迈索尔产区，有时候会被称为东印度檀香，所以，容易和西印度檀香产生混淆感，普通消费者会以为都是檀香，只是一个在东印度产，一个在西印度产，其实两者并非同科属的植物，注意不要买错，所以购买精油必须以拉丁名为主要辨识标准。

最后，值得一提的是檀香籽油，是从澳洲穗花檀香的果实种子中提取的天然植物油，注意它是植物基底油，而不是精油，可以用于皮肤、头发的保养，清爽不油腻，亲肤容易吸收，尤其适合干性皮肤。澳洲穗花檀香的心材，需要15～20年的生长才能萃取精油，在这期间，用檀香籽萃取的植物油成为潜在的次要收入来源，对檀香产业的发展有着良性驱动。穗花檀香树从三岁开始，每棵树可以产生1～2千克的檀香籽，萃油率在50%～60%，一些大的人工檀香林，每年可以采收几百吨的檀香籽。

檀香籽油含有珍稀的西门宁酸（ximenynic acid），含量高达35%，它对流经动脉和毛细血管的血液流速和流量有影响。目前研究，檀香籽油对蜂窝组织炎以及血液循环不良造成的一些问题，以及脱发有辅助治疗作用。除此之外，檀香籽油还含有生育酚、角鲨烯和植物甾醇，对身体有诸多益处。所以，檀香籽油的运用前景会非常广阔。

沉香

英文名：Agarwood
拉丁名：*Aquilaria crassna / Aquilaria malaccensis*
植物科属：瑞香科沉香属
萃取部位：结香木材

萃取方式：蒸馏
气味形容：木香、树脂、淡淡麝香、蜂蜜与烟草气息混合的味道
主要产地：越南、泰国、中国

代表成分

缬草醇	4%~13%	桉叶醇	1%~12%
环烯酮	3%~8%	诺卡酮	0%~4%
甲基苯乙酮	3%	10-表-γ-桉叶醇	1%~4.5%
茅术醇	0.6%~5%	沉香呋喃	0%~6%
双氢中柱内酯	1%~2%	沉香螺旋醇	0%~4%
α-布藜烯	0.9%	蛇床-4,11-二烯	0.1%~0.6%
4,5-二表-马兜铃碱	0.1%~0.7%	葎草烯	0.1%~0.5%
愈疮木烯	0.2%~2%	苄基丙酮	0%~5%
α-姜黄烯	0.9%	荜澄茄油烯醇	0%~3%

生理功效

- 行气止痛，改善气滞、寒凝造成的痛证
- 温中降逆，用于胃寒呕吐，呃逆证
- 纳气平喘，改善肾不纳气
- 补五脏，暖精助阳，改善肾阳虚，暖腰膝，改善下焦虚寒

- 治上热下寒，调阴阳二气，壮元阳，引火归元
- 温而不燥，行而不泄，保和卫气
- 静心安神，改善失眠，促进深度睡眠
- 帮助细胞新生，有助维持肌肤年轻态

心理功效：安心宁神，回归冷静、沉着、稳定的内心状态，坚定信念。

　　沉香树是常绿乔木，喜欢生长在低海拔山地、丘陵及向阳的树林中，树皮暗灰色，纤维细致。夏季开黄绿色花朵，伞形花序，散发芳香，叶似橘叶，椭圆、长圆或倒卵形，夏秋季结果实，卵球形，幼时绿色，熟时紫色，种子是褐色。

　　沉香精油是从结香的沉香木中提取。目前市面上能购买到两个品种的沉香精油，分别是厚叶沉香和奇南沉香，这两个中文学名对应不同的拉丁名，两款沉香精油的功效并无大异，故合而言之。目前普遍认为，沉香结香的条件取决于两个因素，即逆境胁迫和微生物转化。逆境胁迫是指沉香遭到物理创伤，比如火烧、雷劈、蛇虫齿噬、

刀斧砍伤或化学伤害，诱导树木开始分泌一些沉香类物质，在这个过程中，微生物扮演重要的角色，使沉香类物质逐渐转化为沉香物质，形成结香，当累积到一定程度后，便可以得到珍贵而稀有的沉香。

沉香精油主产区为越南及中国

越南沉香以中部惠安沉香和南部芽庄沉香为最佳，北部产区次之。越南野生的沉香几乎不可能用于萃取精油，因为已近枯竭，1995年被列入《濒危野生动植物种国际贸易公约》，现在用于萃取精油的沉香多为人工栽种和人工植菌，树木至少需要生长十年，再植菌两年以上，才能用于蒸馏，必须取得《濒危野生动植物种国际贸易公约》认证，才可以正常流通，合法进出口。

中国是沉香的原产地之一，根据植物学研究和以往的典籍记载，中国至少有六种常绿乔木型沉香树种，最著名的品种是白木香。海南沉香是中国香学研究的本位香材，古往今来，备受文人士大夫推崇，古称"崖香"，品质高于中国其他地区出产的沉香。从宋代开始广东就有人工种植的沉香，尤以东莞为主，俗称"莞香"，气味清新甜美，也曾作为贡品闻名全国，现在东莞也是全国重要的沉香集散地。

沉香在我国的历史文献中，最早见于东汉杨孚的《交州异物志》："蜜香，欲取先断其根，经年，外皮烂，中心及节坚黑者，置水中则沉，是谓沉香；次有置水中不沉与水面平者，名栈香；其最小粗者，名曰簧香。"

沉香之所以珍贵，是因为难以取代，大部分的精油是花叶萃取，偏升发之性，而沉香是为数不多纳气敛气、有沉降之性的精油，并且这种特性在精油界也是高居首位、效果最好的精油。对此特性，吴仪洛在《本草从新》中有云："诸木皆浮，而沉香独沉，故能下气而坠痰涎。能降亦能升，故理诸气而调中。其色黑体阳，故入右肾命门，暖精助阳，行气温中。"

李中梓在《雷公炮制药性解》记载："沉香，味辛苦，性温，无毒，入肾、命门二经。主祛恶气，定霍乱，补五脏，益精气，壮元阳，除冷气，破癥癖，皮肤瘙痒，骨节不仁。"

刘完素认为沉香可益气和神。张元素认为沉香补右肾命门，阳也，有升有降。《本草汇言》记载："沉香，降气温中之药也。此剂得雨露清阳之气最久。其味辛，其气温，其性坚结，木体而金质者也。善治一切冲逆不顺之气。上而至天（肺），下而及泉（肾）。故上气壅者，可降。下气逆者，可和与诸药为配，最相宜也。滑氏《本草》治上热下寒，下盛下虚，或浊气不降，清气不升，为病逆气喘急，或大肠虚闭，小便不通，或男子精寒，妇人血冷。大能调中，利五脏，壮元阳，补肾命，方书屡用有效。然气味辛温香窜，治诸冷气逆气，气郁气结，殊为专功。如中气虚劳，气不归元者；心郁不舒，由于火邪者；命门真火衰，由于精耗血竭者，俱忌用之。前古谓能杀鬼邪，解中恶，清人神，清风水毒肿，并宜酒煮服之。此不过因其辛阳香散，辟此阴凝不正之气故也。如病阴虚气逆上者，切忌。"

野生的沉香目前非常少见，用于精油萃取的多为人工栽种及人工植菌

《本草新编》记载沉香能"引龙雷之火下藏肾宫"，称沉香为"心肾交接之妙品。又温而不热，可常用以益阳者也。沉香，温肾而又通心。用黄连、肉桂以交心肾者，不若用沉香更为省事，一药而两用之也。但用之以交心肾，须用之一钱为妙。不必水磨，切片为末，调入心肾补药中，同服可也"。

现代人常常精神过耗，上热下寒，用沉香来改善这类问题，效果很好。沉香补肾，温和有效，很适合调理身体时长期使用，即使浓度很低，也会有良好的补益效果。沉香的功效其实很多，对肺金的养护以及很多皮肤问题也有很好的效果，但因为沉香实在太稀有珍贵，加之这些方面有其他精油可以取代，所以并没有列在功效表中。

沉香的香气分子非常稳定不易挥发，且香气穿透力很强，仅需少量，就能营造沉静、神秘的空间感觉。《芳香与幸福》一书的作者詹妮弗·皮斯·莱茵写道，沉香的气息"可以让我们穿越时空，回到想象中的远古时期，甚至进入恍惚状态"。Kurt Schnaubelt认为"沉香能唤起精神或精神上的反思，并重新燃起对自然现象的敬畏之情"。

沉香的成分非常复杂且神秘，很多成分检测不出来，或是检测出一些未知成分，芳疗界对它的研究还不够深入，不同产地、不同供应商提供的沉香精油，品质也参差不齐，所以一定要通过可靠的渠道购买。

小花茉莉

英 文 名：Arabian Jasmine
拉 丁 名：*Jasminum sambac*
植物科属：木樨科素馨属
萃取部位：花朵
萃取方式：传统溶剂、超临界二氧化碳
　　　　　流体萃取
气味形容：独特、浓郁、厚重的花香调
主要产地：埃及、印度

代表成分

α-金合欢烯	15%~18%	乙酸苄酯	14%~15%
沉香醇	8%~10%	苯甲醇	9%~10%
9-癸三烯	4%~6%	苯甲酸己烯酯	6%~8%
吲哚	3%~4%	油酸甲酯	4%
亚油酸甲酯	0.5%~3%	苯乙醇	1%~2%
邻苯二甲酸甲酯	5%~7%	苯甲酸苄酯	0.7%

大花茉莉

英 文 名：Jasmine
拉 丁 名：*Jasminum grandiflorum*
植物科属：木樨科素馨属
萃取部位：花朵
萃取方式：良性溶剂
气味形容：馥郁、迷人、精致的花香调
主要产地：印度、摩洛哥

代表成分

苯甲酸苄酯	14%	香叶基芳樟醇	8%
乙酸植酸酯	7.8%	维生素E（生育酚）	6.8%
沉香醇	6.7%	环氧角鲨烯	3.1%

丁香酚	2.2%	植醇	7.6%
α-金合欢烯	2.8%	素馨酮	2.4%
角鲨烯	4.6%	亚油酸甲酯	2.9%
乙酸苄酯	2%	苯基醇	1.4%
棕榈酸甲酯	1.2%	苯甲酸乙烯酯	0.3%
茉莉酸甲酯	0.05%	茉莉内酯	0.9%

生理功效

- 和中下气，辟秽浊
- 平肝解郁
- 有助改善性冷淡
- 助产，激励催产素，缓解产后忧虑症
- 平衡激素，调理女性月经不调，痛经
- 有助改善更年期症状
- 润泽头发，修复受损发质
- 改善燥热型肌肤，有助睡眠，改善黑眼圈

- 改善前列腺疾病，提升精子数量与质量
- 让干性及失去活力的肌肤重新焕发光彩
- 增加皮肤弹性，淡斑，淡化妊娠纹与疤痕
- 可舒缓僵硬而紧张的肌肉，但可替代的精油有很多
- 可缓解支气管痉挛，止咳化痰，但较少用于呼吸道问题

心理功效：抗抑郁，放松。搭建神圣的爱的桥梁，构建完美、和谐的两性关系。

小花茉莉在中国植物志中的学名是茉莉花，为直立或攀缘灌木，高1~3米，叶片对生，花朵白色，花期在5~8月。茉莉畏寒、畏旱，不耐霜冻、湿涝和碱土，耐雨，喜欢温暖湿润、通风良好、半阴的环境，土壤含有大量腐殖质的微酸性砂质土壤最为合适。

小花茉莉（*Jasminum sambac*）又称为阿拉伯茉莉、中国茉莉、沙巴茉莉。其实茉莉并非原产于阿拉伯，茉莉花的习性喜欢温暖湿润的地区，而不是中东的干旱气候。1753年，卡尔·林奈在他的著作《系统自然》（*Systema Naturae*）第一版中首次将茉莉命名为Nyctanthes sambac；

1789年，威廉·艾顿将植物重新归类为茉莉属，同时，他创造了通用的英文名称"阿拉伯茉莉"，这个命名让人们产生茉莉是阿拉伯血统的误解。中国对于茉莉的早期记录指出，茉莉花起源是南亚（印度），随后传到阿拉伯和波斯，再被引入欧洲，也许因为这一传播路径，使得它在欧洲被称为阿拉伯茉莉。

大花茉莉在中国植物志中的学名是素馨花。原产于南亚，为攀缘灌木，高1~4米，叶对生，花朵白色，裂片多为5枚，花期8~10月，它与小花茉莉在生长环境上不同的一点是，大花茉莉喜欢阳光充足的环境以及黏质的土壤。

茉莉自古以来就受到人们的欢迎，中国的茉莉花茶，因茉莉清香而闻名天下。茉莉也是印度尼西亚的国花之一，象征纯洁、神圣、优雅与真诚。在柬埔寨，茉莉被用作贡品献给佛陀。在印度的传统婚礼上，新娘会头戴茉莉做成的花环。在斯里兰卡，它也被广泛运用于茶品中，并出现在佛教寺庙礼仪中。

《本草纲目》记载："茉莉，释名柰花。""其花皆夜开，芬香可爱。女人穿为首饰，或合面脂。亦可熏茶，或蒸取液以代蔷薇水。""辛，热，无毒。蒸油取液，作面脂头泽，长发润燥香肌，亦入茗汤。"古人以茉莉花蒸油取液，用来护肤护发，和现代人所用颇为相似。《食物本草》中则记载了茉莉对于身体调理的功效："主温脾胃，利胸膈。"

在现代，茉莉独特的香味受到很多著名调香师的喜爱，出现在他们的香水作品中，演绎神秘、优雅、魅惑的女性气质。

茉莉精油的萃取，需要手工采摘花朵，并且最好在黎明前采摘，因为此时的花香最浓，而且不能在花朵完全开放的时期采摘，以免香气流失。茉莉精油含有稀有的氮化合物——邻氨基苯甲酸甲酯（methyl anthranilate）、素馨酮以及著名的吲哚（Indole），它们给茉莉带来与众不同的独特香气。吲哚这种物质有个特点，一定不能浓度高，因为人体排泄物中也含有这个成分，如果浓度过高，则会有令人不悦的气味，而低浓度且在其他化合物的配合下，则会呈现优美的气息。

茉莉被称为"精油之王"，是西方历史上有名的催情剂及壮阳剂，有趣的是，茉莉精油含有酯类成分，包括前面提到的邻氨基苯甲酸甲酯，是具有强镇静功效的成分，这似乎暗示着茉莉所拥有的"催情与壮阳"功效，有令人愉悦、放松、全情投入

的作用，体现茉莉将灵魂与肉体合二为一的绝妙之处。正如派翠西亚在她的《微妙的芳香疗法》（*Subtle Aromatherapy*）一书中描述茉莉："对于追求灵性化亲密关系的人士而言，茉莉是最重要的一种精油，借由茉莉精油的加持，我们得以领悟灵性之爱与肉体之爱的相容无间。"

茉莉有通经助产的效果，只有在生产阶段才能使用，怀孕期间要避免使用。另外，茉莉精油的能量很强，用于皮肤时需要低浓度。浓度过高使用，可能产生眩晕或恶心感。

茉莉鲜少用蒸馏法萃取，因为蒸汽的高温会破坏茉莉的香气。一直以来，多是用溶剂萃取茉莉原精，但这会造成不良化学溶剂的残留，所以不适合用于芳香疗法。有一些超临界二氧化碳流体萃取法获得的茉莉"精油"，也是基于原精来萃取的，所以还是无法完全避免溶剂残留。

好消息是，最新的工艺可以运用良性溶剂（非己烷或石化溶剂）来萃取这种珍贵的花香，良性溶剂相对安全，萃取的茉莉精油也能获得有机认证，可以放心无虞地用于芳香疗法。目前良性溶剂萃取的多是大花茉莉，小花茉莉仍然以传统溶剂萃取的原精居多，购买时需要留意萃取方法。

芸香科

yunxiangke

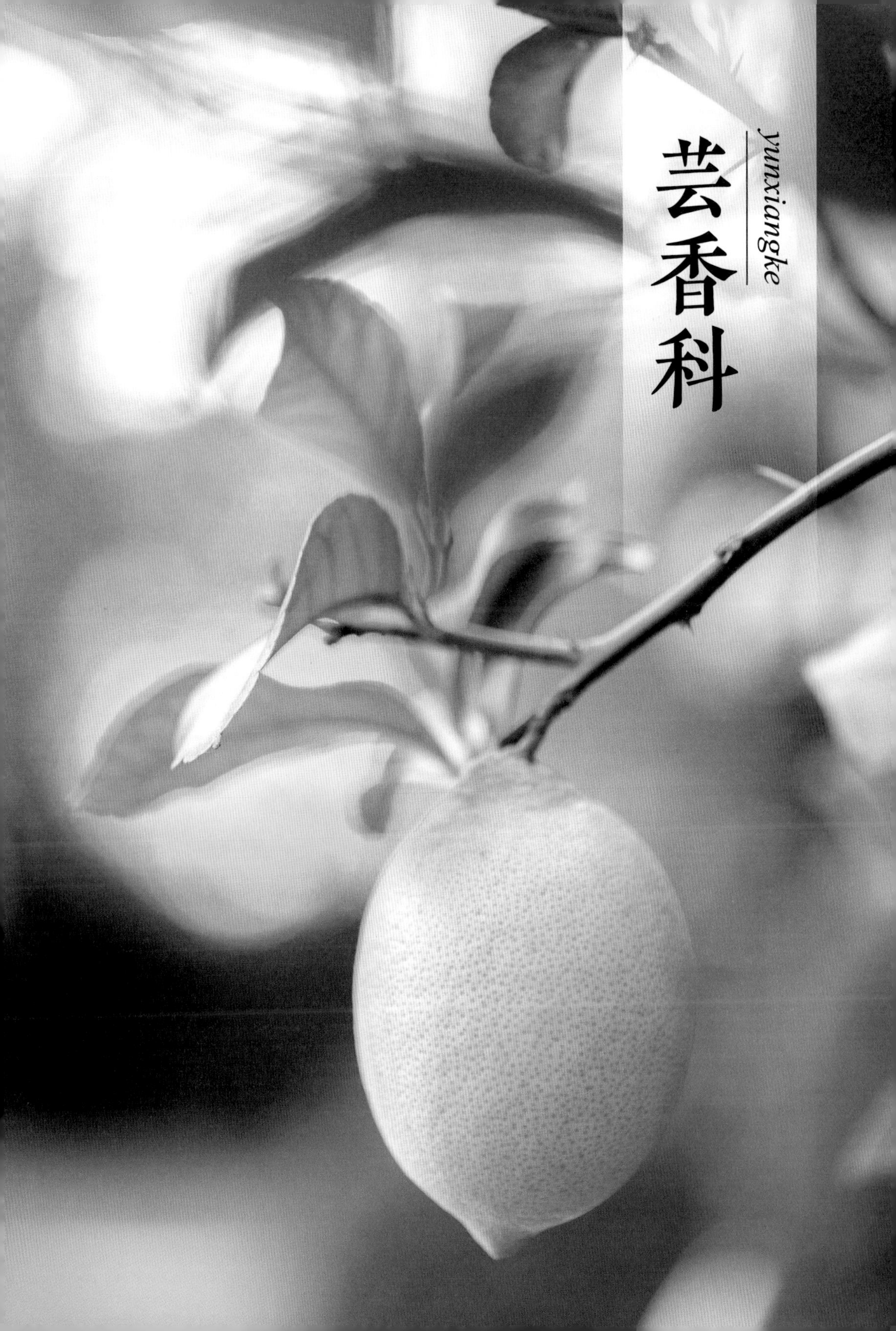

橙花

英 文 名：Neroli
拉 丁 名：*Citrus aurantium*
植物科属：芸香科柑橘属
萃取部位：花朵
萃取方式：蒸馏
气味形容：微苦中回甘、馥郁层叠，宁静、高雅、舒适的气息
主要产地：摩洛哥、突尼斯、埃及

代表成分

沉香醇	25%~47%	β-松油烯	5%~13%
柠檬烯	9%~30%	罗勒烯	5%~10%
α-萜品醇	5%~7%	乙酸沉香酯	1%~14%
牻牛儿醇	0.2%~3%	乙酸牻牛儿酯	2%~4%
月桂烯	1.5%~3%	橙花叔醇	0.3%~4.5%
乙酸橙花酯	0.8%~1.8%	α-松油烯	0.5%~1.5%
橙花醇	0.5%~1.2%	金合欢醇	0.4%~3.8%
β-罗勒烯	0.6%~7%	丁香油烃	0.2%~0.8%
桧烯	0.5%~1.2%	异松油烯	0.2%~0.5%
萜品烯-4-醇	0.1%~0.2%	吲哚	0.03%~0.3%

生理功效

- 舒肝解郁、缓解乳房胀痛、胸胁胀满
- 放松身心，缓解失眠、易醒等睡眠障碍
- 抗痉挛、缓解经前压力造成的疼痛、更年期情绪不稳定
- 改善神经痛、头痛、焦虑紧张
- 缓解神经紧张引发的慢性腹泻、食欲不佳、消化不良等脾胃问题
- 改善婴幼儿腹绞痛
- 缓解心悸，心跳过速，安抚惊吓后的恐慌
- 温和抗菌，改善支气管炎、耳部感染

- 降血压，滋补调理静脉，缓解静脉曲张及痔疮
- 舒缓肌肉酸痛、僵硬、紧张
- 促进细胞新生，预防及修复妊娠纹、肥胖纹、皱纹
- 适合干性、脆弱及熟龄肌肤
- 对敏感肌友好，对轻微敏感有修复作用
- 祛除疤痕、淡斑、美白、嫩肤
- 非常温和，适合儿童，孕妇需在芳疗师指导下使用

心理功效：缓解焦虑、紧张，减轻压力，使心胸开阔，学会放下，厘清得失关系，让身心恢复平衡、和谐。

苦橙在中国植物志中的学名是酸橙。苦橙树的花、叶、果实果皮，都可以萃取精油，其中又以花朵萃取的橙花精油最为珍贵，有些商人会用甜橙树的花朵来萃取精油，冒充苦橙花精油，但品质和气味都不如苦橙花。苦橙花每年四月到五月初手工采摘，花朵为白色，喜欢疏松的土壤，阳光、湿润的环境。

在十七世纪时，意大利的一位公主，名叫安玛丽，她是尼罗利（Nerola）的郡主，她非常喜欢橙花的气味，将橙花萃取液当香水使用，并用橙花泡浴、熏香衣物及手套，让橙花的香味围绕全身，所到之处，都留下橙花的美好气息，人们便以她所在的郡来命名橙花，英文译名便是Neroli。

橙花精油的气味非常高贵，如果你初闻橙花精油，可能感受不到这种所谓的高贵感，但只要将橙花精油和玫瑰精油调配在一起，你会立刻明白什么是高贵的气息。橙花精油的气味不是甜美的，初闻有一点微苦，但后调却是回甘，就如同人生苦尽甘来时，带来的那份淡然、恬适与知足。橙花精油也常被用作高级香水的原料，很多经典香水中都含有橙花香，也是众多知名调香师的至爱。

橙花精油非常好用，无论是用于身体调养还是皮肤保养，都是女性不可或缺的精油，女性肝郁者，十之有八九，橙花精油可以很好地舒肝，缓解肝郁气滞造成的一系列不适症状。橙花精油在护肤方面也是全能手，非常适合熟龄肌肤，虽然橙花精油也可以平衡油脂，正常来说，也适合油性、青春期甚至痘肌，但是这一部分可以用性价比更高的苦橙叶精油来替代。缓解呼吸道症状也是一样的道理，我们有更多可以替代的精油，除非是考虑兼有功效时，才会选用它。橙花精油应该发挥在更需要它的地方，物尽其用，也是我们保护自然资源的小小力量。

传统西方芳疗认为橙花精油可以催情，很多人不能理解，一般会认为催情的精油都

是那些可以促进血液循环，让人激情澎湃的精油，为什么橙花这种让人放松的精油反而可以催情呢？其实，在过去西方的传统里，橙花被用来放在新婚夫妇的床上，也作为新娘的手捧花，一方面，白色的橙花象征婚姻的神圣高洁，另一方面，橙花的气息也可以缓解新婚夫妇的紧张情绪。所以，橙花精油主要用来处理精神紧张、压力状态下的性生活障碍。

　　橙花精油是相对容易品质不稳定的精油，每一批次的气味可能会有所差别，有的偏苦一点，有的偏甜一点，从化学成分列表可以看出，每种成分含量的数字区间比较大，沉香醇的含量在各个产地有较大差异，有的甚至以柠檬烯含量最高，所以要细心挑选。好的橙花精油只萃取花朵的部分，气息柔美、甘甜、纤细，而品质差的橙花精油会夹杂苦橙叶一起蒸馏，有较明显的苦味，气味比较"强壮、上扬"，经验丰富的芳疗师可以根据气味来判断是纯粹花朵萃取的精油，还是夹杂了叶片一起萃取的精油。另外，橙花精油相对不稳定，建议在冰箱中存放。

苦橙叶

英 文 名：Petitgrain Bigarade
拉 丁 名：*Citrus aurantium*
植物科属：芸香科柑橘属
萃取部位：嫩叶
萃取方式：蒸馏
气味形容：苦味夹杂一丝甘甜、清新的叶片香
主要产地：巴拉圭、埃及、摩洛哥

代表成分

乙酸沉香酯	46%~52%	沉香醇	24%~26%
柠檬烯	0.8%~5%	α-萜品醇	3%~6%
牻牛儿醇	1.5%~3.5%	乙酸橙花酯	2%~3%
乙酸牻牛儿酯	1%~4%	β-罗勒烯	2%~4%
月桂烯	1%~2.5%	δ3-蒈烯	0.5%~1.6%

- 调理油性肌肤，痘肌
- 温和有效的杀菌剂，辅助治疗感染
  性面疱
- 抗压力，改善忧郁症及失眠

- 改善头皮过油，脂溢性脱发，头皮屑
- 缓解心跳过速
- 清除身体异味
- 安抚脾胃异常

心理功效：安抚愤怒，抗抑郁，让心情平和，停止混乱的思绪，改善情绪低落，平衡神经
系统。适合青春叛逆期的少年。

苦橙又称为塞维利亚橙（Seville orange），为小乔木，树高一般有5米，最高可
以长到10米，原产于中亚，现在多产于地中海一带，叶片光滑，颜色为深绿色。苦
橙的英文名Petitgrain，是小颗粒的意思，源于苦橙树未成熟的果实就像樱桃般大
小，以往会用苦橙树的枝、叶，连带未成熟的果实一起萃取精油，这会影响成熟果实
的产量，所以后来只采用苦橙叶来萃取精油，但这个名字便流传下来。

苦橙叶精油被称为"穷人家的橙花
精油"，气味和苦橙花有相似的一小部
分，但还是有较大区别，如果要比喻的
话，苦橙叶精油像青涩的少年，而橙花
精油更像高雅的公主。苦橙叶精油也常
用于香水业，古龙水中就有它的气味，
带来清新的气息。

在用法上面，苦橙叶精油也更偏向
于青春期的肌肤问题。橙花和苦橙叶精油都有安抚作用，但这方面橙花精油的表现更
加优秀。苦橙叶精油的优势在于价格便宜，熏香也有不错的体验。有一个小秘诀是，
苦橙叶精油加甜橙精油一起熏香，可以模仿橙花的气息，让香气更显柔和。

苦橙叶精油大多是用苦橙树的叶子萃取，但现在也有一些精油供应商提供从橘
子叶（Petitgrain Mandarin）中萃取的精油，另外还有一种被标示为Petitgrain sur
Fleurs的精油，是在橙花盛开的季节，用花、枝、叶混合在一起萃取出来的精油，这
两种精油相较苦橙树叶精油，沉香酯和沉香醇含量较低一些，柠檬烯含量更高，从性
价比来说，还是苦橙叶精油最高。

好的苦橙叶精油只用苦橙树叶萃取，有些商家会掺杂甜橙树叶、柠檬树叶，品质

相对较差。纯的苦橙叶精油，闻上去干净纯粹，虽然有一丝苦味，但仍然感觉很清新，没有过多的杂涩味。

苦橙叶也有原精，购买时注意区分，只有蒸馏法萃取的精油才能用于芳香疗法。

柑橘

英 文 名：Mandarin
拉 丁 名：*Citrus reticulata*
植物科属：芸香科柑橘属
萃取部位：果实果皮
萃取方式：压榨
气味形容：酸甜或甜美，柔和或清新
主要产地：巴西、意大利

代表成分

柠檬烯	72%～75%	γ-萜品烯	15%～17%
癸醛	0.1%～1%	α-松油烯	1%～2%
α-侧柏烯	0.5%～0.7%	β-松油烯	1%～1.5%
月桂烯	1.5%～2%	对伞花烃	0.4%～0.6%

生理功效

· 疏肝、行气、散结、止痛
· 缓解气滞造成的腹痛、胁肋胀满
· 消积化滞，缓解胀气、嗳气
· 理气、化痰饮，调理痰湿体质
· 助益脾胃，调和中土，增进食欲

· 性质温和，适合处理小朋友胀气、腹痛
· 适合脾土肝木失调的人群
· 促进胆汁分泌，帮助脂肪代谢
· 调理油性肌肤

心理功效：提振精神，疏散沮丧的情绪。

柑橘原产于中国南方，又称为番橘、橘子、立花橘，十九世纪初传入欧洲，再传到美洲，现在柑橘精油的主产地在地中海沿岸一带，柑橘树为小乔木，树高约3米，花朵为白色，喜欢日照充足、疏松肥沃的土壤环境，生长在温带的柑橘树产油量更高。

柑橘精油，同一个拉丁名，有红橘、绿橘、黄橘精油，气味略有差别，绿橘精油是用未成熟果实的果皮萃取，气味偏酸；红橘精油是用成熟果实的果皮萃取，气味在三者中最为甜美；黄橘精油是用半成熟果实的果皮萃取，气味介于两者之间，呈现酸甜的气息，气味最受欢迎，价格在三者中略高，不过柑橘精油产量高，在精油家族中并不属于高价位精油，可以按个人喜好随心选择。

《本草从新》记载："橘皮，辛能散，温能和，苦能燥，能泻。为脾肺气分之药。调中快膈，导滞消痰，定呕止嗽，利水破癥，宣通五脏，统治百病，皆取其理气燥湿之功。""青皮，辛苦而温。色青气烈。入肝胆气分。疏肝泻肺。引诸药至厥阴之分。下饮食，入太阴之仓。破滞削坚，消痰散痞。治肝气郁积，胁痛多怒，久疟结癖，胸膈气逆，疝痛乳肿。"眉批总结为"橘皮，宣，理气调中，泻，燥湿消痰。""青皮，泻肝，破气，散积。"橘皮经过炮制久陈后就是陈皮，以广东新会所产为最佳。柑橘精油的功效可参照中药橘皮/青皮，黄橘和红橘精油萃取于成熟果实，更适合脾土系统，绿橘精油萃取于未成熟果实，更适合肝木系统。

橘皮行气之性在《本草纲目》中有一段话表述得很清晰："橘皮，其治百病，总是取其理气燥湿之功。同补药则补，同泻药则泻，同升药则升，同降药则降。脾乃元气之母，肺乃摄气之籥，故橘皮为二经气分之药，但随所配而补泻升降也。"现代很多人的体质，最需要的是以通为补，柑橘精油可以很好地发挥行气通滞的功效。但行气多了亦会耗气，而现代人的体质很少是单纯气滞，多数是气滞兼气虚，所以在行气的同时要兼顾补气。

柑橘精油非常温和，小朋友和老人也可以安心使用，在西方芳疗中，因其

温和，且帮助增加肌肤弹性，可以预防妊娠纹，同时酸甜的气味可以帮助缓解孕吐，会推荐给孕妇使用，但从中医的角度来讲，橘皮行皮，恐有破气之虞，尤以绿橘为甚，虽然一般达不到会造成流产的使用量，但为了万无一失，仍然不建议孕妇使用，因为有很多其他精油可以选择，或者在专业芳疗师指导下使用。

柑橘精油非常容易氧化，需要放入冰箱保存。有一定的光敏性，不过不明显，低剂量使用时无须担心，高剂量使用时避免日晒。

葡萄柚

英 文 名：Grapefruit
拉 丁 名：*Citrus paradisi*
植物科属：芸香科柑橘属
萃取部位：果皮
萃取方式：压榨
气味形容：香甜中微酸，清新、明快、温和
主要产地：美国、以色列、巴西

代表成分

柠檬烯	92%~96%	月桂烯	2%
α-松油烯	0.6%	癸醛	0.2%

生理功效

- 处理蜂窝组织炎，促进循环
- 利尿，有助排湿排水，改善体液滞留
- 促进胆汁分泌，著名的减肥精油
- 利肝胆，改善肝火旺，有助排毒
- 消解的特性，对协助化解胆结石有益
- 缓解脾胃不适，缓解胀气，消化不良
- 帮助代谢乳酸，缓解运动过后的肌肉酸痛
- 紧实肌肤，改善橘皮组织
- 调理油性肌肤和油性头皮
- 适合薰香，可净化空气，促进多巴胺分泌

心理功效：抗抑郁，使情绪开朗、愉悦，帮助卸下思想重担，提升活力。

葡萄柚约于1750年首先发现于南美巴巴多斯岛，1880年引入美国，约1940年前后引入我国。现在美国是葡萄柚的主产国之一。葡萄柚是小乔木，喜欢阳光充足，土壤肥沃，水分丰富的生长环境，叶片形状介于柚与酸橙之间，具有柚叶香气，花朵是白色的，果实比柚子小而比酸橙大，果实呈簇生状密集挂果，就像葡萄成串垂吊，所以称为葡萄柚。

《本草纲目》中有记载柚，虽然和葡萄柚不完全是同一个品种，但从果肉酸寒、果皮甘辛平的性味来讲，与临床运用的经验大致相同，所以葡萄柚的功效可以参照古籍里柚的记载。李时珍认为柚皮有消食快膈，散愤懑之气，化痰之功用，那么可以理解为柚皮有助于消化，让胸膈之气顺畅，舒肝解郁，处理痰证引发的一系列问题。

中医里广义的痰不仅是指喉咙里的痰，也包含身体里无形的痰。西方运用葡萄柚的经验认为其可利水，而肥胖之人多痰湿，所以这也是为什么葡萄柚精油很适合处理肥胖的原因，是有名的减肥精油，适合身体气机循环不畅、湿痰重、代谢差的肥胖类型。同时葡萄柚明快、愉悦的植物特性，可以改善肥胖带来的自卑情绪以及社交障碍。有的女性喜欢喝葡萄柚果汁来减肥，但葡萄柚果汁偏寒凉，多喝易伤脾胃，葡萄柚果皮精油是平性的，相对来说更加温和，适合长期使用。

葡萄柚又称为西柚、朱栾。果实有两种，白葡萄柚是黄色皮、浅黄白色果肉，粉红葡萄柚是粉黄色皮、粉红色果肉。粉红葡萄柚虽然也是以柠檬烯（94%）为主，但其他成分比白葡萄柚更为复杂，气味更为细腻，功效也更全面。

葡萄柚精油与其他柑橘属精油最大的差别是，它对光线较不敏感，所以使用上比较方便。在柑橘属果皮类的精油中，功效丰富，是物美价廉的常用精油。葡萄柚精油较容易氧化，建议放入冰箱保存。

佛手柑

英 文 名：Bergamot
拉 丁 名：*Citrus bergamia*
植物科属：芸香科柑橘属
萃取部位：果皮
萃取方式：压榨、精馏
气味形容：纤细、优美、甘甜、微酸恰到好处，愉悦、
　　　　　富有花与果的重叠气息
主要产地：意大利

代表成分

柠檬烯	35%～46%	乙酸沉香酯	22%～26%
沉香醇	15%～23%	γ-萜品烯	5%～7%
β-松油烯	3.5%～5%	对伞花烃	0.2%～1.3%
α-萜品醇	0.2%～0.9%	月桂烯	0.8%～1.2%
α-松油烯	0.8%～1%	桧烯	0.6%～0.8%
乙酸橙花酯	0.1%～0.5%	乙酸牻牛儿酯	0.1%～0.5%

生理功效

- 疏肝解郁，适合经常熏香
- 缓解气滞造成的胸胁胀满、闷痛
- 行气和中，缓解腹胀，改善消化不良、腹部绞痛
- 改善神经性厌食症或暴食症，平衡食欲
- 辅助治疗尿路感染、膀胱炎等泌尿系统感染
- 抗病菌，治疗单纯疱疹病毒

- 对女性生殖系统具亲和力，温和抗菌，改善妇科炎症
- 缓解压力、焦虑引发的皮肤及身体问题
- 平衡油脂、改善痘肌及脂溢性皮炎
- 净化空气，祛除体味
- 改善性冷淡，压力焦虑造成的性生活障碍

心理功效：抗忧郁、焦虑、抑郁，打开心结，回归自性圆满的智慧。

目前世界上90%的佛手柑产量来源于意大利卡拉布里亚（Calabria）地区，佛手柑喜欢充足的阳光，冬季开花，花朵是白色的，果实呈梨形，不大，果实未成熟时呈绿色，成熟后呈黄色。

佛手柑原产于意大利的贝尔加莫托（Bergamotto）镇，因此英文名小来源于此。对于其祖先起源，有研究发现可能是柠檬与苦橙的杂交品种，它的酸味没有柠檬这么强烈，也没有苦橙的苦味，却保留了甘味，这或许就是杂交优育的魅力。芸香科里，佛手柑精油的气味当属最纤细，最优美的一个，甘甜微酸，恰到好处，有一种完美平衡的分寸感。就像足够聪明却选择善良，足够幽默却毫无油腻，足够敏锐又心怀包容的个性特质，这种分寸感，让佛手柑的气息显得特别珍贵。或许这也是为什么伯爵红茶加入佛手柑的香气后，成了经典茶品，流传至今仍然是畅销品种。

意大利是欧洲国家中，为数不多的几个对美食颇有追求与造诣的国家之一，佛手柑纤细又富有层次感的香气，就如同这个国家的美食一样，令人迷恋。在意大利的传统中，常用佛手柑来缓解消化道问题，可见佛手柑精油对脾胃系统有着高度亲和性。

佛手柑精油如果用压榨法萃取，会有较强的光敏性，这是它唯一的缺点，不过现在可以买到真空精馏（Vacuum Distilled）的去光敏化合物佛手柑精油，这种精油会标示FCF（Furo Coumarin Free）或Bergapten Free，去光敏化合物后可参考指标是光敏化合物<15 ppm，如果用于皮肤护理，选择去光敏化合物的精油会方便很多，但如果用于心灵疗愈，仍然建议使用未去光敏化合物的佛手柑精油来熏香，因为它具有更完整的天然化合物结构，效果更好。

佛手柑大多数是由黄色成熟果实萃取，少数商家也销售未成熟的绿色果实萃取精油，相较之下，黄色果实气味更甜美，对神经系统更友好。

佛手柑精油相较其他芸香科精油，成分更复杂，除单萜烯，还有高比例的酯类，醇类，这是非常珍贵的，让佛手柑放松的效果更好，同时也更亲肤。

佛手柑精油和其他柑橘类精油一样，建议冰箱保存。

莱姆

英 文 名：Key Lime
拉 丁 名：*Citrus aurantiifolia*
植物科属：芸香科柑橘属
萃取部位：果皮
萃取方式：压榨、蒸馏
气味形容：酸中带甜，酸味圆润，带花香调，气味丰富有层次
主要产地：墨西哥、斯里兰卡

代表成分

压榨法萃取的莱姆精油代表成分：

柠檬烯	58%~60%	γ-萜品烯	13%~14%
β-松油烯	11%~12%	α-松油烯	2%~3%
烯烃	1%~2%	月桂烯	1.5%
牻牛儿醛	1%~1.5%	橙花醛	0.8%~1%
α-反式-佛手柑烯	1%	β-没药烯	1.5%
β-丁香油烃	0.4%~0.6%	乙酸橙花酯	0.6%~0.8%
异松油烯	0.6%	α-侧柏烯	0.6%

蒸馏法萃取的莱姆精油代表成分：

柠檬烯	41%~43%	γ-萜品烯	16%~18%
异松油烯	10%~12%	α-萜品醇	6%~8%
α-萜品烯	3%~4%	β-松油烯	3%~4%
1,8-桉油醇	2%~3%	1,4-桉油醇	2%~3%
α-松油烯	1%~2%	月桂烯	1%~1.5%
对伞花烃	0.8%~1.2%	没药烯	0.8%
樟烯	0.6%	γ-萜品醇	0.5%

生理功效

- 解毒，醒酒护肝，疏肝理气
- 有助调理"三高"体质
- 促进消化，缓解肠道痉挛
- 提升食欲，改善神经性厌食症
- 适合同时有呼吸道及肠胃不适症状的感冒

- 增强免疫力，适合病房或久病初愈的家居熏香
- 促进循环系统，缓解风湿疼痛
- 收敛油脂分泌，改善油性皮肤和头皮
- 淡化疤痕及斑点，提亮肤色
- 对于外伤，有一定的止血功效

心理功效：让疲惫的心得到慰藉，恢复信心，激发创造力。

　　莱姆在中国植物志中的学名是来檬，俗称绿檬，原产于东印度群岛，随后传入南美洲和欧洲，现在主产国是墨西哥。莱姆为小乔木，喜欢日晒充足的环境，花朵是白色的，果实为椭圆形、圆球形或倒卵形，比柠檬小，果顶有乳头状短突尖，果皮薄，平滑，花期为3—5月，果期9—10月。莱姆的品种众多，大部分莱姆由菲律宾橘（*Citrus micrantha*）、香橼（*Citrus medica*）、苦橙（*Citrus aurantium*）、柠檬（*Citrus limon*）杂交而生。常用莱姆精油的品种有：

　　墨西哥莱姆（*Citrus aurantifolia* Key Lime），由菲律宾橘和香橼杂交而生。

　　甜莱姆（*Citrus limetta* Sweet Lime），由香橼和苦橙杂交而生，和柠檬同源。

　　波斯莱姆（*Citrus latifolia* Persian Lime），由菲律宾橘、香橼和柠檬杂交而生。

　　这三种莱姆以墨西哥莱姆最为常见，精油也大多是萃取于此品种。

　　在十九世纪，英国水手依靠饮用莱姆果汁来防止坏血病，因此，英国水手还被称为"Limey"。

　　莱姆精油的酸味闻上去很圆润，即便不喜欢酸味的人也能接受，它的甜味不如甜橙精油，酸味不如柠檬精油，处于中间值，又兼而有之，气味亲近嗅觉，很特别是莱姆精油还含有一丝花香调，无论单独熏香，还是配合花、果、木类精油熏香，都有不俗的表现。

　　莱姆精油有两种萃取法，压榨法萃取的莱姆精油气味比较接近真实果皮闻到的香气，蒸馏法萃取的莱姆精油气味会比较特别，上扬度很高，没那么清新。压榨法萃取的莱姆精油有光敏性，蒸馏法萃取的莱姆精油光敏性下降很多，只有轻度的光敏性，含有酯类的成分，放松效果更好，也更不容易氧化。但两种萃取法的莱姆精油，都建议放入冰箱保存。

柠檬

英文名：Lemon
拉丁名：*Citrus limon / Citrus limonum*
植物科属：芸香科柑橘属
萃取部位：果皮
萃取方式：压榨、蒸馏
气味形容：酸酸的果香味，清新、怡人
主要产地：意大利、巴西

代表成分

柠檬烯	53%~66%	β-松油烯	13%~18%
γ-萜品烯	9%~16%	α-松油烯	2%~4%
桧烯	2%~3%	月桂烯	1.5%~2.5%
牻牛儿醛	1%~1.5%	α-侧柏烯	0.4%~1%
橙花醛	0.6%~0.9%	异松油烯	0.2%~0.4%
没药烯	0.5%	α-反式-佛手柑烯	0.1%~0.3%

生理功效

· 疏肝，利肝胆，促进胆汁分泌
· 平衡身体酸碱值，调顺肝脏功能
· 温和的解毒剂，净化血液
· 降血压，改善动脉粥样硬化
· 促进循环，改善静脉曲张
· 利尿，帮助排出尿酸
· 缓解风湿、痛风、关节炎

· 中和胃酸，缓解胃酸过多
· 促进消化，增进食欲，缓解胀气
· 强力杀菌抗感染，净化空气
· 预防流行性感冒、支气管炎、抗病毒
· 美白淡斑，收敛油脂分泌
· 轻微外伤时，可用柠檬精油止血
· 提振精神，使头脑清明

心理功效：澄净思绪，焕然一新，恢复理性。

　　研究认为柠檬是香橼和苦橙杂交而生，和前面所提到的甜莱姆未作明显区分。原产于印度东北部，现在主产区在意大利。柠檬为常绿小乔木，嫩叶及花芽是暗紫红色，叶为卵形或椭圆形，花瓣外面是淡紫红色，内面是白色，芸香科柑橘属植物大多数花朵为白色，这一点柠檬比较特别，果实皮厚，为柠檬黄色。

早在古希腊与古罗马时期，人们就已广泛使用柠檬，不仅用作食用，还会用来熏香衣物，并作为驱虫剂。1698年，雷梅里在其药物著作中论及柠檬，认为柠檬可以助消化，消胀气，清血。

柠檬对大家来说并不陌生，感冒时，喝上一杯柠檬水，可以帮助缓解感冒症状，追求美白的女士，也喜欢喝柠檬汁、柠檬水。不过，柠檬汁的成分和柠檬精油并不完全相同。中医经方里的桂枝汤是用来处理恶寒恶风表虚自汗，可能伴有头项强痛和发热等症状，药方对于普通人来说不易应用，有一个简化版的食疗方：生姜柠檬红糖水，可以用来处理一般的风寒感冒。

柠檬本身是酸味明显的水果，它在被消化的过程中，会产生碱性物质，因此可以中和胃酸，反过来可以缓解胃酸过多。

在过去，柠檬只有压榨萃取法获得的精油，现代工艺中，也有用蒸馏法萃取的柠檬精油，不过，两种萃取法获得的精油都有光敏性，其中压榨法萃取的光敏化合物<5000毫克/升，蒸馏法萃取的光敏化合物<50毫克/升，虽然蒸馏法数值降低很多，但仍然需要避光使用。蒸馏萃取法获得的柠檬精油，气味没有那么酸，更加柔和，酯类成分可能略微多于压榨萃取法，但含量都低于1%，所以表现并不明显，大类的化合物含量相差不多。

柠檬在芸香科柑橘属植物中很特别的一点是，它的花蕾是浅紫红色，你可以想象它是入血分的，在西方的运用经验中，柠檬也可以净化血液，清血养肝。

柠檬精油较少作为美白精油来使用，原因是它的光敏性，导致护肤方面不易使用。

柠檬精油也建议在冰箱保存。

甜橙

英 文 名：Sweet Orange
拉 丁 名：*Citrus sinensis*
植物科属：芸香科柑橘属
萃取部位：果皮
萃取方式：压榨
气味形容：甜美、圆润、温暖，充满阳光的气息
主要产地：美国、巴西、墨西哥

代表成分

柠檬烯	92%～96%	月桂烯	1%～2%
沉香醇	0.3%～0.6%	桧烯	0.2%～0.5%
α-松油烯	0.5%	癸醛	0.1%～0.3%

生理功效

- 疏肝行气，散结通乳
- 理气宽中，行滞除胀，适合胸胁气滞，胀满疼痛
- 刺激胆汁分泌，帮助代谢脂肪
- 安抚脾胃，消食化积，解酒
- 双向调理腹泻、便秘，适合长期慢性脾胃问题调理

- 增进食欲，改善厌食症，尤其是心因性厌食
- 促进肠道蠕动，缓解胀气
- 行气化痰，改善痰饮内停
- 有助改善胃下垂，脱肛，子宫脱垂
- 愉悦心情，改善失眠
- 帮助肌肤胶原生成，促进细胞新生

心理功效：温和镇定，抗抑郁，疏散阴霾，带来愉悦的心情，鼓舞积极乐观的心态。

甜橙又称为脐橙，香橙，喜欢温暖湿润的气候，耐寒力一般，需水量大，不耐干旱，为小乔木，树高约5米，叶片为椭圆形，花为白色，果实为球形或椭圆形，橙黄至橙红色。花期为3～5月，果期为10～12月，迟熟品种至次年2～4月。

甜橙原产于中国南方，约在1520年，葡萄牙人将甜橙引入欧洲，约1565年，又从欧洲引入美洲、北非和澳大利亚。在中国，甜橙的栽培史可追溯到公元2—3世纪，在《东观汉记》及《南方草木状》有记载，现在我国南方大量种植，主要用于食品经济，甜橙精油主要产于北美。

甜橙对大家来说非常熟悉，也是果汁经济中最为畅销的品种，因此，对于精油的萃取，如果是作为果汁经济的副产品，会以果汁的口感为主，流失一部分精油，并且容易有果汁残留而使得精油不易保存。如果是以萃取精油为主，精油品质会更高。

甜橙精油也是很常用的精油，它的气味非常讨喜，几乎没有人不喜欢，功效全面，价格也不高，非常温和，很适合给老人和儿童使用，如果小朋友睡眠不好，可以用甜橙来熏香。

《本草纲目》中有记载："橙皮，苦、辛，温，无毒。散肠胃恶气，消食下气，去胃中浮风气。"比较有意思的是，还记载了橙核可以治疗面䵟粉刺。

甜橙精油的功效可以参考中药枳壳，虽然来源并不完全相同，但比较接近值得参照。枳壳常与枳实对比，枳实是整粒的果实，有行气破气的功效，且果实越小越强效，常用于气郁导致的胸胁胀痛、腹痛等实证。枳实在古代用的是枸橘的幼果，现代经过很多变种，也会用酸橙、甜橙的幼果，有破气消积、化痰除痞的功效；枳壳用的是酸橙、香橼等芸香科植物接近成熟的果实（去瓤），作用比枳实更缓和，以行气宽中除胀为主。精油所用的甜橙果实，是成熟后的果皮压榨萃取，所以更接近枳壳的功效，西方芳疗对于甜橙精油的应用历史，也多用于处理脾胃问题，如胀气、消化不良、厌食、肥胖、腹泻、便秘等，可以看出甜橙具有双向调节性，可以理顺脾胃功能，回归平衡与健康。

甜橙精油具有光敏性，使用后注意避光，宜放入冰箱保存。

橄榄科

ganlanke

乳香

英 文 名：Frankincense

拉 丁 名：*Boswellia carteri / Boswellia serrata / Boswellia frereana / Boswellia sacra*

植物科属：橄榄科乳香属

萃取部位：树脂

萃取方式：蒸馏、超临界二氧化碳流体萃取

气味形容：悠远、沉静、纯粹的树脂甜香

主要产地：阿曼、索马里、印度、埃塞俄比亚

代表成分

蒸馏法萃取不同亚种乳香精油的成分对比：

成分	*Boswellia sacra*	*Boswellia carteri*	*Boswellia frereana*
α-松油烯	66%	42%~45%	43%
α-侧柏烯	0.6%	6%~11%	24%
柠檬烯	5%	16%	1%
桧烯	5%	7%	5%
樟烯	4%	1%	1.5%
β-松油烯	2.6%	1.6%~3.5%	2.6%
1,8-桉油醇	0.6%	0.2%	1.5%
δ3-蒈烯	1.8%	1%	0%
月桂烯	1.6%	6%	1%
对伞花烃	1.4%	5%	5.5%
水芹烯	1.2%	1.5%	0.7%
马鞭草酮烯醇	0.6%	0.7%	0.8%
松香芹醇	0.5%	0.5%	0.3%
萜品烯-4-醇	0.2%	0.6%	5%
乙酸龙脑酯	0.3%	0.2%	0.6%
萜品烯	0.4%	0.3%	1%

超临界二氧化碳流体萃取不同亚种乳香精油的成分对比：

成分	*Boswellia serrata*	*Boswellia carteri*
α-松油烯	6%	40%
α-侧柏烯	60%~65%	5%
柠檬烯	2.5%	10%
桧烯	4.5%	4.2%
δ3-蒈烯	2.6%	0.8%

续表

成分	*Boswellia serrata*	*Boswellia carteri*
对伞花烃	2.4%	2.5%
月桂烯	2.4%	6%
甲基醚姜黄酚	1.7%	0%
萜品烯-4-醇	1%	0.1%
水芹烯	0.6%	2.4%
醋酸烯丙酯	0%	1.5%
绿花醇	0%	1.2%
马鞭草酮烯醇	0.1%	1%

生理
功效

- 对肺部有补益作用，可以让呼吸变慢、变匀、变长、变深
- 清肺，辅助治疗呼吸道黏膜炎，如鼻炎、支气管炎等
- 有效的肺部杀菌剂，辅助治疗肺炎
- 双向调节，可处理痰咳及干咳
- 激励免疫系统，提升肺部功能
- 舒缓痉挛，放松气管，治疗气喘
- 通经活络，通行十二经，是广泛的配伍用油
- 祛风伸筋，治疗关节炎、关节肿痛
- 调气活血止痛，治疗各类肌肉酸痛，消肿生肌

- 有益生殖泌尿系统，辅助治疗膀胱炎、肾炎、阴道感染等
- 对子宫有补益作用，改善经血过量
- 有助产妇分娩，也能缓解产后抑郁症
- 赐予老化皮肤新生的力量，回春的护肤圣品
- 抚平皱纹，恢复弹性，改善肌肤松弛
- 深度滋养干燥肌肤，补水效果卓越
- 淡化疤痕、妊娠纹，用于处理外伤及疮伤
- 治疗湿疹、皮炎、皲裂等皮肤问题
- 滋补神经，改善失眠、焦虑、狂躁

心理功效：提升能量层面、静生定、定生慧，洞见超越人性的灵魂之光。

　　乳香树高通常为2～8米，树皮外有乳白色的纸样皮，易于剥落，花朵是黄白色，在8～10岁可以开始产生树脂，在树干上做一个切口，树脂慢慢渗出，接触空气后会慢慢变硬，乳香精油是萃取于乳香树脂。

　　乳香精油是一个非常复杂、多样化的精油，除了要关注科属信息，还要关注产地、萃取方法，人工种植还是野生采收，这些都会影响精油的天然化合物结构，从而带来不一样的功效。购买时要从需求出发，多方面综合考虑适合的品种、产地、栽种

方式与萃取方法，较常见的乳香精油出自以下几种：

Boswellia sacra（阿曼）	阿拉伯乳香，具有温暖、略带辛辣、甜味的树脂香气，是最受欢迎和最具治疗性的乳香精油
Boswellia carteri（索马里）	索马里乳香，从索马里的岩石海岸收获，树脂混合松香的气味，是常见的乳香精油品种
Boswellia frereana（索马里）	高海拔梅迪 Maydi 乳香，散发强烈的树脂和香料混合气味，略带柑橘味，被称为是乳香之王
Boswellia serrata（印度）	齿叶乳香，为野生收获，又称为奥利巴南Olibanum 乳香或印度乳香，气味混合柠檬、柑橘、松树与树脂香味，被认为是气味最丰富、最细致的乳香精油
Boswellia papyrifera（埃塞俄比亚）	纸皮乳香，为野生收获，有着细腻的柑橘混合树脂的气味
Boswellia rvae（埃塞俄比亚）	欧加登Ogaden乳香，为野生收获，常田干调香，有着复杂、柔软、木质混合树脂的气息，抗菌力佳
Boswellia neglecta（肯尼亚）	野乳香，从稀有的黑乳香树脂Black frankincense resin中萃取来，有香料的甜味和树脂香味，还混合一丝泥土和轻微潮腐物质的气味

人类使用乳香的历史非常悠久，无论是我们前面讲到的中国香史，还是古希腊、古罗马、古印度、古埃及、古希伯来等都有运用乳香的历史，而且都将乳香与神圣联系在一起，常在神殿、寺庙、祭坛使用，圣经中也提到乳香是献给耶稣的三件礼物之一，另两件是黄金与没药，在古代，乳香几乎如黄金般贵

重，有着极高的地位，无论是埃及法老王图坦卡蒙陵墓的陶罐中，还是古老的木乃伊中，都发现乳香的存在，被埃及人称为"神的汗液"。

狄欧斯科里德认为，乳香可以治疗皮肤病、肺炎。十六世纪的外科医师巴瑞认为，乳香可以止血，修复疤痕。

乳香也是一味很重要的香药和中药，《本草新编》中记载："乳香，味辛、苦，气温，阳也，无毒。入脾、肺、心、肝、肾五脏。疗诸般恶疮及风水肿毒，定诸经卒痛并心腹急疼。亦入散膏，止痛长肉。更催生产，且理风邪，内外科皆可用。大约内治止痛，实为圣药，研末调服尤神。"

《本草从新》中记载："乳香，苦，温。辛香善窜。入心。通行十二经。能去风伸

筋，调气活血，托里护心。生肌止痛。心腹诸痛，口噤耳聋，痈疽疮肿，产难折伤。亦治癫狂，止泻痢。疮疽已溃勿服，脓多勿敷。"李时珍认为乳香香窜，能入心经，活血定痛，可用于心腹痛；《素问》云："诸痛痒疮疡，皆属心火是矣。"乳香能托毒外出，消肿生肌，所以常用于治疗痈疽疮疡。在产科方面，则多取其活血之功，用于处理瘀血相关的问题。乳香还能通经络、伸筋、行气化瘀，适合处理跌打损伤及现代人常见的腰颈椎问题。

乳香精油的功效非常广泛，是不可多得的优质精油，不仅能调理身体机能，对于心理及精神方面的功效也不容忽视。在应对呼吸道问题时，乳香精油具有双向调节的功效，在痰液多的时候能有助消痰，在黏膜干燥的时候又能修复并保护黏膜，所以对痰咳和干咳均有治疗功效。乳香精油在生病时可以疗疾，在健康时能够补益肺部，在提升肺部功能方面表现卓越。除此之外，乳香精油对皮肤也非常有好处，无论是熟龄肌的保养还是问题肌肤的疗愈，都能呈现让人惊喜的功效，是很常用的一款精油。

不过，令人悲伤的是，乳香的生态也在面临严峻的考验，尤其是埃塞俄比亚（Ethiopia），2011年曾有调查研究显示，此地区的乳香树每年有多达7%的树木死亡，其中85%被长角甲虫的侵袭，而新树苗又不能好好的存活下来，因为毫无管制的放牧，牛群会把树苗吃掉，只有2%的新树苗可以存活下来，预计未来50年乳香树的数量将下降90%。此类调查研究引起了当地政府和一些环保组织的重视，2019年有报道称，人们正在着手制订计划，拯救这些珍稀的乳香树，不过时至今日，埃塞俄比亚出产的乳香精油还是很难购买到，希望未来能加大保护、合理采收，逐渐改善这种局面。

阿曼是乳香的另一大产区，乳香精油的品质非常好，这里出产的乳香树脂，从透明到深琥珀色都有，比较特别是绿乳香，是更加珍稀的品种，现在也能购买到绿乳香精油，气味更加丰富迷人，有淡淡的柑橘与松香气息。

乳香精油是可以长时间存放的精油，品质好的精油存放时间越久，气味越醇，品质越高，乳香有活血功效，孕期需避免使用。

没药

英 文 名：Myrrh
拉 丁 名：*Commiphora myrrha*
植物科属：橄榄科没药属
萃取部位：树脂
萃取方式：蒸馏、超临界二氧化碳流体萃取
气味形容：深沉、悠远、内敛的树脂甘香
主要产地：索马里、埃塞俄比亚

代表成分

呋喃桉叶-1,3-二烯	25%～40%	莪蒁烯	22%～42%
乌药根烯	4%～14%	甲氧基-三甲基-四氢环呋喃	2%～8%
榄香烯	5%～7%	大根老鹳草烯（A/B/D）	3%～6%
乙酸榄香酯	1%～2%	表-α-杜松醇	0.1%～1%
大根老鹳草烯酮	0.5%	丁香油烃	0.4%

生理功效

- 活血止痛，消肿生肌，破血行瘀
- 感冒期间缓解喉咙痛，祛痰止咳，有干化收敛的效果
- 辅助治疗胸腔感染，鼻喉黏膜炎，慢性支气管炎
- 能刺激白细胞，激励免疫系统
- 抗真菌，改善阴道炎，尤其是念珠菌引发的阴道炎
- 辅助治疗妇科炎症、经血过少，有通经效果
- 调顺肠道功能，有助改善腹泻、减轻胃酸
- 收敛的特性有助改善痔疮问题
- 促进皮肤新生，改善退化，修复皮肤受损
- 辅助治疗痘肌，防止交叉感染，修复痘印痘坑
- 辅助治疗湿疹与皮炎，尤其是流汤的湿疹
- 防止脚跟和手部的皲裂，帮助愈合伤口
- 抗真菌，辅助治疗脚气，使足部干爽
- 改善甲状腺功能亢进
- 辅助治疗口腔溃疡与牙龈炎等口腔疾病，改善口臭
- 有一定的抑制性欲功效
- 作为定香剂，常用于调香时的低音定香油

心理功效：强化信念，提升灵性，突破认知局限，退一步从而换位思考。

没药原产于阿拉伯半岛（阿曼、也门）和非洲（吉布提、埃塞俄比亚、索马里、肯尼亚），树身上有很多刺，可以长到大约4米高，生长在海拔250～1300米的区域，耐干旱。精油萃取于树脂。

没药和乳香一样，运用历史非常悠久，也常用于宗教仪式中，古埃及人在他们的太阳仪式中就会焚烧没药，在木乃伊中也会使用没药，埃及著名香水Kyphi也含有没药成分，埃及艳后则用没药作为青春永驻的保养品。《圣经》中提到没药被用来为女性净身；当耶稣被钉在十字架上时，信徒将混合没药的酒递给耶稣，以期望能减轻他的痛楚。传说没药如同"圣母玛丽亚的宝血"，在古罗马战场上，士兵也会用没药来为伤口止血、防止感染、促进愈合。

科迪亚斯与加斯纳认为没药是愈创良药。后世很多香膏都有加入没药。1608年纪伯在《良药》（Medecin Charitable）中记载："没药能让身体暖和，同时有干燥、清洁与强化的作用，能治疗陈年的咳嗽，调理月经推迟，是一味良药。"1765年卡特瑟在《医疗物品》（Matiere Medicale）中记载没药治疗蛀牙与皮肤溃疡等皮肤病的效果。

没药又称为末药，李中梓在《雷公炮制药性解》中记载没药："味苦辛，性平，无毒，入十二经。主破癥结宿血，止痛，疗金疮、杖疮、痔疮、诸恶肿毒、跌打损伤、目中翳晕、历节诸风、骨节疼痛，制同乳香。没药与乳香同功，大抵血滞则气壅淤，气壅淤则经络满急，故痛且肿，得没药以宣通气血，宜其治也。"

《本草从新》中记载没药："苦，平，入十二经。散结气，通滞血，消肿定痛，生肌。治金疮杖疮、恶疮痔漏，翳晕目赤，产后血气痛。破癥堕胎。诸痛不由血瘀而由血虚，产后恶露去多，腹中虚痛，痛疽已溃，法当咸禁。"

没药与乳香在中医药的运用上有相似的地方，均通行十二经，适合跌打损伤，瘀滞疼痛，痈疽疮肿，可消肿生肌止痛，常常两者配伍使用。区别在于乳香偏于活血伸筋，治疗痹证多用。没药偏于散瘀定痛，治疗血瘀多用。

没药也有用超临界二氧化碳流体萃取法获得的精油，成分及含量大约为：异乌药根烯37%，莪蒁烯12%，乌药根烯14%，与蒸馏法萃取的精油成分构成有所差异，芳疗处方中常用蒸馏法萃取的没药精油，抗炎效果好；超临界二氧化碳流体萃取的没药精油，行散力较强，品质也非常好，气味更加纯净，价格更高一些。没药精油孕期及哺乳期需避免使用。

伞形科

sanxingke

甜茴香

英 文 名：Sweet Fennel
拉 丁 名：*Foeniculum vulgare*
植物科属：伞形科茴香属
萃取部位：种子
萃取方式：蒸馏
气味形容：香料八角气味加上淡淡的甜香
主要产地：埃及、匈牙利

代表成分

反式洋茴香脑	72%~81%	柠檬烯	5%~10%
α-松油烯	5%~9%	甲基醚姜黄酚	1%~4%
茴香酮	1%~3%	β-松油烯	1%~2.5%
β-月桂烯	1%~1.5%	β-水芹烯	1%~2%

生理功效

- 祛风祛痰，散寒止痛，调中和胃，改善脘腹虚寒造成的问题
- 抚顺肠道平滑肌，增进肠道蠕动，改善消化功能紊乱
- 改善便秘（寒性）、结肠炎、胃酸过多、胃炎
- 助消化，行气下气，减少胀气、腹绞痛、打嗝、反胃、恶心、消化不良
- 疏肝理气、温肾祛寒、止痛
- 绝佳的身体净化油，帮助身体排除废物
- 消除体内因过度饮食及饮酒累积的毒素
- 传统认为解毒效果好，有助消解蛇虫咬后的毒素
- 强利尿，改善体液滞留，改善水肿、经期水肿
- 促进循环，有助减轻体重
- 辅助治疗蜂窝性组织炎及静脉曲张

- 辅助治疗尿道感染，预防肾结石
- 对痛风效果好，辅助治疗风湿关节痛
- 抗肌肉痉挛，略带麻醉性故有止痛效果，改善腰痛、肌肉酸痛
- 类雌激素功效，提升生殖系统机能，调理月经周期
- 改善经血不足、停经、痛经、经前症候群
- 改善更年期症状，治疗早更，养护子宫
- 有助改善性冷淡
- 促进泌乳，增加泌乳量
- 活化女性激素，使胸部丰满有弹性
- 强化心血管，有助改善心悸
- 能抗痉挛，改善咳嗽、支气管炎、气喘
- 缓解新生儿肠绞痛，胀气
- 用以漱口，可以改善牙龈发炎

心理功效：保持自我强大的能量，避免过多受到外界干扰。

甜茴香在中国植物志中的学名是茴香，又称为小茴香、懷香、北茴香、松梢菜、川谷香、西小茴，为多年生草本植物，原产于地中海沿岸，现在生长于世界许多地方，特别喜欢海岸或河岸附近的干燥土壤，开黄色花，叶片非常细，是一种强健的植物，花期5～6月，果期7～9月。

印度人及埃及人很早就知道茴香的药用价值；希腊人认为茴香可以减肥；罗马人将茴香当作绝佳的利尿剂，还会用茴香制作饭后糕点，帮助消化。狄欧斯科里德与希波克拉底一致认为茴香能促进泌乳；十九世纪的医师卡辛、波达、波谭认为茴香是补身剂、健胃品、催乳剂、通经药与祛胀气剂；勒克莱尔医师与摩利夫人用茴香治疗痛风及风湿病。

甜茴香精油的功效可以参考中药（小）茴香，是同科属植物，《本草汇言》中记载茴香："温中快气之药也。方龙潭曰：此药辛香发散，甘平和胃，故《唐本草》善主一切诸气，如心腹冷气，暴疼心气，呕逆胃气，腰肾虚气，寒湿脚气，小腹弦气，膀胱水气，阴癞疝气，阴汗湿气，阴子冷气，阴肿木气，阴胀滞气。其温中散寒，立行诸气，及小腹少腹至阴之分之要品也。"临床配伍暖肝温肾、行气止痛药治寒疝少腹作痛；或配合干姜、木香等药治胃寒呕吐食少、脘腹胀痛。

《雷公炮制药注解》记载："茴香，味辛甘，性温，无毒，入心、脾、膀胱三经。主一切臭气、肾脏虚寒、癞疝肿痛及蛇咬伤，调中止呕，下气宽胸。"《本草纲目》记载茴香："可补命门不足，暖丹田。"总结而言，茴香主要用于散寒止痛，理气和胃，温补肾阳。

很多时候，东西方自然疗法对草药的运用有许多相似之处，所谓天下大同，人们对于自然的理解和经验总结往往是相通的。

在西方草药运用历史中，人们会用茴香茶帮助产妇下奶，效果很好，所以一直沿用至今，也适合用来处理新生儿肠绞痛等问题，妈妈通过服用茴香茶或有机茴香纯露，一方面可以促进乳汁分泌，另一方面通过哺乳有助宝宝消化。

近代研究发现，茴香精油所含的洋茴香脑这种醚类成分，具有增加身体中雌激素活性的功效，而且天然的成分并不像人造雌激素那样强效干扰人体内分泌系统，茴香精油

本身并不是雌激素补充剂，它只是间接
影响身体本身对于雌激素的分泌与平衡。

　　购买甜茴香精油时，注意不要与苦
茴香或洋茴香精油混淆，前者含有艾草
醚，主要用于香料与食品加工行业，后
者含有90%以上的洋茴香脑，效果很强
烈，较难把控安全剂量，所以并不多
见。甜茴香精油因为有通经效果，所以
不建议孕妇使用。

欧白芷

英 文 名：Angelica
拉 丁 名：*Angelica archangelica*
植物科属：伞形科当归属
萃取部位：根部
萃取方式：蒸馏、超临界二氧化碳流体萃取
气味形容：中药与种子混合的充满能量的强壮气味
主要产地：法国、匈牙利、英国、德国

代表成分

蒸馏萃取根部精油：

α-松油烯	20%～30%	δ-3-蒈烯	13%～17%
α-水芹烯	7%～16%	柠檬烯	7%～12%
罗勒烯	4%～8%	桧烯	4%～7%
月桂烯	3%～7%	β-松油烯	1%～8%
萜品烯	1.8%～3.5%	对伞花烃	1%～4%
异松油烯	1%～2%	萜品烯-4-醇	0.1%～0.9%
蛇床子素	0.01%～0.2%	α-葎草烯	0.2%～0.5%

超临界二氧化碳流体萃取根部精油：

蛇床子素	21%～23%	α-松油烯	17%～19%
α-水芹烯	11%～12%	δ-3-蒈烯	7%～8%
桧烯	3%～4%	对伞花烃	3%～4%
月桂烯	3%～3.5%	罗勒烯	4%～5%
α-古巴烯	2%～3%	乙酸烯丙酯	2%
α-葎草烯	1%～2%	β-松油烯	1%
大根老鹳草烯	1%	没药烯	0.8%

生理功效

- 益肾补气血，强身，有助气血循环
- 促进雌激素生成，规律经期，通经，减轻经痛，有助改善男女不孕不育
- 与玫瑰精油同用，可补益、活化气血，有一定的催情作用
- 改善经前症候群及更年期症状
- 解毒利尿，促进淋巴循环，帮助肝、肾代谢
- 辅助治疗尿路感染等泌尿系统感染疾病
- 帮助尿酸代谢、改善痛风，缓解坐骨神经痛
- 处理风湿病、关节炎、体液滞留及蜂窝组织炎

- 对消化系统有补益作用，缓解消化不良、胀气、反胃、胃溃疡、腹部绞痛
- 刺激食欲，治疗神经性厌食症以及压力引发的消化问题
- 改善血虚肠燥造成的便秘问题
- 传统认为有祛痰功效，是肺部全方位的补品
- 有化痰功效，处理慢性支气管炎、久咳。亦可处理干咳
- 止痛，缓解头痛、偏头痛、牙痛
- 安抚中枢神经系统，有助改善睡眠障碍
- 抗凝血，有助改善血栓
- 生肌托疮，活血消肿止痛

心理功效：缓解压力与筋疲力尽，消除失望、甚至绝望的负面情绪，使身心平衡，重现生机、勇气与动力。

　　欧白芷原产于北欧，为多年生栽培植物，喜欢在潮湿土壤中生长，最好靠近河流或湿地。第一年只长叶子，叶的边缘是锯齿状，第二年可长高至2.5米，茎粗壮，七月开花，为小而多的球状伞形花序，花朵散发类似蜂蜜的香味。

　　欧白芷又称为洋当归、圣灵根、圆叶当归。要特别说明的是，过去芳疗界称为圆

叶当归的植物，拉丁名为*Levisticum officinale*，在中国植物志中的学名是欧当归，两者应该加以区分。自古以来，人们就知道欧白芷的神奇功效，帕拉切尔苏斯更是对它推崇备至，认为它是万灵丹，很多医师都认为欧白芷可以使人们避免传染瘟疫，事实上是因为欧白芷能补益气血以提升正气、抵御邪气。

中世纪的英国，欧白芷是名贵药材，在人体虚弱、贫血或是久病初愈时，能补充精神和体力。1660年大瘟疫时期，人们通过嚼食欧白芷茎预防感染，焚烧欧白芷种子与根茎来净化空气；1665年，英国医师学院出版的《皇家处方》，列有"欧白芷水"这味药，建议人们服用它以增强体质，抵抗瘟疫。十七世纪法国药草学家雷梅里与邱梅认为欧白芷有发汗、补身、净化与化痰的作用。勒克莱尔医师则用欧白芷来治疗厌食症。

在维多利亚时代，欧白芷叶被用于制茶，茎被制成糖果。欧洲的一些利口酒，比如夏特勒酒、伯内丁甜酒、琴酒会添加欧白芷，有点类似中国的药酒，认为可以补身，助益消化系统。

中药当归来源于伞形科植物当归*Angelica sinensis*的根。虽然欧白芷与当归并非完全相同的植物，但为同科属植物，且东西方的历史运用经验多有相似之处，因此欧白芷精油在中医芳疗中的应用可以借鉴中药当归的功效，当归是含油分丰富的一味中药，在熬煮汤药时其油分会融于水中，发挥药效。

《本草从新》中记载当归："甘温和血，辛温散内寒，苦温助心散寒。入心、肝、脾。为血中气药。治虚劳寒热，咳逆上气，温疟，澼痢，头痛，腰痛，心腹肢节诸痛，跌打血凝作胀，风痉无汗。痿痹癥瘕，痈疽痈疡疮痛。冲脉为病，气逆里急，带脉为病，腹痛满，腰溶溶如坐水中。及妇人诸不足，一切血证，阴虚而阳无所附者。润肠胃，泽皮肤，去瘀生新，温中养营，活血舒筋，排脓止痛，使气血各有所归，故名（当归）。"

在中医临床中，当归是补血要药，可补血，活血，调经，止痛，因含有油分还能润肠通便，也能处理血虚肠燥便秘。欧白芷精油最重要的功效也是补气血，活血调经。

根部萃取的精油有强大的能量，伞形科的植物，花形像把伞一样往外扩张，有种光芒四射的感觉，欧白芷根精油便是这样一款精油，它可以为身体补充能量，并且得以释放，让生命之光熠熠闪耀。

欧白芷精油有两种萃取方法，蒸馏法与超临界二氧化碳流体萃取法，我们可以从成分表中看到，两者最大的差别在于超临界二氧化碳流体萃取法获得的精油，含有更多蛇床子素，这个成分具有解痉、降血压、抗心律失常、增强免疫力及广谱抗菌作用。

欧白芷的种子和根都可以萃取精油，种子萃取的精油水茴香萜含量较高，天然化合物结构和气味与根部萃取的精油不一样，芳香疗法一般常用根部萃取的精油，大部分精油供应商提供的也是欧白芷根精油，购买时稍加留意便可。另外欧白芷根精油具有光敏性，使用后注意避免日晒。

芫荽籽

英　文　名：Coriander Seed
拉　丁　名：*Coriandrum sativum*
植物科属：伞形科芫荽属
萃取部位：种子
萃取方式：蒸馏、超临界二氧化碳流体
气味形容：香甜、温润的香料和坚果香
主要产地：法国、匈牙利、保加利亚、乌克兰

代表成分

沉香醇	72%~75%	α-松油烯	5%~11%
樟脑	3%~5%	柠檬烯	2%~3%
γ-萜品烯	3%~5%	对伞花烃	1%~3%
樟烯	0.7%~1.5%	月桂烯	0.8%~1.3%
β-松油烯	0.5%	异松油烯	0.4%~0.6%
乙酸牻牛儿酯	0.3~3%	牻牛儿醇	0.2%~1.3%

- 帮助消化，刺激食欲，治疗神经性厌食症
- 缓解肠胃胀气、胃绞痛、消化不良，改善口臭
- 止痛，处理风湿痛、肌肉酸痛、牙痛
- 改善神经衰弱，减轻神经痛、头痛、偏头痛
- 净化肝脏，有助排除身体毒素

- 祛风透疹，发散风寒，处理风寒感冒，有助退烧
- 祛痰，改善寒咳
- 刺激雌激素分泌，调顺月经周期
- 辅助治疗化脓性感染，消肿解毒，有助愈合伤口
- 改善粉刺面疱，帮助皮肤杀菌避免感染

心理功效：调节情绪异常，增强踏实与稳定感。

芫荽原产于南欧、北非、亚洲西南，一年或二年生草本植物，羽状叶片，开白色或淡紫色花朵，可长至50～100厘米，具有强烈气味，耐寒，球状果实，干燥后裂果直径3～5毫米，花果期为4—11月。

芫荽这种植物散发强烈气味，有的人很喜欢，因此也被称为香菜、香荽、胡荽，但古希腊人很不喜欢，觉得和臭虫的气味相似，因此芫荽又称为臭虫草，不过，这都是指芫荽叶的气味，精油萃取自芫荽籽，气味有着香料和坚果的香味，接受度高。

芫荽虽然又称为香菜，但和我们吃的香菜不太相同，食材香菜很小一棵，20～30厘米，是中国人厨房常备的食材，萃取精油的芫荽植株较高，可以长到50～100厘米，会开花结果。

芫荽精油对应中药胡荽子，早在宋代《嘉祐本草》就有记载，可见华夏民族运用胡荽的历史悠久。胡荽来源于张骞出使西域时，将胡荽种子带回，开始在本土种植。《本草纲目》中记载胡荽子："辛、酸，平，无毒。炒用。消谷能食。蛊毒五痔，及食肉中毒，吐下血，煮汁冷服。又以油煎，涂小儿秃疮。发痘疹，杀鱼腥。"除了种子，胡荽的带根全草也能入药，性味为辛、温，主要用于开胃消食，利大小肠，通小腹气，止头痛，透疹，补筋脉，辟鱼、肉毒。

芫荽是世界上历史最悠久的调味料之一，古埃及人将它用于日常饮食和宗教仪式，还认为芫荽有催情的效果；芫荽也是圣经指定在逾越节吃的食物之一；印度人将芫荽用于烹饪中，认为芫荽可以治疗便秘、失眠和帮助受孕，还将芫荽用于通神的咒语仪式中；希腊人认为芫荽可以助消化、祛肠胃胀气；罗马人将芫荽带到英国和法国。

狄欧斯科里德认为芫荽有镇静作用，加伦赞扬芫荽有补身的效果，在过去传统用法中，认为芫荽有助受孕，在妇女生产时能减轻疼痛、有助顺产。勒克莱尔医生认为芫荽能消除疲劳，摩利夫人用它治疗风湿病和发烧。

在西方日常生活中，芫荽用来制造甜露酒，比如沙特勒兹酒、本笃酒和琴酒，有些香水中也会加入芫荽提取的香味成分。

芫荽精油有萃取自种子和叶片的精油，叶片精油是以醛类为主要成分，功效以抗菌为主，气味不太讨喜，相对种子萃取的精油，叶片萃取的精油对皮肤刺激更大，一般多用种子萃取的精油，购买时需留意。

芹菜籽

英 文 名：Celery Seed
拉 丁 名：*Apium graveolens*
植物科属：伞形科芹属
萃取部位：种子
萃取方式：蒸馏
气味形容：种子与香料的复合气味
主要产地：印度、法国

代表成分

柠檬烯	65%~70%	β-蛇床烯	9%~15%
瑟丹酸内酯	4%~10%	3-邻苯二甲酸丁酯	1%~3%
α-蛇床烯	1%~2%	月桂烯	1%~1.5%
β-松油烯	0.9%~1.4%	戊基环己二烯	1%~2.5%
丁香油烃	0.4%~0.7%	γ-萜品烯	0.3%~0.6%
缬草酮	0.2%~0.5%	α-桉叶醇	0.6%~0.8%

- 补益肾气
- 显著的利尿效果，辅助治疗小便不利、膀胱炎
- 促进体液循环，刺激代谢，有助排除体内毒素
- 减少尿酸，改善风湿痛、关节炎、痛风
- 辅助治疗蜂窝组织炎，改善肌肉酸痛
- 镇静，补强中枢神经系统

- 有助降血压、降血脂，净化血液与肝肾，养肝
- 促进消化，改善肠胃胀气，还可促进泌乳
- 调理月经失调，经血不足，改善经期水肿
- 美白，淡化斑点，抗自由基，改善肌肤水肿
- 抗衰老，有助维持肌肤年经态

心理功效：净化思绪，让情绪流动，疏通瘀滞的负面能量。

　　用于萃取精油的芹菜品种，与我们常吃的芹菜不同，精油所用的品种是温带地区专为种子萃取精油而种植的，为二年生或多年生草本，高约15～150厘米，有强烈香气，叶片为羽状复叶，花为奶油白色或黄绿色，种子是卵形或球状，喜欢靠海、盐分高的土壤，种子晒干后也可以作为香料。

　　萃取精油的芹菜品种，在中国植物志中的学名是旱芹，又称为西洋芹菜、药芹。古埃及人用芹菜减轻四肢水肿。古希腊人称芹菜为月亮植物，认为它可以影响神经系统。中世纪时，人们用芹菜治疗小便不利、尿路感染，甚至结石。在阿育吠陀疗法中，芹菜也深受重视，认为可以调顺肠道功能，改善体液代谢问题。

　　狄欧斯科里德、希波克拉底和圣希尔德嘉德都认为芹菜有强利尿功效，可以净化身体。卡尔培波认为芹菜对女性生殖系统有正面调理作用，勒克莱尔也充分肯定芹菜籽的各项治疗功效。现代药草学家经常用它来治疗风湿性关节炎，芹菜也被制成酊剂或熬汁，用以治疗尿路感染和结石。

　　中国广东农业科学院与西北农林科技大学在2004年曾经做过一项"芹菜提取物清除自由基作用"的研究，结果显示芹菜提取物对自由基有较强的清除

作用。现代生物学认为体内自由基增多是促进衰老进程的主要原因，因此，富含天然抗氧化物质的水果和蔬菜受到人们的广泛关注。芹菜籽精油对皮肤的保养作用非常好，除了抗衰老，还能美白淡斑，Tülin Aydemir与Gülay Akkanlı的一项研究显示，芹菜能够有效抑制形成黑色素的重要物质——酪氨酸酶，因此，芹菜籽是一款对皮肤美白、抗衰老非常好的精油。

芹菜全株都可以萃取精油，但芳香疗法多用种子萃取的精油，全株植物萃取的精油有光敏性，种子萃取的精油则没有这方面的顾虑，使用上更为方便，精油中虽然含有较高比例的柠檬烯，但不要误以为有柠檬香气，芹菜籽精油完全闻不出柠檬的气味。

野胡萝卜籽

英文名：Corrot Seed
拉丁名：*Daucus carota*
植物科属：伞形科胡萝卜属
萃取部位：种子
萃取方式：蒸馏
气味形容：干燥的草本与泥土混合的气息
主要产地：印度、法国

代表成分

胡萝卜醇	60%~80%	胡萝卜脑	2%~6%
胡萝卜烯	2%~6%	β-没药烯	1%~4%
β-金合欢烯	1%~2%	甲基醚异丁香酚	0.4%~1.2%
丁香油烃	0.3%~1.2%	异丁烯	0.7%~1.3%
胡萝卜-5,8-二烯	0.6%~1.2%	α-松油烯	0.4%~1%
反式α-佛手柑烯	0.6%~1%	月桂烯	0.2%~0.8%

- 补益肾气
- 养肝利胆，辅助治疗肝脏和胆囊类疾病，调节胆汁过量
- 有助肝脏解毒，帮助身体排毒，辅助治疗黄疸与肝炎
- 清肝、清血，极佳的身体净化油，保护肝脏与心脏
- 调顺肠道功能，改善胀气、腹泻、胃溃疡
- 利尿，改善小便不利与水肿，有助减轻膀胱炎
- 清除尿酸，改善关节炎、痛风

- 能增加红细胞数量，有助改善贫血与调节血压
- 有助经期规律，从而帮助提升受孕概率
- 改善湿疹、牛皮癣、皮肤溃疡
- 改善疤痕、老化、皱纹肌肤，舒缓干痒、粗糙硬化肌肤
- 促进细胞再生，使肌肤恢复光泽、有弹性
- 淡斑美白，改善暗沉，红润肌肤
- 强健肌肤，增强肌肤抵御气候及环境变化的能力

心理功效：疏解忍辱负重的心情，抚慰奋发图强时的孤寂感，找回自我。

　　用于萃取精油的胡萝卜品种在中国植物志中的学名是野胡萝卜，过去芳疗界称为胡萝卜籽（精油），为了规范学名避免混淆，更名为野胡萝卜籽，它与我们平日所吃的胡萝卜并非同一个品种，野胡萝卜块根较小，不作食用，种子含油量高，适合萃取精油。野胡萝卜原产于阿富汗，为二年生草本植物，15~120厘米高，叶片为三羽状，花通常为白色，有时带淡红色，复伞状花序，花期为5—7月。

　　早在古希腊的药书中，就记载了野胡萝卜的药用功效，Carrot这个名字便是源于希腊文Carotos。法国于十六世纪将野胡萝卜这种植物列为医疗药方，用于祛除肠胃胀气，治疗肝病，还被认为是清血剂，能强化神经系统，在第二次世界大战时期，飞行员大量食用胡萝卜，以增强夜航时的视力，芳疗将野胡萝卜籽精油用于肝脏解毒，这与中医所说的清肝明目不谋而合。

　　胡萝卜醇可以帮助肌肤抗皱、美白，购买时留意含量高低，含量越高效果越好。野胡萝卜籽精油是非常好的护肤精油，功效和芹菜籽精油有许多相似

之处，都是种子精油，能量都很强，相较而言，野胡萝卜籽精油醇类成分高，对肌肤的亲和度更显温和，女性的黄褐斑往往与肝气不舒有关，这两款精油都有疏肝利胆的功效，对于色斑可以由内而外双重改善，效果自然更好，但这两款精油的气味都不太讨喜，消费者如果知道它的强大功效，对它的接受度应该会更高。

唇形科

chunxingke

广藿香

英 文 名：Patchouli
拉 丁 名：*Pogostemon cablin*
植物科属：唇形科刺蕊草属
萃取部位：全株药草
萃取方式：蒸馏
气味形容：沉稳的草木香混合泥土的芬芳，
　　　　　隐约中透着一丝甜香
主要产地：斯里兰卡、印度、印度尼西亚、
　　　　　中国

代表成分

广藿香醇	36%~42%	α-布藜烯	17%~29%
α-愈创木烯	12%~18%	塞瑟尔烯	6%~7%
α-广藿香烯	4%~5%	丁香油烃	2%~3%
刺蕊草醇	2%~3%	β-广藿香烯	2%~3%
广藿香酮	0.2%	榄香烯	0.8%

生理功效

- 芳香化湿，治风水毒肿
- 和中止呕，双向调节胃口，除吐逆
- 治疗脾胃失调，双向调节腹泻与便秘
- 发表解暑，止霍乱，治疗肠胃炎
- 治疗肠胃型感冒或感冒期间的肠胃失调
- 抗菌，抗霉菌，辅助治疗真菌感染，如脚气等
- 利尿，平衡体液，改善多汗
- 改善痔疮、静脉曲张、蜂窝组织炎
- 稳定心绪，安抚神经，改善失眠

- 促进新生，淡化疤痕、皱纹、妊娠纹
- 对干燥、老化皮肤有益，对松弛肌肤有紧实效果
- 抗炎舒敏，减缓皮肤红肿瘙痒
- 辅助治疗痤疮、湿疹、皮炎、过敏，皲裂
- 辅助治疗蚊虫叮咬，小伤口，轻微烫伤
- 辅助治疗头皮问题，如细菌感染、头皮屑等，有助头发生长
- 除臭，包括环境除臭及身体异味消除
- 用于调香时，可作定香剂

心理功效：让潜意识层的真实意图浮现，放下虚伪与迎合，扎根而生，重新找回自我。

广藿香又称为石牌藿香、南藿香、刺蕊草，英文俗名Patchouli来源于印度泰米尔语，为多年生芳香草本植物，原产于亚洲热带地区，现在广泛种植于中国、印度尼西亚、印度、马达加斯加、马来西亚等国家，直立茎高约0.3～1米，叶片有浓烈香味，开淡粉色或白色花，花期为4月。

广藿香生长于温暖潮湿的热带气候，在这种环境下，人容易感染湿邪热邪，甚至霍乱，广藿香刚好可以处理这些问题，所谓一方水土养育一方人，一方草本疗愈一方人，这就是大自然与人类和谐共生，相互依存的最好佐证。

长久以来，在中国、马来西亚、印度的传统医学中，都很重视广藿香治疗疾病的功用。印度人用广藿香在身体上彩绘，于眉心处画第三只眼，以显示身份尊贵。

在过去，亚洲的丝绸或是克什米尔的羊毛需要运到欧洲时，商人们会将广藿香放在其中，以防这些贵重货物被蛀虫蚕食。印度人也会用广藿香叶子来驱除虱子。

广藿香精油如同珍贵的白酒一般，存放时间越久，醇化越好，品质越高，功效越佳，但要注意的一点是，用来陈放的广藿香精油本身品质要好，否则，这个"陈"就没有任何意义，好的陈年广藿香精油，会慢慢散发一种隐隐约约的"甜香"，更加柔和、悠远、沉稳。

广藿香精油的特性里呈现多种"双向性"，比如，它可以在生病期间开胃口，又可以在减肥期间抑制食欲，对便秘和腹泻，也具有双向调节性，可以理顺脾胃功能。它在低剂量使用时，无论对身体还是情绪，都有镇静效果，但高剂量使用时，反而会对身体和情绪造成刺激作用。

广藿香精油中的广藿香烯具有抗发炎舒缓敏感的效果，这一点和天蓝烃非常相似；广藿香精油还能够促进肌肤新生，类似薰衣草、橙花的功效；还能抗菌，结合广藿香其他的天然化合物成分，我们可以知道它用于皮肤，具有非常多的天然优势。

藿香是一味非常重要的中药，采用两种药用植物，一种是广藿香，一种是藿香，又称为土藿香，拉丁名为*Agastache rugosa*，叶天士在《本草经解》中记载："藿香（广藿香），气微温，味辛甘，无毒，主风水毒肿，去恶气，止霍乱，心腹痛。藿香气微温，禀天初春之木气，入足少阳胆经、足厥阴肝经；味辛甘无毒，得地金土之二味，入手太阴肺经、足太阴脾经。气味俱升，阳也。风水毒肿者，感风邪湿毒而肿也；其主之者，风气通肝，温可散风，湿毒归脾，甘可解毒也。恶气，邪恶之气也，肺主气，辛可散邪，所以主之。霍乱，脾气不治挥霍扰乱也，芳香而甘，能理脾气，故主之也。心腹亦脾肺之分，气乱于中则痛，辛甘而温，则通调脾肺，所以主之也。"阐述了广藿香用于风水毒肿的治疗思路，认为其具有甘温调中、芳香辛散之性。

中药藿香，叶片多而肥厚、气浓为上品；次品则梗多叶少、无甚香气

李中梓在《雷公炮制药性解》中记载："藿香辛温，入肺经以调气；甘温，入脾胃以和中。治节适宜，中州得令，则脏腑咸安，病将奚来。"由此可见，广藿香对于调理中焦脾胃从而调和五脏的显著功效。"补土派"的名医张元素称藿香为开胃健脾之药也。

《本草汇言》记载藿香的药用价值为："凡呕逆恶心而泄泻不食，或寒暑不调而霍乱吐利，或风水毒肿而四末虚浮；或山岚蛊瘴而似疟非疟；或湿热不清而吞酸吐酸，或心脾郁结而积聚疼痛，是皆脾肺虚寒之证，非此（藿香）莫能治也。故海藏氏治寒瘴于三焦，温肺理脾，和肝益肾，意在斯欤！"同时，也道明了不适合用藿香的情况："但气味辛热，虽能止呕、治吐逆，若病因阴虚火升作呕者，或胃热作呕者，或少阳温病热病作呕者，或阳明胃家邪实作呕，并作胀作泻诸证，并禁用之。"

现在能买到的广藿香精油大多来源于中国以外的地区。其实中药土藿香也能萃取精油，气味非常芳香，和国外所产的广藿香精油气味不尽相同，功效也非常广泛，对脾胃、皮肤的调理都非常好。不过，中药土藿香的品质非常混乱，很多中药房销售的土藿香都是梗多叶少，而且看上去都"纤细瘦弱"，药效也弱，含油率极低，这种品质是很难萃取出精油的。优质的土藿香中药材，气味浓郁，叶片肥厚，用来萃取精油，得油率很高，精油品质也非常好。

现代人生活和饮食习惯不佳，加上思虑重压力大，普遍存在脾土弱的情况，尤其在南方，湿热的气候，常常发生脾胃问题，广藿香精油是非常重要的一款精油。

真正薰衣草

英 文 名：True Lavender

拉 丁 名：*Lavandula angustifolia / Lavandula vera / Lavandula officinalis*

植物科属：唇形科薰衣草属

萃取部位：全株花草

萃取方式：蒸馏

气味形容：前调是清新的药草香，尾调是甜美的花香调

主要产地：法国、保加利亚、克什米尔地区、意大利

生理功效

- 舒缓精神紧张，安定心绪，治疗失眠
- 改善头痛与偏头痛
- 有助降低血压，安抚心悸，缓解静脉炎
- 改善土木失调，调理肝脾，舒肝和中
- 安抚消化道痉挛，缓解胃灼热、反胃、呕吐、胀气
- 通经，改善痛经，缓解经期紧张、易怒与焦虑
- 解毒，轻利尿，温和抗菌，适合泌尿道感染或女性白带异常
- 缓解肌肉酸痛、僵硬、紧张，处理扭伤
- 淡化妊娠纹，处理创伤，轻微烫伤
- 缓解鼻喉黏膜炎，喉咙发痒，鼻窦炎及流感不适
- 减轻风湿痛，坐骨神经痛，关节炎疼痛
- 性质温和，适合婴幼儿使用，缓解一些感染症状或腹痛等
- 促进细胞新生，帮助皮肤修复，祛除疤痕
- 缓解皮肤瘙痒，皮炎，湿疹
- 辅助治疗痤疮，平衡油脂分泌
- 改善皮肤充血与肿胀现象
- 对护理秀发有帮助，平衡头皮健康
- 驱蚊虫，缓解蚊虫叮咬后的不适

心理功效：平静与稳定心绪，释放压抑，顺畅气能，保持平衡，犹如母亲的特质，具有抚慰的力量，帮助平衡歇斯底里、焦虑、沮丧及情绪剧烈波动。

真正薰衣草在中国植物志中的学名是薰衣草，原产于地中海地区，为芳香灌木，散发强烈气味，生长高度可达1~2米。叶片常绿，花为蓝紫色，是一种特别的颜色，被命名为薰衣草色，花期为6~7月。真正薰衣草可以在低耗水量下生存，它不太喜欢持续潮湿的土壤，耐低温，耐酸性土壤。

薰衣草原本生长于南法及北意，借由罗马人的协助，逐渐在英国和欧洲北部繁殖，进而遍布整个欧洲，现如今，欧洲家庭的前院和后花园都会看见薰衣草的踪迹。现在用于蒸馏精油的薰衣草田，主要在法国、保加利亚等地。

真正薰衣草精油是最具有广泛认知度的精油，几乎等同于大家对精油的认知度。很多人接触的第一支精油就是真正薰衣草精油，它的功效非常广泛，性质很温和，即便不稀释直接用于皮肤，对大多数人来说也是耐受的。

真正薰衣草的英文名源于拉丁文"Lavare"，意思是清洁、净化，可能是从前人们用它来清洗伤口的缘故。真正薰衣草的拉丁名有三个，"angustifolia"是"窄叶"的意思，"Vera"是"真正"的意思，"officinalis"是"药用"的意思。

人类使用薰衣草的历史长达数千年，早在公元一世纪，药理学与植物学家迪奥科里斯撰写的《药物论》（*De Materia Medica*），就已记载薰衣草入药的历史。波斯人及罗马人，认为薰衣草是传染病暴发时的防疫良药，焚烧薰衣草，以净化空气，提升免疫力。罗马军队也会将薰衣草用于治疗伤兵，安抚战士们精疲力竭的身心。罗马人还会在洗澡水中加入薰衣草，享受芳香浴。

中世纪时，格拉斯皮革厂的工人会用薰衣草精油染制皮革，当时欧洲一度瘟疫肆虐，可是皮革厂的工人都没染上瘟疫，这让当地人更加深信薰衣草的强大功效。十六世纪的植物学家马西欧尔认为薰衣草是最有效的万灵丹。

薰衣草最广为人知的故事源于盖特弗塞，这位法国化学家在一次实验时被严重烧烫伤，情急之中，他迅速将手浸于薰衣草精油桶中，疼痛立即得到了减缓，在之后的一段时间他都用薰衣草精油护理烫伤部位，日后没有留下任何疤痕，从而意外发现了薰衣草精油的神奇效果，引发他深入研究精油的兴趣，而后由他率先使用了Aromatherapy（芳香疗法）一词，因此盖特弗塞也被称为"芳疗之父"。

在过去，真正薰衣草大多是野生的，我们可以看一组数据，在19世纪30年代，一年采摘的薰衣草大约为100吨，其中90%来自野生，到了60年代，薰衣草年产量约为80吨，只有10%来自野生，而到了90年代，薰衣草年产量为50~80吨，不再是野生采摘，都转变为人工种植了。

现在，有的厂商能供应野生薰衣草精油，产量比较有限，野生高山薰衣草是真正薰衣草中的优秀品种（生长海拔约1800米），由农户手工收割，人工成本高，精油售价也相应提高。人工栽种又分有机认证栽培法及一般农业栽培法，有机栽培不会使用化肥、除草剂、除虫剂等，品质更佳。薰衣草野生与否

并不是一个非常重要的功效指标，所以，专业芳疗师可以追求野生薰衣草，以加深对精油的理解，普通消费者选择人工种植的有机薰衣草精油即可，足以应对日常护理需求。真正薰衣草有法国和保加利亚产地，一般认为法国产地品质更佳。

真正薰衣草最广为人知的功效就是改善失眠，也是缘于其中高比例的酯类成分所造就的放松特性，不过东西方人群接触薰衣草的感受不尽相同。在欧洲，人们接触薰衣草非常广泛，从小家里的花园就种着薰衣草，衣柜里放着薰衣草干花包，喝着薰衣草花茶，吃着薰衣草制作的点心，所以，薰衣草的味道代表着成长、爱、与家庭的联结，会让人产生安全感和放松感，对应酯类的特性，也让薰衣草改善失眠的效果特别显著。欧洲人非常喜欢薰衣草的气息，尤其是在伊丽莎白与斯图尔斯时代极受欢迎，也是查理一世皇后最喜欢的香水气味。

而在东方，对薰衣草气味就喜恶参半了，薰衣草精油在低浓度下，尾调轻轻悠悠飘来之际，会让人感觉很放松。薰衣草精油改善失眠主要是依靠酯类分子，这类大分子在熏香时，一般偏尾调，这就提示我们用薰衣草改善失眠时，可以在睡觉前两小时开启香熏机，或者提前半天将精油滴在枕巾上，等到睡觉时，正好是尾调的气味较浓，就能更好地促进睡眠。如果等到要睡觉的时候才开始熏香，效果就会大打折扣，如果嗅觉足够敏锐，可以提前更长时间，让前调充分散去，只留下尾调，虽然气味没那么浓烈了，但促进睡眠的效果却更好。使用精油，有时候是浓度越高越好，有时候却相反，适量才是最重要的。

芳疗师在用真正薰衣草精油改善失眠时，一方面可以让使用者先试闻薰衣草精油的气味，了解其气味喜好，如果很喜欢，那自然是最好，如果不那么喜欢，可以考虑换其他品种，因为改善失眠的精油还有很多，也可以通过精油配伍来调和气味。我自己的经验是，即便遇到不喜欢薰衣草气味的人，只要经过配伍后，薰衣草的气味就没有那么明显了，接受度会立刻提升。

对于品种的选择上，产于克什米尔（Kashmir）地区的薰衣草，生长环境位于喜马拉雅山脉，酯含量较高，气味更加温和甜美，是处理睡眠障碍的首选。

真正薰衣草精油功效很多，价格也不贵，比较容易发生的问题是品种的混淆，所以接下来会将常见的薰衣草品种分别介绍。

穗花薰衣草

英　文　名：Spick Lavander
拉　丁　名：*Lavandula latifolia*
植物科属：唇形科薰衣草属
萃取部位：全株花草
萃取方式：蒸馏
气味形容：清爽、温和上扬的药草香味
主要产地：法国、西班牙

生理功效

- 抗感染、消炎，抗病菌
- 提升免疫力，预防流感，畅通呼吸道
- 改善支气管炎、咽喉炎等呼吸道黏膜炎症
- 化解黏液，祛痰，辅助治疗鼻窦炎
- 使头脑清醒，减轻鼻塞引起的头疼
- 改善偏头痛及神经痛

- 减轻肌肉酸痛及风湿痛
- 处理烫伤、皮损，促进肌肤新生
- 淡化肌肤细纹、帮助重建肌肤健康态
- 处理湿疹、皮炎、皮癣
- 改善痤疮肌肤，消炎，促进愈合及新生
- 缓解蚊虫叮咬不适

心理功效：带来安全感及激励的双重效应，净化思绪，清醒心智，犹如父亲般的特质。

穗花薰衣草在中国植物志中的学名是宽叶薰衣草，是具有强烈气味的芳香灌木，可以长到30～80厘米高，叶片常绿，花是淡紫丁香色，叶片较大。原产于欧洲南部及地中海地区，现在精油多产于法国南方和西班牙，葡萄牙和意大利也会见到这种穗花薰衣草植物，耐旱不耐阴，喜阳光，不喜酸性土壤。

醒目薰衣草

英 文 名：Lavandin
拉 丁 名：*Lavandula intermedia*
植物科属：唇形科薰衣草属
萃取部位：全株花草
萃取方式：蒸馏
气味形容：温和、清新、甜美的花草香
主要产地：法国、西班牙、英国

生理功效

· 缓解感冒、鼻喉黏膜炎、咽炎症状
· 助益呼吸道，分解黏液，治疗鼻窦炎
· 治疗肌肉酸痛与僵硬
· 缓解风湿带来的不适

· 保养肌肤，有助伤口愈合
· 缓解皮炎不适等症状
· 处理一般外伤，有抗炎效果
· 室内净化薰香

心理功效：激发简单、开朗、快乐的生活格调，增强平顺的适应力。

醒目薰衣草的学名是宽窄叶杂交薰衣草，由真正薰衣草和穗花薰衣草杂交而生，最初源于蜜蜂授粉，工业化生产后改为人工授粉，开蓝紫色花，生命力强，能抗病虫害。杂交的醒目薰衣草可以进一步细分出很多品种，精油萃取常用格罗索薰衣草，这种薰衣草可以长到60厘米高，耐寒，易种，产油量高，是工业化妆品行业青睐的品种。

头状薰衣草

英 文 名：Spanish Lavender / French Lavende
拉 丁 名：*Lavandula stoechas*
植物科属：唇形科薰衣草属
萃取部位：全株花草
萃取方式：蒸馏

气味形容：具冲击力且上扬的药草气味
主要产地：西班牙、葡萄牙

生理功效

- 可融解黏液，有助祛痰
- 杀菌抗炎，辅助治疗鼻窦炎，支气管炎
- 缓解口腔炎、中耳炎
- 缓解感冒不适症状

- 有助消解脂肪，改善代谢异常导致的肥胖
- 促进伤口愈合
- 酮含量高，孕妇、蚕豆病患者避免使用

心理功效：打开瘀滞的心结，强效有力，让心情恢复晴朗。

头状薰衣草在中国植物志中的学名是西班牙薰衣草，为常绿灌木，通常长到30~100厘米，有些亚种能长到2米，花朵呈紫红色，喜欢阳光充足的环境，忌湿热，耐寒，喜疏松、肥沃的中性至微碱性土壤，适宜生长温度为15℃~25℃。

薰衣草的品种很多，在购买时容易产生混淆，下面以列表的形式来将它们的生长环境、植物外观、价格、化学成分进行对比，然后对功效进行详细讲解，以便大家深入了解。

品种	真正薰衣草	穗花薰衣草	醒目薰衣草	头状薰衣草
生长环境	又称为高地薰衣草或窄叶薰衣草，生长海拔800~1400米	又称为低地薰衣草或阔叶薰衣草，生长海拔为200~400米	生长海拔为500~600米，由真正薰衣草和穗花薰衣草杂交而成	生长海拔为300~400米
植物外观	狭长叶，叶子长2~6厘米，宽0.4~0.6厘米，花长2~8厘米，长在纤细、无叶的茎顶部，长10~30厘米。单支四方茎茎无分支，顶端开花，花穗较短	叶片比真正薰衣草宽，长3~6厘米，宽0.5~0.8厘米，花长2~5厘米，主茎旁侧开两茎，叶片较大	主茎两侧另长侧茎，茎呈四方形，共有三条茎，在顶端都会开花，四方茎，狭长叶，常看到的大片薰衣草田多是这个品种的薰衣草	鲜艳的花朵，长2厘米，花朵下是由一团紫色、卵球形苞片组成，约5厘米，茎长10~30厘米，花穗短且粗，比其他薰衣草花朵更大，主茎旁侧开两茎

续表

品种	真正薰衣草	穗花薰衣草	醒目薰衣草	头状薰衣草
价格比	1	0.7	0.5	1
化学成分	沉香醇26%~30% 沉香酯38%~41% 罗勒烯8%~10% 桉油醇2%~3% 倍半萜烯3%~4%	沉香醇36%~41% 桉油醇27%~38% 樟脑10%~12% 松油萜3%~6% 倍半萜烯1%~3%	沉香醇30%~36% 沉香酯27%~33% 樟脑4%~8% 桉油醇5%~7% 其他醇类3%~4%	小茴香酮37%~40% 樟脑10%~12% 桉油醇20%~22% 单萜烯6%~8% 其他酯类6%~7%

醒目薰衣草精油的气味比较接近真正薰衣草，精油萃取量是真正薰衣草的3~4倍，有的不法商人会用它来冒充真正薰衣草。醒目薰衣草精油较常用于天然皂、香水、清洁产品及护肤品加工行业。

酯含量最高的是真正薰衣草精油，其次是醒目薰衣草精油，酯类成分可以放松神经，促进睡眠，但醒目薰衣草精油还含有4%~8%的樟脑，而真正薰衣草精油的樟脑含量不足1%，樟脑这个成分具有醒脑效果，另外醒目薰衣草精油还含有5%~7%的1,8-桉油醇，这个成分也是偏醒脑的，真正薰衣草精油只有2%~3%，加上真正薰衣草精油的其他成分构成，使得真正薰衣草精油整体上更加温和，所以更适合用来改善失眠。

沉香醇含量最高的是穗花薰衣草精油，另外还含有其他醇类和酮类，这些成分可以帮助肌肤新生，因此穗花薰衣草精油对各类皮肤问题最有好处，尤其处理一般烫伤，高含量的1,8-桉油醇还能帮助皮肤降温，所以用穗花薰衣草精油处理一般烫伤最合适，但严重烫伤不建议自行处理，请立即就医。

桉油醇含量是穗花薰衣草精油和头状薰衣草精油居多，这个成分对呼吸道友好，可以祛痰，对抗病原，消炎，所以处理呼吸道问题用得较多。

单萜酮是头状薰衣草精油含量最多，包括樟脑和茴香酮，所以融解黏液、祛痰最好。樟脑成分较刺激，小茴香酮相对温和一些。头状薰衣草精油是四者中最需要谨慎使用的一个，不建议纯精油直接涂抹皮肤，需要稀释使用。

罗勒烯在真正薰衣草精油中的含量接近10%，它的功效是激励身体的免疫系统，所以真正薰衣草精油有提升免疫力的功效。当然，1,8-桉油醇也有类似的功效，这个成分的含量从多到少分别是穗花薰衣草精油、头状薰衣草精油、醒目薰衣草精油、真

正薰衣草精油，因此，整体上来说，它们都有增强免疫力的功效，只是看含量多寡，以及考虑精油的兼有功效，比如经常感冒的孩子想要提升免疫力，如果是半夜给孩子熏香，考虑到真正薰衣草精油可以促进睡眠，往往会选择它来搭配其他提升免疫力的精油一起熏香。如果白天要提振精神，则会换成穗花薰衣草精油来搭配熏香。

在外观上，真正薰衣草叶片小，单支茎顶端开花；穗花薰衣草是叶片大，主茎会旁开两支茎，茎的顶端都会开花；醒目薰衣草是真正薰衣草和穗花薰衣草的杂交品种，因此外形上具备了两者的共同的特征，叶片像真正薰衣草比较细长，但"主茎旁开两支茎且顶端都会开花"这一点像穗花薰衣草，植物很有趣，就像小孩分别继承了父母的外形特征。

头状薰衣草的外观和其他薰衣草不太一样，有显著的特点，它的花在顶端，比较大朵，颜色也比较鲜艳，是紫红色，花朵下面是由一团团紫色、卵球形的苞片组成，花穗短而且粗，也分主茎和旁茎，都在顶端开花，花形有点像公鸡头上的鸡冠，虽然形状不完全一样，但这种意象法可以帮我们记忆。

这四者中，最常用的是真正薰衣草精油和穗花薰衣草精油，购买时根据自己的需求选择合适的品种，注意核对拉丁名，以免买错。

头状薰衣草

沉香醇百里香

英 文 名：Thyme linalool
拉 丁 名：*Thymus vulgaris* ct Linalool
植物科属：唇形科百里香属
萃取部位：全株药草
萃取方式：蒸馏
气味形容：明快、上扬的叶片香混合草药味
主要产地：法国、西班牙

生理
功效

- 温和而又强大的抗菌性
- 预防感冒、提升免疫力
- 改善扁桃腺炎，咽喉炎，百日咳
- 改善支气管炎，肺炎、胸膜炎
- 预防呼吸道传染疾病，流感
- 辅助治疗口腔细菌感染问题
- 处理肠胃炎、肠道细菌感染性疾病
- 改善白带异常，处理妇科炎症

- 改善尿道炎、膀胱炎
- 轻微利尿，可帮助排出尿酸
- 改善风湿、痛风、关节炎与坐骨神经痛
- 改善湿疹、干癣、尿布疹
- 处理痤疮粉刺肌肤，促进愈合，避免重复感染
- 减少头皮屑、抑制脱发

心理功效：强大的保护力，恢复信心，提升斗志。

侧柏醇百里香

英 文 名：Thyme thujanol
拉 丁 名：*Thymus vulgaris* ct thujanol
植物科属：唇形科百里香属
萃取部位：全株药草
萃取方式：蒸馏
气味形容：清新的叶片香与药草混合的气味
主要产地：法国

生理
功效

- 养肝排毒，强大且温和
- 抗病毒及细菌感染，激励免疫系统
- 辅助治疗口腔感染、扁桃腺炎
- 缓解流感症状，支气管炎、鼻窦炎、咽喉炎等

- 改善尿路感染、膀胱炎、阴道炎、宫颈炎
- 改善关节炎、肌腱炎
- 改善皮肤炎症、防止交叉感染

心理功效：给予坚定的支持，强化决断力。

牻牛儿醇百里香

英 文 名：Thyme geraniol
拉 丁 名：*Thymus vulgaris* ct geraniol
植物科属：唇形科百里香属
萃取部位：全株药草
萃取方式：蒸馏
气味形容：略带花香调的叶片香
主要产地：法国

生理
功效

- 抗菌能力很强大，尤其抗霉菌效果好
- 辅助治疗疱疹病毒引发的疾病
- 抗痉挛，缓解咳嗽、气喘

- 改善腹痛、肠绞痛
- 改善妇科炎症
- 改善皮炎，延缓皮肤老化

心理功效：激发温柔而坚定的态度，自信与果敢的风格。

百里酚百里香

英 文 名：Thyme thymol
拉 丁 名：*Thymus vulgaris* ct thymol
植物科属：唇形科百里香属
萃取部位：全株药草
萃取方式：蒸馏
气味形容：浓烈、略带刺激的叶片气味夹杂消毒药水味
主要产地：西班牙、法国

生理功效

· 抗菌能力极其强大，效果猛烈
· 抗细菌、抗真菌、抗寄生虫
· 激励免疫系统

· 平衡肠道菌群，处理肠道感染
· 改善风湿痛、关节炎
· 改善咽喉肿痛，鼻窦炎

心理功效：激将法刺激，触动强大的斗争力。

　　百里香为常绿亚灌木，高15～30厘米，叶片小，开粉色或白色花，喜欢阳光通足、排水良好的种植环境。

　　百里香又称为麝香草，自古以来就被视为药用植物，早在公元前3500年，苏美尔人就已经懂得运用百里香。古埃及人称百里香为Tham，百里香的英文俗名是源于希腊文Thumos。希波克拉底和狄欧斯科里德都曾提到它的疗效。十七世纪的法国医师和化学家雷梅里认为，百里香能强化精神，提振消化系统。十八世纪时，百里香出现在许多药剂中，比如治疗神经系统疾病的镇静香脂。勒克莱尔医师用百里香治疗气喘、慢性咳嗽及呼吸道感染。

　　百里香也是厨房里的重要食材，很早以前人们就发现了百里香能够延缓肉类的腐败，并能促进肠胃对肉食的消化吸收。所以，百里香作为食材，对脾胃问

题有着天然属性的优势，而它的抗菌性又能同时处理肠道菌群失调的问题。

除此之外，百里香也常用于呼吸系统，卡尔培波认为：百里香是对强化肺部功能具有极大效能的珍贵植物。因为它的强抗病毒、抗菌性，使得它成为各种呼吸道炎症的良药。其实，对身体各类细菌感染性的疾病，百里香都是一味良药。

沉香醇百里香、侧柏醇百里香、牻牛儿醇百里香、百里酚百里香属于同一个植物品种，拉丁名相同，因为生长环境、产地、萃取方式（一次蒸馏或再次蒸馏），造就了多个不同的化学类型，它们的主要成分差异很大，功效也有所不同，在购买时除了留意拉丁名，最重要的是看清化学类型，专业芳疗师应该仔细阅读成分报告。

我们可以通过下表的成分展示，对不同化学类型的百里香精油进行对比，从而对它的功效有更直观、更深入的理解：

品种	沉香醇百里香	侧柏醇百里香	牻牛儿醇百里香	百里酚百里香
拉丁名	*Thymus vulgaris* ct linalool	*Thymus vulgaris* ct thujanol	*Thymus vulgaris* ct geraniol	*Thymus vulgaris* ct thymol
产地	法国、西班牙	法国	法国	西班牙、法国
生长海拔	600米	800~1000米	1200~1500米	400米
价格比	1	1.6	2.5	0.5
化学成分	沉香醇40%~60% 萜品烯-4-醇10%~12% γ-萜品烯7%~9% 对伞花烃3%~6% 月桂烯4%~6% α-松油烯3%~4% α-萜品烯3%~4% 柠檬烯2%~3% 1,8-桉油醇1%~2% 丁香油烃1%~2% 樟烯1%~1.5%	反式侧柏醇26%~40% 顺式侧柏醇4%~8% 沉香醇4%~16% 乙酸月桂-8-烯酯4%~8% 柠檬烯2%~3% α-松油烯1%~2% 桧烯1.5%~2.5% 月桂烯4%~5% γ-萜品烯3%~4.5% 乙酸沉香酯1%~3%	牻牛儿醇20%~28% 乙酸牻牛儿酯30%~40% 沉香醇2% 萜品烯-4-醇2%~3% 月桂烯-8-醇3% γ-萜品烯1.5% α-松油烯1% α-萜品烯0.8% 牻牛儿醛0.8%	百里酚40%~50% 对伞花烃17%~19% γ-萜品烯9%~12% 沉香醇3%~5% 月桂烯2%~2.5% α-侧柏烯1%~2% α-松油烯1%~1.5% 萜品烯-4-醇1%~2% 龙脑1%

这四种不同化学类型的百里香精油，最常用的品种是沉香醇百里香精油，它的抗菌功效强大又非常温和，对呼吸道、肠胃、泌尿生殖系统、皮肤的感染的问题都可以很好的处理，同时沉香醇本身对皮肤也有诸多益处，可以促进新生，所以用于皮肤时会首选沉香醇百里香精油。

侧柏醇百里香精油最有名的功效是养肝，这一点是它与其他三种百里香相比，最具独特性的价值。

牻牛儿醇百里香精油也非常温和，以醇类及酯类成分为主，牻牛儿酯由牻牛儿醇转化而来，这两个成分都有着类花朵的特性，比较适合处理心脏循环系统的问题，气味也偏花香调，这个品种产量非常少，不常见，价格也比较高。

百里酚百里香精油价格最便宜，酚类的抗菌效果比醇类更加强劲，在使用其他三种百里香精油抗菌效果不够时，就可以派出这名"猛将"，或是遇到顽固的感染性疾病时也可以直接使用百里酚百里香精油。它在四者中对皮肤的刺激也最大，在剂量把握上需要谨慎斟酌。

野生百里香

马鞭草酮迷迭香

英 文 名：Rosemary verbenone
拉 丁 名：*Rosmarinus officinalis* ct verbenone
植物科属：唇形科迷迭香属
萃取部位：花叶
萃取方式：蒸馏
气味形容：略带天然樟脑和薄荷味的叶片香
主要产地：法国、南非

- 滋补神经，提振精神，帮助记忆
- 刺激中枢神经，改善味觉丧失，语言功能减退
- 修复运动神经损伤，帮助恢复身体机能
- 良好的止痛剂，减轻风湿、痛风及关节炎疼痛
- 舒缓疲倦、僵硬、过劳的肌肉
- 改善运动过度造成的伤害
- 祛风，性平，改善头痛头晕
- 缓解感冒不适，清利头目
- 祛痰化解黏液，处理鼻窦炎，支气管炎，气喘

- 养肝利胆，减轻黄疸，有助改善肝炎、胆管阻塞
- 降低胆固醇，有助调理心脏、肝胆功能
- 促进循环，改善低血压
- 改善经期水肿、经血瘀滞
- 缓解消化不良、胀气及胃痛
- 利尿祛湿，改善水分滞留，减肥，紧实肌肤
- 保持肌肤年轻态，促进新生，祛皱回春
- 改善湿疹、油性肌肤、头皮屑
- 调理头皮，促进生发，改善脱发

心理功效：强化心智，打开情结，传递精神的清明与内在的力量。

桉油醇迷迭香

英 文 名：Rosemary cineol
拉 丁 名：*Rosmarinus officinalis* ct cineol
植物科属：唇形科迷迭香属
萃取部位：花叶
萃取方式：蒸馏
气味形容：醒脑、清凉感的叶片香味
主要产地：摩洛哥、突尼斯

生理功效

- 缓解感冒不适症状，提升免疫力
- 流感期间预防传染
- 清除黏液，处理鼻窦炎、支气管炎
- 缓解头痛、头晕
- 清利头目，提振精神
- 祛风，性凉

心理功效：为迟滞、颓萎的精神带来耳目一新的能量。

樟脑迷迭香

英 文 名：Rosemary camphor
拉 丁 名：*Rosmarinus officinalis* ct camphor
植物科属：唇形科迷迭香属
萃取部位：花叶
萃取方式：蒸馏
气味形容：具有冲击力的天然樟脑与叶片香味
主要产地：西班牙

生理功效

- 融解黏液，祛痰，改善痰阻体质
- 利胆养肝，改善胆固醇过高
- 改善循环，提升血压
- 改善痛经及经期不适
- 缓解肌肉酸痛、抽筋、风湿痛
- 改善皮肤及肌肉松弛
- 改善记忆力低下
- 性温，祛湿杀虫

心理功效：冲破精神的桎梏，重新开创新世界。

迷迭香为常绿灌木，高达2米，原产于欧洲及北非地中海沿岸，曹魏时期曾引入我国，在凉爽气候下非常坚韧，耐干旱可以在长期缺水的情况下生存，叶片有点像薰衣草，细长形状，花朵是蓝紫色的，花期为11月，花和叶都有浓郁的香味。

迷迭香的英文俗名来源于Ros和 Marinus，意为"海之朝露"，极富诗意的名字，映衬了迷迭香自古以来的神圣。传说迷迭香的花原本是白色，在圣母玛利亚带着圣婴耶稣逃亡的途中，圣母曾将她的罩袍挂在迷迭香树上，从此迷迭香的花就变成蓝紫色了。

迷迭香是最早用于医疗的药草植物之一，也常出现在厨房和宗教仪式中。古埃及人非常喜欢它，罗马人将它视为神圣的植物，用于宗教仪式，并用它来祛除病邪；希腊人和罗马人在婚礼与葬礼中使用迷迭香，也许人们想用这株"回忆芳草"记住最重要的时刻和值得纪念的人，就如同奥菲利亚所述："用一朵迷迭香代表回忆。"

过去人们会用迷迭香来保持肉类的新鲜，直到今天，迷迭香在西餐中也是重要的调味料。

1525年，邦克斯在《草药志》中描写迷迭香堪称神奇："只要闻一闻迷迭香，便能永葆青春。"法国人认为迷迭香是万灵丹。狄欧斯科里德认为迷迭香是治疗胃病与肝病的特效药，希波克拉底也持同样观点，盖仑用迷迭香治疗黄疸。在二十世纪时，法国医院会焚烧迷迭香，用于防止传染病的传播。

宋代唐慎微所著《证类本草》记载："迷迭香，味辛，温，无毒。主恶气，令人衣香，烧之去鬼。"明代李时珍《本草纲目》记载："魏文帝时，自西域移植庭中，同曹植等各有赋。大意其草修干柔茎，细枝弱根。繁花结实，严霜弗凋。收采幽杀，摘去枝叶。入袋佩之，芳香甚烈。与今之排香同气。"

迷迭香精油是唇形科中非常重要的精油品种，它和百里香精油一样，由于产地的不同，化学类型各不相同，在购买时最重要的是留意它标示的化学类别。

品种	马鞭草酮迷迭香	桉油醇迷迭香	樟脑迷迭香
拉丁名	*Rosmarinus officinalis* ct verbenone	*Rosmarinus officinalis* ct cineol	*Rosmarinus officinalis* ct camphor
产地	法国、南非	摩洛哥、突尼斯	西班牙
价格比	1	0.4	0.6
化学成分	马鞭草酮10%~12% α-松油烯16%~20% 樟脑14%~16% 乙酸龙脑酯9%~10% 1,8-桉油醇7%~9% 樟烯5%~7% 柠檬烯3%~5%	1,8-桉油醇42%~48% α-松油烯12%~14% β-丁香油烃3%~6% 樟烯4%~5% 龙脑2%~5% β-松油烯3%~5% α-萜品醇1%~2%	樟脑17%~20% α-松油烯21%~23% 1,8-桉油醇16%~18% 樟烯8%~10% 柠檬烯3%~6% β-松油烯2%~3% 龙脑2%~2.5%

迷迭香精油从临床使用上来说，不同的化学类型，其性有所不同，马鞭草酮迷迭香性平，桉油醇迷迭香性凉，樟脑迷迭香性温。

樟脑迷迭香精油含有17~20%的樟脑成分，这是它区别于另外两种化学类型的迷迭香精油最显著的成分特点，我们不妨透过中医古籍里对于樟脑的记载来解读这一成分的功效，从而理解精油的应用。后面讲到芳樟精油时，会提及中国本樟精油含有50%~70%的樟脑成分，樟树也是中药樟脑的主要植物来源，在《本草汇言》中记载了两种古人提取樟脑的工艺，其一为胡氏炼樟脑方："用樟木新鲜者，切片，以井水浸三日，入锅煎之。柳木频搅，待汁减半，柳木上有白霜起，即滤去滓，倾汁入瓦盆内，经宿，自然结成块也。"其二为陈氏方升炼樟脑法："用铜盆一口，以陈壁土为极细末，掺盆底，却糁樟脑一重，又糁壁土一重，如此四五重，以薄荷叶放土面上，再以铜盆一口覆之，用细黄土，盐卤插水和如膏，封固，勿令走气。于文火上，款款炙之，须以意度，不可太过，不可不及。候冷取出，则脑皆升于上盆。"古人的提炼工艺，在农业社会时期，也是尽显巧思。

对于樟脑的功效，《本草汇言》记载："樟脑，通窍杀虫，（日华子）除疥癣秃疮之药也。（梅青子稿）李氏方云：此药辛热香窜，禀龙火之气，去湿杀虫，此其所长。故烧烟熏衣，灭虱逐蚤，熏房室，并床帐枕簟，善辟臭虫，及一切蚁蜉蝇螫等类。又《集要方》治脚气，止牙疼。总之去湿杀虫，尽在是矣。止堪敷涂，不堪服食。故外科方每需用耳。"道明樟脑都是外用。中医所讲的脚气，不一定是指我们现代所说的脚气，古代讲的脚气表现为脚出现麻痹，有可能水肿，局部可能变黑，溃烂，伤口不收，到最后出现我们现代所说的神经坏死，原因可能是寒湿也可能是湿热，可能伴有其他实证，例如气滞等，导致局部的水不能运行。樟脑辛热祛湿，所以对这种脚气表现为寒湿类型的会有帮助。《本经逢原》记载樟脑治脚气肿痛，应该讲的就是古人所说的这种脚气。另外，对于我们现代所说的脚气，也就是香港脚，如果是寒湿型的，樟脑也会有帮助，在《本草备要》中有记载："樟脑，辛热香窜，能于水中发火。通关利滞，除湿杀虫。置鞋中去脚气。"将樟脑放在鞋中治脚气，有点像我们现代芳香疗法处理香港脚时，将精油融于酒精中，再喷洒在足部或鞋中，达到除湿抑菌的效果。

樟脑在古籍里的记载，给我们几个启示：第一是不要去按照病名来用药/方/精油，还是应该回到辨证中，按照药/方/精油的性味、功效来选择，只要是适应它的证都可以用，不要去看是什么病。第二是古人对于提纯的某种成分，并不会拘泥不用，与其摒弃，不如抱持开放的心态，天地间的自然产物，无论其"形态"如何，都有其性味特性，顺应自然之道，用之即可，不必着相，重点是不要丢弃辨证之"道"，至于用什么？如何用？则可以灵活变通，当然这里面有"能效比"的问题，每种疗法都有自己优势，扬长避短，便会事半功倍。第三无论什么书，对于一种中药/精油的适应证都是难以一言尽之的，只能依照植物之气，去临床上拓展，灵活应用。尤其精油在中医实证中的运用，更是需要时间和经验的积累，而西方对于精油的研究，也并不是一无是处，只不过要转换一种思维方式去理解，也可以看作是一种取类比象的拓展运用。

这三种迷迭香精油中，1,8-桉油醇最多的是桉油醇迷迭香精油，这个成分具有祛风解表的特性，常用于呼吸道疾病。

马鞭草酮和樟脑都属于酮类，可以化解黏液，因此这两种迷迭香精油也用于相关的呼吸道疾病。

樟脑迷迭香精油在三者中最需要谨慎使用，不宜浓度过高。

三者中最常用的是马鞭草酮迷迭香精油，因为马鞭草酮是一种安全的酮类分子，是一款功效多元的精油，无论是呼吸系统、肌肉骨骼系统、神经系统，还是皮肤保养，都是一款很好用的精油。

迷迭香品种众多，购买时留意成分报告

辣薄荷

英文名：Peppermint
拉丁名：*Mentha piperita*
植物科属：唇形科薄荷属
萃取部位：叶片
萃取方式：蒸馏
气味形容：熟悉的薄荷香味，清新舒爽
主要产地：法国、印度、美国

生理功效

- 疏风散热，适合风热感冒
- 减轻感冒症状，祛痰，辅助治疗支气管炎、肺炎
- 抗病毒，抗菌，驱蛲虫
- 抑制黏膜发炎，消解黏液，辅助治疗鼻炎、鼻窦炎、咽炎
- 清利头目，治疗头痛及偏头痛
- 提振精神，集中注意力，增加记忆力
- 帮助透发热疹，还有清血的作用
- 改善痛风、关节热痛、坐骨神经痛

- 疏肝利胆，行气去滞，缓解肝气郁结的一系列症状
- 缓解肠绞痛、腹泻、消化不良、肠燥症、口臭、呕吐及反胃
- 清洁阻塞的皮肤，调理闭口粉刺、黑头及痤疮肌肤
- 改善热性湿疹、癣、瘙痒、皮炎
- 收缩微血管，缓解发炎和灼伤症状
- 对油性肌肤和头皮有调理作用
- 缓解晕车晕船症状，处理蚊虫叮咬

心理功效：在混乱中理清逻辑，恢复冷静、理智、客观。

辣薄荷又称为胡椒薄荷、椒样薄荷、胡薄荷，以往芳疗界会将辣薄荷称为欧薄荷，但实际上欧薄荷在中国植物志中是另一个品种，拉丁名为*Mentha longifolia*，需要注意区分。辣薄荷是常见的多年生草本植物，原产于欧洲，紫红色的茎，高30～100厘米，叶片绿色，为披针形至卵状披针形，对生，纹路较深，叶片边缘有锯齿感，生长迅速，喜欢湿润、阴凉的土壤环境。

数千年前，罗马人就知道用薄荷来治疗消化道问题，认为它是祛除肠胃胀气的良

方；古希腊人、古埃及人也很早就将薄荷用于疾病治疗；希伯来人会用薄荷做香水。希波克拉底认为薄荷有利尿与兴奋神经的作用。在现代医疗中，很多药草学家与医师都认为薄荷有健胃、祛除肠胃胀气、抗痉挛、补身与激励的药用价值，也适合用于神经失调问题。

在中国，薄荷也是一味常用中药，位于辛凉解表药的首位，虽然中药薄荷的品种是*Mentha haplocalyx*，但实际运用中，与辣薄荷几乎一样，所以辣薄荷精油的功效完全可以参考中药薄荷。

《本草从新》中记载："薄荷，辛能散，凉能清。升浮能发汗。搜肝气而抑肺盛，疏逆和中，宣滞解郁，消散风热，清利头目。治头痛头风，中风失音，痰嗽口气，语涩舌胎。眼、耳、咽喉、口齿诸病，皮肤瘾疹疮疥，惊热，骨蒸。消宿食，止血痢。通关节，定霍乱，猫咬、蛇伤。辛香伐气，多服损肺伤心。虚者远之。"总结下来，薄荷最有价值的功效是疏散风热、清利头目、疏肝行气、利咽、透疹。清代陈士铎在其著作《本草新编》中称薄荷："与柴胡同有解纷之妙。然世人止知用柴胡，不知薄荷者，以其入糕饼之中，轻其非药中所需也。不知古人用入糕饼中，正其取益肝而平胃，况薄荷功用又实奇乎。"薄荷与柴胡相比，可以平胃，薄荷本身也是食材，亲近脾土系统，所以处理土木（脾土肝木）失调更有优势。柴胡疏肝解郁，对此功效，陈士铎又赞薄荷："薄荷不特善解风邪，尤善解忧郁。用香附以解郁，不若用薄荷解郁更神也。"柴胡另一著名功效是和解表里，陈士铎又称赞薄荷："夫薄荷入肝、胆之经，善解半表半里之邪，较柴胡更为轻清。木得风乃条达，薄荷散风，性属风，乃春日之和风也。和风，为木之所喜，故得其气，肝中之热不知其何以消，胆中之气不知其何以化。世人轻薄荷，不识其功用，为可慨也。"在中药的体系里，这种对比也许或可一读，但在芳香疗法中，因为没有柴胡精油，所以对于这种对比，对于薄荷的拓展运用非常有价值。

李中梓在《雷公炮制药性解》中记载："薄荷，味辛，性微寒，无毒，入肺经。主中风失音，下胀气，去头风，通利关节，破血止痢，清风消肿，引诸药入营卫，能发毒汗，清利六阳之会首，祛除诸热之风邪。"由此可见薄荷不仅能够处理诸多问题，还有"药引"的作用，将药效透达营卫。除了作为药引，薄荷的应用还可以有更多的临床发挥，我们可以从清代周岩所撰的《本草思辨录》中获得启示："薄荷于头目肌表之风热郁而不散者，最能效力。若配合得宜，亦可治上中焦之里热。凉膈散、龙脑鸡苏丸，以除胃热、胆热、肾热，可谓用逾其分矣。逍遥散合煨姜，又能变凉风为温风而治骨蒸劳热，彼存胶柱之见者，得毋闻而惊怖耶。"古籍有时候并不仅仅是告诉我们一种药物的功效，而是提供一种思路，通过配伍可以拓展中药/精油的应用，尤其在芳香疗法中，薄荷作为寒凉性质明显的风药，可以搭配其他精油处理各类问题，更显珍贵，也可以通过配伍弱化其寒凉性质，只取其祛风之性。

辣薄荷精油是一款非常好用的精油，其清凉的特性，适合各类红肿热痛问题。产地不同的辣薄荷精油，化学成分略有差别，可见下表：

产地	法国	印度	美国
化学成分 薄荷酮	43%	32%	27%
薄荷醇	32%	36%	41%
1,8-桉油醇	3%	7%	6%
乙酸薄荷酯	4.5%	5%	5%
异薄荷酮	2.5%	1.7%	2.6%

薄荷醇经过氧化后变成薄荷酮，在薄荷精油中，会同时存在这两种成分，薄荷醇可以产生清凉感，缓解各类红肿热痛问题，薄荷酮在低剂量使用时没问题，高剂量使用则会有轻微毒性，但这是指单成分的风险，如果使用精油，又经过稀释，则会安全很多，除了孕妇、癫痫病患者及蚕豆病儿童要避免接触，正常人群都可以放心使用，另外薄荷会影响乳汁分泌，所以哺乳期妇女要避免使用。

购买时除了关注产地，更重要还是留意成分报告，选择适合自己的品种，以上三个产地中，法国产地价格最高。

留兰香

英 文 名：Spearmint
拉 丁 名：*Mentha spicata*
植物科属：唇形科薄荷属
萃取部位：叶片
萃取方式：蒸馏
气味形容：略带甜味的薄荷香
主要产地：印度、西班牙

代表成分

藏茴香酮	60%~65%	柠檬烯	20%~22%
1,8-桉油醇	1%~3%	月桂烯	2%
双氢藏茴香酮	1%~2%	β-波旁烯	1%~1.5%
α-松油烯	1%	β-松油烯	1%

生理功效

- 抗霉菌、抗病毒，辅助治疗带状疱疹
- 祛痰，缓解慢性和急性支气管炎、呼吸道黏膜炎
- 祛风，处理风热感冒、咽痛、头痛、咳嗽
- 改善胃痛、胃酸返流、呕吐、胀气
- 处理肠热症，改善热性便秘
- 利尿，改善体液循环不佳

- 消退乳房胀奶和发硬，缓解乳腺炎
- 缓解白带异常、阴道炎、私处瘙痒
- 处理牙龈发炎疼痛，改善口臭
- 扭伤初期，有助镇痛及化瘀
- 改善皮炎、痤疮、毛孔阻塞
- 促进肌肤新生与修护，淡化疤痕
- 抑制皮肤发痒，处理蚊虫叮咬
- 缓解晕车晕船症状

心理功效：驱散低沉的气能，提振萎靡的情绪，重新燃起热情。

留兰香又称为绿薄荷、青薄荷、香薄荷、花叶留兰香，原产于南欧为多年生草本植物，高40~130厘米，茎直立，无毛或近无毛，叶片为卵状长圆形或长圆状披针形，叶片边缘有不规则锯齿，开淡紫色花，呈圆柱形穗状花序。

在古希腊时期，留兰香被大量用于泡浴，罗马人把它引进英国后，主要用来防止牛奶变酸结块。到了中世纪，绿薄荷主要用来治疗口腔疾病，比如牙龈肿痛及口臭等。

留兰香英文名的前半段"Spear"是"矛"的意思，意指留兰香的叶片边缘尖锐，与辣薄荷同为唇形科薄荷属，但精油化学成分不相同，留兰香精油以藏茴香酮为主，比例非常高，这种单成分含量高的精油虽然功效未必多元全面，但往往力量专一，映衬"矛"的特性。

BBC曾在2007年报道，土耳其研究人员发现，饮用留兰香薄荷茶，有助降低雄激素水平，有的女性雄激素过高，出现

多毛症、毛孔粗大、皮肤粗糙等男性特征，导致多囊卵巢综合征从而影响受孕，研究发现留兰香可以影响睾酮等雄激素的代谢，也可以直接影响雄激素的合成。土耳其的研究人员还发现留兰香提取物可以降低男性性欲，这也可能是由于雄激素水平降低所致。爱丁堡MRC人类生殖科学部门的首席研究员理查德·夏普教授表示，这项研究表明天然植物产品虽然不直接含有激素，但可以对人体激素生成与合成产生影响。同时他提醒这项研究还需要进一步验证，严重的多毛症或多囊卵巢综合征患者，仍需寻求医生帮助。不过这项研究仍然为芳香疗法带来一些启示性用法。

留兰香精油含有高比例的酮类成分，这类成分的精油都不适合孕妇、癫痫病患者及蚕豆病儿童使用。

罗勒

英 文 名：Sweet Basil
拉 丁 名：*Ocimum basilicum* ct Linalool
植物科属：唇形科罗勒属
萃取部位：全株药草
萃取方式：蒸馏
气味形容：略带甜味的香料类叶片香气
主要产地：埃及、印度

代表成分

沉香醇	47%~55%	1,8-桉油醇	9%~10%
佛手柑烯	4%~6%	丁香酚	5%~7%
杜松烯	1.5%~3%	大根老鹳草烯	0.5%~4%
愈创木烯	2%	杜松醇	1%~3%
乙酸龙脑酯	1%	双环大根老鹳草烯	1.5%
月桂烯	1%	布藜烯	0.8%~2%

生理功效

· 温中行气，消食提升胃口
· 缓解消化不良、腹泻、呕吐、胃痉挛、

打嗝
· 抑制口腔溃疡及牙龈炎

- 改善偏头痛，头痛、眩晕
- 激励肾上腺素，提振精神，净化思绪
- 抗病菌，缓解流感、支气管炎、咳嗽、百日咳等症状
- 祛风，有助发汗，处理外感风寒，帮助退热
- 改善鼻窦充血，适合鼻炎人群
- 缓解肌肉疲劳、紧张、劳损

- 可降低尿酸值，改善痛风，促进循环
- 减轻乳房胀痛
- 改善经期腹痛
- 改善阻塞及粉刺肌肤，收缩毛孔
- 紧实肌肤，改善下垂和松弛
- 缓解黄蜂及昆虫咬伤、驱蚊
- 改善晕车、晕船
- 有助改善湿疹及皮炎

心理功效：化解低沉、颓废的状态，带来积极向上的精神能量。

罗勒又称为薰草、兰香、家佩兰、翳子草、香叶草，是一年生草本植物，可长到30~150厘米高，罗勒的叶片大而圆润，十字对生，边缘光滑，叶面油亮，叶片大小为3~10厘米长，宽1~5厘米，花为淡紫色或白紫相间，喜日照，喜温不耐寒。

罗勒有很多品种、多个化学（CT）类型，芳香疗法较常使用甜罗勒，化学类型为沉香醇型（Linalool），这个品种很温和，小朋友也可以安心使用。

罗勒的种名源自希腊文，从国王（Basileum）演变而来，在基督教仪式中，净身的圣油就含有罗勒成分。约翰·巴金森爵士在他的药草学著作中如此形容罗勒："罗勒的味道如此之好，非常适合用在国王的宫殿。"

古时候，人们利用罗勒来治疗胸腔感染及消化道疾病，有些药草学家还认为罗勒能壮阳、促进性欲；十六世纪时，人们用它来治疗头痛、偏头痛和感冒；皮里尼建议用罗勒来治疗黄疸。

罗勒是意面酱不可或缺的"灵魂"调料，也是常用的西餐调料，"药食同源"的植物精油，大多都能助益脾胃系统。在中医及阿育吠陀医学中，都有将罗勒入药的历史。《本草纲目》记载："罗勒，辛，温，微毒。调中消食，去恶气，消水气，宜生食。疗齿根烂疮，为灰用之甚良。患痫呕者，取汁服半合，冬月用干者煮汁。其根烧灰，傅小儿黄烂疮。"

罗勒精油很温和，外用的话很安全，可以长期使用，功效也比较全面，是一款好用、常用的精油。

马郁兰

英文名：Marjoram
拉丁名：*Origanum majorana*
植物科属：唇形科牛至属
萃取部位：全株药草
萃取方式：蒸馏
气味形容：甜美、新鲜、清新的花叶香
主要产地：西班牙、埃及

代表成分

萜品烯-4-醇	19%~25%	γ-萜品烯	16%~18%
水合桧烯	13%~17%	桧烯	10%~11%
α-萜品烯	10%~11%	水芹烯	3%~6%
异松油烯	3%~4%	侧柏烯	1%~2%
月桂烯	2%~3%	萜品醇	2%~3%
对伞花烃	1%~2%	柠檬烯	2%~3%

生理功效

- 强效放松，改善失眠及多梦
- 镇痛，改善各种神经类疼痛
- 改善头痛、偏头痛
- 帮助放松紧张、僵硬的肌肉
- 缓解扭伤造成的疼痛，是运动后的活络油
- 帮助身体排除毒素，还能活血化瘀
- 有助降低血压、减轻心脏负担
- 改善心悸、心律不齐、过度亢奋
- 促进局部血液循环，帮助代谢

- 兼具温暖的特性，处理风湿及关节炎
- 减轻腹绞痛，改善肠胃胀气，恢复肠道正常蠕动
- 放松痉挛的子宫，改善痛经及经期的下背疼痛
- 净化胸腔，解除呼吸困难，改善气喘
- 镇定呼吸道，辅助治疗支气管炎、感冒咳嗽、百日咳
- 抗病菌，清除阻塞，改善鼻窦炎、鼻炎

心理功效：放下焦虑与不安，给予安慰，稳定心绪。

　　马郁兰在中国植物志中的学名是甘牛至，又称为马约兰、墨角兰，甜马郁兰、马娇兰、马荷兰，为多年生草本植物，原产于地中海，叶片呈椭圆形，叶面光滑，茎为红色，高30~60厘米，开白色或粉色的小花。

马郁兰的前缀Marjor意指"伟大"，古代人们认为马郁兰有延年益寿的功效，地位很高。在印度，马郁兰是献给湿婆与毗湿奴的供品。埃及人则将它献给冥神奥里西斯。在古希腊，人们用它烹饪食材以及作为药用植物，治疗各种痉挛疼痛，认为它是极有价值的解毒剂，还能帮助消化，希腊人称马郁兰为Amarakos，人们会为新婚夫妇戴上马郁兰花冠，象征爱的荣耀。

希腊医生狄欧斯科里德曾调制一种药膏"Amaricimum"就是以马郁兰为主要成分，可以强健神经。卡尔培波在处理呼吸道问题时也喜欢选择马郁兰，他认为："马郁兰可以治疗各种阻碍呼吸的胸部疾病，是治疗气喘、支气管炎和感冒的最佳选择。"

马郁兰的拉丁名前缀"Origanum"源于oros（山）及ganos（欢愉），意指山峦之喜乐，颇有超脱世俗的山林情趣。

马郁兰是少有的可以抑制性欲的精油，特别适合在这方面有需求的人群使用，这也显示出它是一款强镇定的精油。

马郁兰处理痛症，尤其是焦虑不安等情绪引发的痛症时，可以实现身体与心理的双重舒缓功效。平时追求完美，对自己要求过高的工作狂，很适合用马郁兰来放松高度紧张的神经。

马郁兰和牛至（又称为野马郁兰，英文名Oregano，拉丁名*Origanum vulgare*）是不同的精油，牛至精油含高比例的酚类，非常猛烈，易造成皮肤敏感，芳疗中很少使用，购买时一定要注意区分。

快乐鼠尾草

英 文 名：Clary Sage
拉 丁 名：*Salvia sclarea*
植物科属：唇形科鼠尾草属
萃取部位：全株药草
萃取方式：蒸馏
气味形容：给人安全感的坚果与药草混合香味
主要产地：法国、俄罗斯、美国

代表成分

乙酸沉香酯	50%~70%	沉香醇	14%~36%
大根老鹳草烯	3%~9%	α-松油醇	3%
乙酸牻牛儿酯	2%	牻牛儿醇	2%
乙酸橙花酯	1%	丁香油烃	0.1%~3%
月桂烯	1%	双环大根老鹳草烯	0.5%~2%
古巴烯	0.3%~1.5%	α-萜品烯	0.5%~3.5%

生理功效

- 平衡激素，处理经前综合征
- 调节经期不律，改善经血不足
- 改善更年期症状，减轻烦躁
- 有助缓解产后抑郁症
- 强化静脉，收缩子宫，通经
- 有助降低血压
- 放松神经，减缓压力，有助缓解焦虑症
- 改善偏头痛，尤其是压力状态下的偏头痛
- 缓解胃痛、有助肠胃排气

- 放松痉挛的支气管，改善气喘
- 放松肌肉，改善肩颈、腰部、下背痛
- 有助缓解癫痫症状
- 改善压力过大、紧张焦虑型性功能障碍
- 改善流汗过多，盗汗的情况，改善手汗、脚汗症
- 平衡油脂分泌，适合油性皮肤
- 净化油性头皮，处理头皮屑问题
- 有助改善脱发，帮助头发生长
- 改善发炎和肿胀的肌肤

心理功效：缓解焦虑与忧郁，放松、沉静思绪，在混沌中看清未来，找到方向。

快乐鼠尾草在中国植物志中的学名是南欧丹参，原产于意大利、叙利亚和法国南部，可以长到1米高，喜阳，喜欢干燥的土壤环境，叶子表面有皱褶，并覆盖有腺毛，茎为四方形，也有绒毛覆盖，花在茎的顶端，呈穗状，有2~6朵，颜色为淡紫红色到淡紫色，或白色到粉色。

快乐鼠尾草的英文名"clary"是从拉丁文"clarus"演化而来，意为"净化"。尼古拉斯·卡尔培波曾在他的著作《完整草药》（*Complete Herbal*）中记载一种快乐鼠尾草的用法：用种子具有黏液状的外皮黏附眼睛上的异物，熬煮的药汁对一些眼部疾病也有疗愈作用，可以让眼睛恢复明亮、清澈，也许是因为这种特性衍生了它的名字。

快乐鼠尾草含有高比例的沉香酯和沉香醇，所以放松的效果特别好，可以舒缓痉挛疼痛，缓解痛经的同时还能帮助通经、平衡激素，是经前综合征的常用精油。除此之外，它放松的特性对现代人常见的腰背、肩颈痛也有很好的疗愈效果。

快乐鼠尾草常与药鼠尾草混淆，后者的拉丁名是*Salvia officinalis*，英文名是Sage，又称为白花鼠尾草，虽然都是唇形科鼠尾草属，但这两种植物萃取的精油，化合物结构和功效都不相同，鼠尾草的精油成分主要是侧柏酮、樟脑、1,8-桉油醇，侧柏酮被认为是不太安全的成分，所以芳香疗法基本不用鼠尾草精油，注意不要买错了。另外，

快乐鼠尾草的花朵很漂亮

不同产地的快乐鼠尾草精油，精油成分会有所差异，留意成分报告。

快乐鼠尾草的气味与麝香葡萄酒类似，过去有不法商人，将快乐鼠尾草精油混入劣质酒中，冒充高级的麝香葡萄酒售卖，引发严重的宿醉，源于快乐鼠尾草的强放松效果加上酒精的麻醉效果，所以，在饮酒后不适合使用快乐鼠尾草精油，以免引发宿醉不醒的情况。另外，在需要集中注意力的时候也要避免使用。

香蜂花

英 文 名：Melissa
拉 丁 名：*Melissa officinalis*
植物科属：唇形科蜜蜂花属
萃取部位：全株药草
萃取方式：蒸馏
气味形容：柠檬及淡淡的薄荷蜂蜜、夹杂草本香味
主要产地：法国、意大利

代表成分

牻牛儿醛	22%~24%	丁香油烃	20%~24%
橙花醛	18%~22%	大根老鹳草烯	8%~9%
β-罗勒烯	3%	香茅醛	1%~2%
乙酸牻牛儿酯	1%	葎草烯	1%
牻牛儿醇	1%	沉香醇	1%

生理功效

- 有助降血压，改善心悸，心绞痛，心跳过速
- 被誉为"心脏的补药"，还可以改善贫血
- 改善抑郁症与多动症，调节精神紊乱
- 缓解呼吸道敏感症状，缓解气喘和咳嗽
- 缓解感冒症状，改善感冒期间的头痛与偏头痛

- 具有安抚特性，改善肠绞痛、反胃
- 调顺月经周期，规律排卵期，帮助受孕
- 有助改善甲亢，甲状腺肿大
- 促进胆汁分泌，养肝
- 缓解皮肤过敏，对湿疹有益
- 洁净油腻的皮肤与头皮，改善脱发
- 减轻蚊虫叮咬造成的痒痛
- 快速止血，对伤口处理有益

心理功效：理清混乱，重新找回生命的节律，并在心中撒下希望与积极的种子。

　　以往在芳疗界中，将香蜂花称为香蜂草，但中国植物志中的标准学名是香蜂花，香蜂草为唇形科美国薄荷属，是不同的植物，应当加以区分。香蜂花以往会被错误归类到唇形科香蜂草属，但实际上中国植物志将其归类到唇形科蜜蜂花属。香蜂花原产于俄罗斯，由罗马人带到北欧，为多年生草本植物，茎直立，多分枝，叶片呈卵圆形，耐寒，土壤适应性广，在日照、半遮阴、干燥贫瘠的土地均可生长，但含铁丰富的土壤有助其生长。

Melissa由拉丁文中的蜜蜂一词演化而来，因为香蜂花散发柠檬甜香气味，会吸引蜂群。在欧洲古老的教堂或神庙周围，常栽种香蜂花以吸引蜂群采蜜，获得的蜂蜜会作为祭祀用途。

拉丁名后缀officinalis（药用的），暗示了香蜂花很早就被当作药草使用。阿拉伯和瑞典都有将香蜂花入药的历史。西方传统会用香蜂花煮水，作为感冒时的茶饮。中世纪的医师兼炼金术师帕拉切尔苏斯，认为香蜂花是"生命的万金油"，可以治疗消化科、妇科、神经科等各方面的问题，特别指出"香蜂花是治疗心脏问题最好的选择"，认为可以改善心悸，调节血压。狄欧斯科里德认为香蜂花是调经药、镇定剂与愈创剂。阿维西纳认为香蜂花可以使人愉悦。

香蜂花在使用时不要追求高浓度，一般建议不超过1%，有时候浓度越低，效果反而越好。

香蜂花是精油界极易被作假的精油，因为它的种植量不大，萃油率很低，约为0.05%，曾有记载，在1988年，香蜂花精油的年产量约20千克，但销售量却有450千克之多，可见这里面有多少假货，现代因为检测技术的提升，作假或掺假情况有所改善，但仍然存在。香蜂花精油的价格较高，购买需要选择正规、可靠的途径，以免买到假货，即使是未掺假的香蜂花精油，品质也有较大差异，专业芳疗师要仔细阅读气相色谱-质谱报告或COA文件。

罗马洋甘菊

英 文 名：Roman Chamomile
拉 丁 名：*Chamaemelum nobile /*
　　　　　Anthemis nobilis
植物科属：菊科果香菊属
萃取部位：花朵
萃取方式：蒸馏
气味形容：新鲜草本与香甜苹果混合的气息
主要产地：法国、意大利、美国

代表成分

当归酸异丁酯	33%~39%	当归酸2/3-甲基丁酯	18%~21%
当归酸异戊酯	4%~5%	当归酸甲基丙酯	8%~10%
反式松香芹醇	4%~9%	异丁酸异丁酯	3%~6%
反式松樟酮	4%	α-松油烯	1%~2.5%
异丁酸甲基丁酯	2%~3%	甲基丙烯酸异丁酯	1%~3%
丙酸丙酯	1%~2%	其他酯类	5%~8%

生理功效

- 疏散风热，平抑肝阳
- 清肝明目，清热解毒，改善目赤肿痛
- 缓解心律不齐，改善神经性哮喘
- 缓和闷热感的肌肉疼痛、身体红肿热痛
- 改善更年期综合征、热潮红、经前综合征
- 安抚中枢神经，处理神经炎，神经痛
- 改善精神紧张及压力过大等压力症候群
- 改善头痛、偏头痛、抽痛、耳痛、牙痛

- 安抚镇静，帮助睡眠障碍人群入睡
- 缓解肠胃不适，消化不良，腹痛，肠痉挛，胃灼热
- 缓解婴儿长牙不适，惊吓，风热发烧，水痘，腹痛
- 舒缓肌肤过敏，处理红疹、热疹、痒疹等
- 缓解肌肤干痒、干癣等皮肤不适
- 对日晒过后的皮肤发红，有安抚舒缓作用
- 缓解蚊虫叮咬、湿疹、皮炎、燥红症

心理功效：平抚悲观与烦躁，解除压力，找回安全感。

　　罗马洋甘菊在中国植物志中的学名是果香菊，又称为白花春黄菊，以往芳疗界将它归类为春黄菊属，实际上在中国植物志中归类为果香菊属。罗马洋甘菊是多年生草本植物，有强烈的香味，高约15～30厘米，叶片互生，长圆形或披针长圆形，二至三回羽状全裂，开花时间是六到八月，枝顶为单生花冠，花心是黄色圆盘状，花瓣为白色重瓣，呈射线状散开，喜光，不适合过湿的土壤。

罗马洋甘菊的英文名源于希腊文，意思是"地上的苹果"，形容它的香味有如苹果一般香甜。在埃及，高贵的罗马洋甘菊用来在祭祀中献给众神。罗马洋甘菊是中世纪广泛运用的药用植物，英国从十六世纪开始种植罗马洋甘菊，在《符腾堡药典》(*The pharmacopoeia of Würtenberg*)中，罗马洋甘菊列示的功效为驱虫、止痛、利尿、助消化。除了医药用途处，罗马洋甘菊还广泛用于香水、护肤品、婴儿按摩油、牙膏等个人洗护品中。

派翠西亚认为，罗马洋甘菊的止痛效果适合隐隐作痛，而薰衣草的止痛效果更适合尖锐和穿刺性的疼痛。

罗马洋甘菊常用来制作草本茶饮，是"食药同源"的草本植物，在芳香疗法中运用广泛，高比例的酯类成分带来卓越的放松特性，精油很温和，非常适合小朋友使用，几乎对所有小朋友的日常问题，都有不错的疗愈效果，是儿童精油护理包中的必备精油。

罗马洋甘菊精油的气味和天然化合物成分，很容易发生差异，我曾经闻过偏草本味、甜味很少的罗马洋甘菊精油，也闻过很甜美、药草味很少的罗马洋甘菊精油，一般认为，越甜美酯类成分越多，品质越高，但受到产地、采收年份的气候、土壤环境、栽种方式等多方面的因素影响，罗马洋甘菊是精油中不太稳定的品种，购买时要留意成分报告，一般认为，欧洲产的相对品质较好。

菊花常用作茶饮，品种众多

德国洋甘菊

英 文 名：German Chamomile
拉 丁 名：*Matricaria recutita*
植物科属：菊科母菊属
萃取部位：花朵
萃取方式：蒸馏、超临界二氧化碳流体萃取
气味形容：温和、给人安全感的草本气息
主要产地：法国、保加利亚、埃及、德国

代表成分

α-没药醇氧化物 A	3%~33%	金合欢烯	21%~66%
α-没药醇氧化物 B	4%~10%	螺纹醚	3%~9%
α-没药酮氧化物 A	2%~8%	母菊天蓝烃	1%~6%
大根老鹳草烯	2%~9%	双环大根老鹳草烯	2%
二氢青霉烯	1%~2%	罗勒烯	1%~2%
杜松醇	0.1%~1%	沉香醇	1%
乙酸沉香酯	1%	匙叶桉油烯醇	0.2%~0.6%

生理功效

- 疏散风热，清泻肝火，清热解毒
- 有助降低体温，帮助退热，增强免疫系统
- 养肝利胆，有助改善黄疸
- 舒缓黏膜和皮肤敏感，功效卓越
- 辅助治疗过敏性鼻炎、鼻窦炎、舒缓由此引发的面部肿胀及神经痛
- 辅助治疗过敏性结膜炎，咽炎、口腔炎症
- 辅助治疗关节炎、风湿性关节炎、脊椎炎、痛风、肌腱炎症、扭伤
- 改善下肢静脉曲张，静脉炎
- 缓解各类痛症，头痛、胃痛、肠绞痛、肝经郁热型经痛

- 辅助治疗尿路感染、膀胱炎等生殖泌尿系统炎症
- 辅助治疗消化道溃疡、十二指肠溃疡、胃黏膜炎、结肠炎
- 缓解身体各类炎症，尤其是热性炎症
- 缓解燥热体质，处理皮肤和肌肉过热问题
- 缓解皮炎、湿疹、荨麻疹、烫伤、疱疹、带状疱疹
- 平抚红血丝，改善干燥易痒肌肤，缓解干癣及各类瘙痒
- 改善痘肌反复发作、感染性伤口、溃疡、疔疖、脓疮

心理功效：放下猜忌、神经质的推理、臆想，回归平和。

德国洋甘菊在中国植物志中的学名是母菊，原产于南欧和东欧，是一年生草本植物，茎高30～40厘米，叶片狭长，双羽状或三羽状，五月到八月开花，黄色花心是密布的管状花瓣，呈凸起状，周围是白色花瓣，有强烈的芳香气味。

古埃及人将德国洋甘菊视为圣物，献给太阳。盎格鲁撒克逊人（Anglo-Saxons）认为德国洋甘菊是上帝赐予人类的九种神圣草药之一。在古希腊、古罗马都有使用它的记载。德国洋甘菊被列入26个国家的药典，也是顺势疗法的药物之一。

安东内利（Antonelli）曾从十六世纪和十七世纪几位医生的著作中引述道：在那个时代，洋甘菊用于间歇性发热。也有研究显示，洋甘菊对结核分枝杆菌、鼠伤寒沙门氏菌和金黄色葡萄球菌均表现出抑制性。

在中医古籍中也有记载甘菊花，虽然可能并非同种植物，但临床使用上与古籍记载的功效相差无几，所以值得参考。《本草从新》记载："甘菊花，甘、苦，微寒。备受四气，饱经霜露，得金水之精，能益肺肾二脏，以制心火而平肝木。木平则风息，火降而热除，故能养目血，去翳膜。治目泪头眩。散湿痹游风。"总结甘菊花的功效就是：疏散风热，平抑肝阳，清肝明目，清热解毒。

德国洋甘菊和罗马洋甘菊，在过去的芳疗书籍中常常混为一谈，实际上，它们的成分差异非常大，罗马洋甘菊以酯类成分为主，呈现放松、舒缓的特性，而德国洋甘菊以没药醇、没药醇氧化物、母菊天蓝烃为主，呈现抗炎、抗过敏的特性，这是功效上的最大区别，虽然它们都可以用来缓解各类敏感和炎症，但作用的原理却不尽相同。

没药醇氧化物的作用如同倍半萜醇，不同产地、批次的德国洋甘菊精油成分有较大差异，埃及产地以没药醇氧化物为主要成分，母菊天蓝烃含量相对较高；法国产地以金合欢烯为主要成分，母菊天蓝烃含量相对较低。没药醇氧化物的作用主要是抗过敏、抗水肿、止痛，改善慢性皮肤炎及敏感肌肤的老化问题。金合欢烯具有激素效应，有助改善人际、两性、亲子关系，也适合处理生殖系统的问题。

母菊天蓝烃是芳疗中很重要、很耀眼、常被提起的天然化合物成分，它有卓越的舒敏抗炎效果，德国洋甘菊中母菊天蓝烃含量的多寡也是衡量精油品质的重要标准。

超临界二氧化碳流体萃取法获得的德国洋甘菊精油，母菊天蓝烃最高，可以达到15%，另外含有金合欢烯26%，没药醇24%，没药醇氧化物11%～12%，烯炔双环醚4%，没药酮氧化物2%，匙叶桉油烯醇1%～2%，呈现优异的天然化学结构，舒敏抗炎的效果最好。

德国洋甘菊精油容易氧化，最好放入冰箱保存。

蓝艾菊

英 文 名：Blue Tansy
拉 丁 名：*Tanacetum annuum*
植物科属：菊科菊蒿属
萃取部位：花叶
萃取方式：蒸馏
气味形容：浓郁的药草气味
主要产地：摩洛哥

代表成分

桧烯	10%～22%	母菊天蓝烃	15%～20%
β-松油烯	8%～9%	α-水芹烯	5%～7%
樟脑	6%～7%	月桂烯	5%～6%
3,6-双氢母菊天蓝烃	2%～6%	对伞花烃	4%～7%
α-松油烯	2%～4%	柠檬烯	2%～3%
萜品烯	2%～3%	樟烯	1%

生理功效

- 清热解毒，疏散风热
- 放松紧张的神经与压力，镇静神经
- 改善偏头痛、坐骨神经痛，风湿痛，关节炎
- 抗炎，用于身体各类炎症

- 降血压，有助调节高血压
- 抗过敏，用于皮肤和黏膜的各类敏感症
- 缓解过敏性鼻炎、鼻窦炎、哮喘
- 缓解皮肤过敏，瘙痒，发炎，痘肌

心理功效：化解愤怒，安抚暴躁情绪。

蓝艾菊原产于温带的欧洲和亚洲，为多年生草本植物，茎略带红色，分枝近顶部，有细小的复叶，黄色花朵簇生。

蓝艾菊有着悠久的药用历史，首先将它作为药草种植的可能是古希腊人。过去，人们会在修道院周围种植蓝艾菊，用来治疗风湿病、消化问题、发烧、疼痛以及麻疹。十九世纪，爱尔兰民间用法中，认为蓝艾菊可以治愈关节疼痛。在欧洲传统中，蓝艾菊被用作驱虫剂和肉类防腐剂，还会用来防止疟疾和发烧，也用来通经，所以孕妇要避免使用。2011年有研究显示，蓝艾菊可以抑制单纯疱疹病毒的活性。

蓝艾菊含有高比例的母菊天蓝烃成分，精油呈现美妙的蓝色，在舒缓敏感和抗炎方面，表现出色。精油中有四大蓝色天王，都是因为含有天蓝烃而闻名，按照芳疗中的使用频率和适用范围，从多到少分别为德国洋甘菊、摩洛哥蓝艾菊、蓍草、南木蒿。

蓝艾菊相较德国洋甘菊，桧烯的含量更高——适合处理慢性炎症；松油烯和对伞花烃——适合处理风湿关节炎、缓解关节骨骼疼痛、促进血液循环；水芹烯——帮助身体排除水分，祛湿。由此可见蓝艾菊很适合用来处理关节、骨骼类的慢性炎症。蓝艾菊的成分单萜烯相对较多，而德国洋甘菊则是倍半萜烯相对较多，所以两者对比，德国洋甘菊是大分子，更加温和，更适合用于皮肤和黏膜问题。德国洋甘菊含有更多的金合欢烯和大根老鹳草烯，更适合处理生殖系统的炎症。

蓍草

英 文 名：Yarrow
拉 丁 名：*Achillea millefolium*
植物科属：菊科蓍属
萃取部位：全株药草
萃取方式：蒸馏
气味形容：舒适、和缓的药草香味
主要产地：法国、保加利亚

代表成分

β-松油烯	15%～22%	桧烯	16%～23%
大根老鹳草烯	9%～23%	丁香油烃	10%～15%
母菊天蓝烃	4%～10%	艾蒿酮	3%～5.5%
α-松油烯	2%～4%	1,8-桉油醇	2%～4%
萜品烯-4-醇	2%～3%	月桂烯	0.2%～1%
萜品烯	0.5%～2%	柠檬烯	0.5%～1%
α-侧柏烯	0.2%～0.8%	丁香油烃氧化物	0.6%～2.5%
对伞花烃	0.5%	葎草烯	0.5%
双环大根老鹳草烯	0.5%	罗勒烯	0.5%

生理功效

- 刺激消化液分泌，促进吸收，开胃
- 刺激胆汁分泌，帮助分解脂肪
- 改善腹绞痛、胀气、腹泻
- 促进循环系统，改善静脉曲张、痔疮
- 调节泌尿系统，改善尿液滞留及尿失禁
- 改善经期不律，调整经量，改善痛经
- 改善更年期综合征
- 女性生殖系统的调节剂，有类似激素的作用
- 具有抗炎功效，辅助治疗神经炎、肌腱炎、盆腔炎等
- 有发汗、祛风之效，可处理风证头痛及风邪感冒
- 缓解背痛、风湿痛、神经痛、头痛，改善关节退化，肩颈僵硬
- 有助疏通汗腺，促进排汗，有助降温
- 改善感冒时的头疼问题
- 收敛油性肤质，改善发炎伤口、割伤、皲裂、溃疡
- 改善老化肌肤，促进细胞新生，舒缓皮肤敏感
- 有名的头皮滋养剂，刺激毛发生长，改善脱发
- 止血，抗感染，促进伤口愈合，外伤良药

心理功效：联结内心的真实想法，激发潜意识层以及创造的灵性。

在以往芳疗界中，将蓍称为西洋蓍草，但实际上，在中国植物志中西洋蓍草是另一种植物，拉丁名为Achillea setacea，又称为丝叶蓍，因此为了加以区分，弃用西洋蓍草这个名字，改用蓍草。蓍草又称为欧蓍，千叶蓍，锯草，蚰蜓草，为多年生草本植物，广泛分布于欧洲、非洲北部、伊朗、蒙古、俄罗斯、西伯利亚，高约40~100厘米，叶片为双羽状或三羽状，呈螺旋状排列在茎上，看上去有点像蕨菜，开白色、粉色或淡紫红色小花，一簇有15~40朵，具有强烈而甜美的香味。

无论东西方，蓍草都被认为是一种灵草，相传这种草能长千年而茎数三百，蓍草是草本植物中生长时间最长的一种草，它的茎又直又长，古人相信用这种草占卜有加持通灵的作用。"蓍"这个字，上部为草字头，中间为一个老，下部为日，意思是老者站在太阳下，以草作为工具进行占卜活动。《直方周易》中详细记载了用蓍草占卜的方式，选50根蓍草茎，用术数的方式演变出卦象，从而获得对未来事物的预判。

在西方，蓍草也常和算命卜卦联系在一起，苏格兰人用它做护身符或幸运符，人们认为它有驱逐邪灵的威力。年轻的少女则会将蓍草置于枕下，以此祈祷遇见真爱。希腊神话里，蓍草在特洛伊战争中用来治疗创伤，蓍草也被称为"军队的药草"。

《本草纲目》记载："蓍乃蒿属，神草也。故易曰：蓍之德，圆而神。蓍叶，主治痞疾。"

蓍草精油相较德国洋甘菊和摩洛哥蓝艾菊精油，拥有最多的松油烯，它有"类可的松"的作用，适合辅助治疗过敏性和炎症性疾病，丁香油烃适合消化系统问题，加上桧烯和大根老鹳草烯，使它成为处理各类炎症的多能手，肌肉、关节、消化、泌尿、生殖系统，都很适合。

小花土木香

英 文 名：Inula
拉 丁 名：*Inula graveolens*
植物科属：菊科旋覆花属
萃取部位：全株药草
萃取方式：蒸馏
气味形容：复杂的草本香味混合天然樟脑上扬的气息
主要产地：法国

代表成分

乙酸龙脑酯	49%~55%	龙脑	9%~20%
樟烯	5%~7%	青蒿酸	2%~5%
β-丁香油烃	2%~3%	2,3-去氢-1,8-桉油醇	1.5%~2.5%
丁香油烃氧化物	1%~2%	杜松醇	1%~3%
乙酸薰衣草酯	0.2%	顺式乙酸辛酯	0.15%
乙酸桃金娘酯	0.04%	β-松油烯	0.8%

生理功效

- 强效祛痰，强效抗痉挛
- 处理久咳不愈、支气管炎、慢性支气管炎
- 抗菌，抗真菌，处理呼吸道及肺部感染症
- 处理感冒、鼻窦炎、咽喉炎、肺炎、哮喘、慢性阻塞性肺病
- 镇痛，放松自主神经系统
- 镇静强心，处理心悸、心律不齐、心脏无力
- 扩张血管，抗凝血，有助改善冠状动脉阻塞、高血压
- 小花土木香适合低浓度使用，谨慎用于体弱人群
- 孕妇、癫痫病、蚕豆病患者不适用

心理功效：打开心中的淤结，展开胸怀，再度接纳。

在以往芳疗界中，将小花土木香称为土木香，但因为中国植物志中土木香是另一种植物，拉丁名为*Inula helenium*，俗称青木香、堆心菊，所以为了加以区分，在此使用小花土木香这一名称。小花土木香原产于亚洲，为一年或多年生草本植物，茎叶有细小绒毛，秋天开黄色小花，射线状散开，花叶都比较小，现在遍布地中海沿岸。

小花土木香精油是一款非常强大的精油，属于不常出手，但一出手便显现非凡的那种角色。它有非常强大的融解黏液的功效，对于各种痰咳或是肺部深处有痰咳不出、一些慢性呼吸道疾病，都有很好的疗愈力，对于常用的化痰类精油无法解决的问题，使用小花土木香精油的效果都非常好。

在抗菌、处理感染炎症方面，小花土木香精油也非常强大，对于痰液不易排解，导致细菌滋生的难缠性感染症，都可以用它处理。在中医里，"痰"是广义的，并不局限于感冒咳嗽的痰液，因为过食肥甘厚腻的食物，以及伤害脾胃的不良生活习惯，会让身体产生痰与湿，尤其是海鲜、鱼类和奶制品，特别容易生痰，如果缺乏运动，身体更加难以代谢，如果此时再有气滞、寒湿、湿热、血瘀等，就可能引发三高、结节、肿瘤、动脉阻塞等一系列问题，小花土木香精油不仅能处理狭义的咳嗽之"痰"，也能处理广义的身体之"痰"，作为痰阻体质的重要精油，依据个人情况，配伍其他行气、化瘀、升阳等精油，可以展现卓越的效果，使用上要注意把控浓度，长期调理的话，建议与其他化痰类精油轮换使用。

小花土木香精油是非常迷人的蓝绿色，这是因为精油在铜炉中蒸馏时，精油中的一些微量成分与铜发生反应造就的，如果在不锈钢炉中蒸馏，精油则呈现淡黄色。小花土木香精油的蓝绿色，让人感觉非常神秘，在精油中也是特别的一员，一如它的特性。小花土木香精油的天然化合物结构很复杂，有非常多的成分构成，映衬它的神秘，一些倍半萜内酯成分，虽然仅含微量，却很大程度影响着它的功效，等于酮类加氧化物类的双重功效，而酯类又有着放松抗痉挛的特性，加上一些未深入检测和研究的成分，让小花土木香整体的特性呈现彪悍与温和的双面性。芳疗界运用这款精油的历史并不长，未来，随着更深入的研究与运用，相信它会成为一颗耀眼的明星！

我对小花土木香精油的印象非常深刻，缘于两件事：很多年前，有一次孩子咳嗽一直不好，平常使用有效的精油这次都不见效果，每天晚上听到孩子的咳嗽声，让我内心焦急难以入睡，后

小型铜制蒸馏器，精油工厂会使用大型的铜蒸馏设备

来，我突然想到了小花土木香精油，我将它加入止咳膏中稀释后使用，在为孩子涂抹的当晚，他一整夜都没有咳嗽，那种欣喜，真的无以言表，宛如发现了一款宝藏精油，继续使用两天，孩子很久未痊愈的咳嗽完全康复了。我把这个经验分享给一位芳疗同仁，在不久后，她也遇到了严重的咳嗽，她想起我的分享，拿起小花土木香，将一滴纯精油抹在胸口，很快她就感觉到呼吸不畅、胸闷，情急之下，赶紧用舒缓的精油（应该是马郁兰或快乐鼠尾草精油）来缓解，这才化险为夷。事后，她告诉我这个经历，坦言小花土木香精油太可怕了，以后都不会想要用它了！我只能报以苦笑。

这两个经历让我对小花土木香有了深刻的理解，对于"抛开剂量谈疗效/谈危险"这句话，更是心有戚戚，有很多精油，在高浓度和低浓度使用时，呈现全然相反的特性，所以，对于精油，我们要保持审慎心与敬畏心，深入研究，恰当运用。因为使用不当就全然否定一款非常有价值的精油，其实是很可惜的，我个人非常看好小花土木香，虽然我不常用它，但在我心目中，这是一款未经全面开发的宝藏精油！

永久花

英 文 名：Helichrysum
拉 丁 名：*Helichrysum italicum*
植物科属：菊科拟蜡菊属
萃取部位：花朵
萃取方式：蒸馏
气味形容：温和的蜂蜜夹杂草本花香的气味
主要产地：法国、意大利、摩洛哥

代表成分

乙酸橙花酯	23%～34%	意大利双酮	9%～16%
柠檬烯	4%～6%	γ-姜黄烯	7%～12%
丙酸橙花酯	5%～6%	芳姜黄烯	3%～4%
α-松油烯	2%～4%	橙花醇	2%～3%
紫杉醇	1%～4%	4,6-二甲基环己烷-3,5-二酮	0.2%～2%

<table>
<tr><td colspan="2" align="center">生理
功效</td></tr>
<tr><td>

- 疏肝利胆，处理肝气郁结及胆汁分泌异常
- 强效化瘀，处理各类外伤、心因及身体瘀滞
- 抗凝血
- 活血化瘀及疏通效果，适合乳腺及子宫因为瘀滞导致的问题
- 抗菌，抗霉菌，处理脚气与皮癣
- 抑制单纯疱疹，念珠菌感染，还能处理膀胱炎
- 刺激免疫系统，辅助提升免疫力与身体自愈力

</td><td>

- 抗发炎，缓解风湿症及关节炎
- 强化呼吸系统，辅助治疗感冒、发烧、气喘
- 祛痰，抗痉挛，辅助治疗支气管炎、咳嗽、百日咳
- 改善头痛与偏头痛，还有助降血压
- 著名的回春精油，促进细胞再生，重建肌肤组织
- 淡化疤痕、处理粉刺、湿疹、疖、干癣、褥疮
- 抗过敏，缓解瘙痒，处理皮肤过敏

</td></tr>
</table>

心理功效：放下过往的痛苦，或是原生家庭带来的伤害，重建内心的阳光。

永久花分布于非洲、马达加斯加、欧亚大陆等地，是一年生或多年生草本灌木，60~90厘米高，叶子是长圆形或披针形，扁平状，两边都有短绒毛，有倒刺，有许多头状花序和平顶伞房花序或圆锥花序，花朵是黄色，只要有阳光，即使是在贫瘠的土壤和恶劣的条件下，也能很好地生长。

拉丁名"*Helichrysum italicum*"意为"意大利的金色太阳"，法文名称"Immortelle"指代不朽或永恒，因为永久花干枯后也仍然保持原来的样子，没有太大的变化，就像时光被冰冻了一般。永久花精油在帮助女性永葆青春上面，效果也很好，可以促进细胞新生，细嫩肌肤。

永久花的学名是意大利腊菊，注意和蜡菊（*Helichrysum bracteatum*）区分，两者为不同的植物。永久花精油的用途非常广泛，被称为芳香疗法中的"超级山金车"，山金车油是一种植物浸泡油，具有促进血液循环、祛除瘀青，缓解扭伤、肌肉疼痛，强化皮肤功能，处理神经性皮炎，加速伤口和皮肤新陈代谢，促进新生的功效，永久花含有非常重要且罕见的双酮成分，造就其超越山金车的显著功效。

　　在医学和芳香疗法中，永久花具有重要的地位，因为它有助于肝脏、消化道、呼吸道、血液循环和皮肤问题，非常温和，功效却很强大。永久花用来处理眼部细纹、黑眼圈效果很好，有趣的是，中医认为熬夜伤肝，故需用菊花清肝明目，而永久花也是菊科植物，其化瘀效果可以很好地淡化熬夜造成的黑眼圈，虽然解释的原理不尽相同，但大自然的疗愈力总是相通的。

　　永久花精油在芳疗中的运用历史并不长，却已经成为一支不可取代的精油，无论是居家还是外出旅行，都是精油包中必不可少的一支。永久花精油很温和，老人或婴童也可以放心使用，有小宝宝的家庭，建议备上这支急救精油，它和薰衣草精油组合在一起，最适合用来处理小朋友无法避免的一些小外伤和各类皮肤问题。对于女性来说，常常瘀滞的情绪与身体，永久花精油也是一款非常重要的调养油。除此之外，永久花精油与薰衣草精油一样，可以作为配方的"引子"，提升配方整体的功效，用途非常广泛。未来，随着研究与临床运用的深入，永久花精油一定会持续发光发热，成为一款明星精油。

樟科

zhangke

锡兰肉桂皮

英 文 名：Cinnamon Bark

拉 丁 名：*Cinnamomum zeylanicum /*
Cinnamomum verum

植物科属：樟科樟属

萃取部位：树皮

萃取方式：蒸馏

气味形容：芳香、清甜的肉桂香味

主要产地：斯里兰卡、马达加斯加、印度

代表成分

肉桂醛	60%~75%	乙酸肉桂酯	2%~5%
丁香酚	3%~8%	沉香醇	0.7%~5%
对伞花烃	0.3%~4%	β-丁香油烃	5%~7%
α-松油烯	0.3%~4%	1,8-桉油醇	0.6%~3%
苯甲酸苄酯	0.3%~2%	水芹烯	0.3%~0.6%

生理功效

- 补火助阳，辅助治疗阳虚诸症
- 温中散寒止痛，特别适合寒性疼痛
- 温经通脉，改善寒凝血瘀
- 引火归元，改善虚阳上浮导致的面红、心悸、牙痛、失眠等症
- 改善脾胃虚寒造成的消化不良、腹痛、胀气
- 祛风健脾胃，双向调节虚寒性便秘与腹泻
- 缓解感染性结肠炎，结肠积气等
- 缓解经期寒性痛经，通经，调节月经量过少
- 改善循环不良，肌肉酸痛，关节疼痛
- 强劲的抗菌剂，抗病毒、抗真菌
- 提升免疫力，预防流感
- 促进血液循环，快速提升体表温度，红皮剂
- 改善性冷淡

心理功效：带来阳性积极能量，重新燃起生命之火。

　　锡兰肉桂树原产于斯里兰卡，是常绿乔木，有厚厚的树皮，树高10~15米，叶片呈卵形，叶面有三条细络，整株树都散发强烈芳香，浆果、叶片与树皮都可萃取精油。

　　肉桂是古老的香料，在中国、古埃及、古印度都广泛运用。罗马人把肉桂用在著名香水"Susinum"中；希腊人用肉桂治疗消化道及感染性疾病；埃及人也把肉桂作为治疗胆汁过多的绝佳良药，还用肉桂来防治传染病以及用于防腐；在九世纪的欧洲，肉桂被加入酒中制成调情酒，认为可以增强性欲。

时至今日，肉桂仍是国人厨房必不可少的调味品，是药食同源的香料，在中国香史中也运用广泛。锡兰肉桂皮精油闻上去像香料的辛香味道，夹杂一丝甜香，品质上乘的锡兰肉桂皮精油，能给人带来愉悦的闻香体验，特别适合冬天使用，无论是西方的肉桂红酒，还是中国的美食佳肴，都寓意着团圆的温暖感，让人心生愉悦。

中药肉桂细分了不同品类，靠近地面的树皮剥下来，压成平板状，或是不经压制两边略向内弯曲，称为板桂；中段树干的树皮剥下来，放在模型里压制成两边卷曲、中间凹陷的形状，称为企边桂；树枝剥的皮自然卷曲后，变成筒状，称为筒桂、桂通；肉桂皮去掉表面的栓皮，称为桂心；一般认为最好的是企边桂，最佳产地为越南清化。

李中梓在《雷公炮制药性解》中记载了肉桂不同部位的名称与药效："其在下最厚者，曰肉桂，去其粗皮为桂心，入心、脾、肺、肾四经，主九种心疼，补劳伤，通九窍，暖水脏，续筋骨，杀三虫，散结气，破瘀血，下胎衣，除咳逆，疗腹痛，止泻痢，善发汗。其在中次厚者，曰官桂，入肝、脾二经，主中焦虚寒，结聚作痛。其在上薄者，曰薄桂，入肺、胃二经，主上焦有寒，走肩臂而行股节。肉桂在下，有入肾之理；属火，有入心之义；而辛散之性，与肺部相投；甘温之性，与脾家相悦，故均入焉。官桂在中，而肝脾皆在中之脏也，且经曰：肝欲散，急食辛以散之，以辛补之；又曰：脾欲缓，急食甘以缓之，以甘补之。桂味辛甘，二经之所由入也。薄桂在上，而肺胃亦居上，故宜入之。"这一段，详细讲解了肉桂全株树皮都有药用价值，入心、肝、脾、肺、肾五脏。官桂在古代为上等肉桂，是进贡给皇宫的优质药材，到了近几十年，有很多药材商人把肉桂中质量最差的、肉桂枝剥的皮，也就是桂通称为"官桂"，所以需留意古今对于官桂的含义是不同的。

清代吴仪洛在《本草从新》中记载："肉桂，辛、甘，大热。有小毒。气厚纯阳。入肝肾血分，补命门相火之不足，益阳消阴，治痼冷沉寒。下焦腹痛，奔豚疝瘕，疏通百脉，宣导百药。能抑肝风。而扶脾土。疗虚寒恶食，湿盛泄泻。引无根之火，降而归元，从治咳逆结气，目赤肿痛，格阳喉痹，上热下寒等证。通经催生堕胎。"这里所说的堕胎主要是指肉桂有辛热动血之性，对于肉桂有小毒，各医家看法不一，清代汪昂所撰《本草备要》关于肉桂的记载特意把"有小毒"三字去除了。肉桂的功效可以总结为：补火助阳，散寒止痛，温经通脉，引火归元。

《本草纲目拾遗》中还记载了肉桂油："粤澳洋舶带来，色紫，香烈如肉桂气。或云肉桂脂也，或云肉桂子所榨，未知孰是。性热，气猛。入心脾，功同肉桂。"从这段描述来讲，此处的肉桂油或许是浸泡油，古人对其来源也不是非常清晰，但这是一个有趣的记载。

锡兰肉桂皮精油是非常有价值的一款精油，除了处理寒凝诸证，还能引火归元，现代人思虑重运动少，贪食冷饮、迷恋空调，常常有阳虚兼阳浮问题，贸然使用热性的精油，很容易上"火"，就是所谓的"虚不受补"，锡兰肉桂皮精油可以很好地补阳，又能将虚浮在上的"火"回归本位，非常适合现代人常见的阳虚阳浮体质。

肉桂性热，这类精油不适合阴虚火旺，内有实热，血热妄行出血者及孕妇使用，或者经过辨证后，配伍其他精油使用。

锡兰肉桂叶

英　文　名：Cinnamon Branch
拉　丁　名：*Cinnamomum zeylanicum /*
　　　　　　Cinnamomum verum
植物科属：樟科樟属
萃取部位：叶片
萃取方式：蒸馏
气味形容：芳香、清新的肉桂香
主要产地：斯里兰卡、马达加斯加、印度

代表成分

丁香酚	75%~82%	β-丁香油烃	3%~6%
苯甲酸苄酯	2.5%~4%	乙酸丁香酯	0.8%~3.5%
沉香醇	2%~3.5%	乙酸肉桂酯	0.8%~2%
α-松油烯	0.8%~1.2%	水芹烯	1.5%~2%

肉桂醛	0.5%~1%	柠檬烯	0.3%
古巴烯	0.5%~0.8%	黄樟素	0.6%~0.9%

生理功效

- 发散风寒，发汗解表，用于风寒表证
- 温通经脉，用于寒凝血瘀证
- 处理脾胃虚寒造成的消化不良、腹痛、胀气
- 改善循环不良，肌肉酸痛，关节疼痛
- 双向调节便秘与腹泻，处理虚寒体质的急性肠胃炎
- 处理风湿痛，风寒痹症
- 强劲的抗菌剂，抗感染
- 提升免疫力，流感期间预防传染

心理功效：驱散阴霾，使虚弱无力的身心恢复健康。

锡兰肉桂叶精油可以大致参考中药桂枝，不同之处在于精油是用肉桂树的枝和叶来萃取，中药桂枝是用肉桂树的嫩枝，没有叶。

《本草从新》中记载："桂枝，辛甘而温。气薄升浮，入太阴肺、太阳膀胱经。温经通脉，发汗解肌。治伤风头痛，伤寒自汗，调和营卫，使邪从汗出而汗自止。亦治手足痛风，胁风，桂性偏阳，阴虚之人，一切血证，不可误投。"桂枝的功效可以总结为发汗解表，温通经脉，助阳化气，强心降逆。

桂枝是非常重要的一味中药，可以处理寒凝血瘀证，这一点可以结合桂枝的特性来加以理解：桂枝本身不是活血化瘀药，但是它有助于消散血脉当中的寒邪，行动脉之血，使血脉流畅，所以它常常配伍活血化瘀药，治疗寒凝血瘀引起的月经失调、痛经、癥瘕，甚至于跌打损伤，所以瘀血如果是属于寒证，就会用桂枝配伍活血化瘀的药，有助于驱逐血脉中的寒邪，增强活血化瘀药的效果。而对于风寒痹证，也是同样的道理，桂枝本身不是典型的祛风湿药，但它很擅长于和祛风湿药同用，增强祛风湿的效果。

西班牙穆尔西亚大学（Universidad de Murcia）2007年的一项研究发现，锡兰肉桂皮/叶精油都具有丰富的抗菌和抗炎特性。叶片精油有较高的丁香酚含量，丁香

酚是一种抗菌防腐剂和麻醉剂，是治疗疼痛的理想选择，它还可以通过提振心情和鼓励正面精神能量，来减轻悲伤的情绪与压力。在肉桂皮精油中，高含量的肉桂醛，有强效的抗菌和抗病毒性能，对微生物有很强抑制作用，同时，肉桂皮精油也是很好的植物杀虫剂。

中药桂枝

锡兰肉桂皮/叶精油在使用时都需要注意剂量的把握，不可浓度过高。不过，在临床中西方人和东方人对锡兰肉桂皮/叶精油的皮肤耐受度是不同的，东方人普遍耐受度更高，这可能源于我们长期在饮食中都有接触肉桂的原因，而且黄种人相较白种人，皮肤更不容易敏感，我曾经在治疗自己的虚寒性急性肠胃炎时，将锡兰肉桂叶/皮两种纯精油直接涂抹于皮肤，完全可以耐受。当然，每个人对精油的耐受度是不同的，对于刺激性较高的精油，在高浓度使用前进行皮肤测试是有必要的，而且高浓度只适合于急症，长期的身体调理不建议高浓度使用。

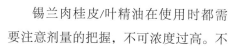

玫瑰樟（花梨木）

英 文 名：Rosewood
拉 丁 名：*Aniba rosaeodora*
植物科属：樟科阿尼巴樟属
萃取部位：枝叶、木材
萃取方式：蒸馏
气味形容：玫瑰花香混合木香，细致而迷人
主要产地：巴西亚马孙地区

代表成分

沉香醇	83%~88%	顺式沉香醇氧化物	1%~1.5%
牻牛儿醇	0.5%~1.8%	反式沉香醇氧化物	0.9-1.2
苯甲酸苄酯	1%~2%	α-松油烯	0.3%~1.5%

β-松油烯	0.2%~1.6%	柠檬烯	0.3%~1.5%
1,8-桉油醇	0.2%~2%	蛇床烯	1.5%~2.5%
α-萜品醇	0.5%~1%	匙叶桉油烯醇	0.4%~1%

生理功效

- 木质精油，补气、行气，适合气虚、气滞体质
- 非常温和安全，有助提升免疫力
- 改善呼吸道感染，是极有价值的抗菌剂
- 缓解喉咙发痒，咳嗽，黏膜炎症
- 温和的止痛剂，镇静神经，缓解头痛
- 改善生殖泌尿系统的感染症
- 适合加入各类慢性疾病调理的配方中

- 活化肌肤，抗衰老，减轻皱纹
- 促进肌肤新生，淡化妊娠纹与疤痕
- 保湿，美白，平衡水油
- 温和杀菌，治疗痤疮肌肤
- 消炎促进愈合，改善痘印、痘坑
- 舒缓肌肤敏感，修复皮脂膜、皮脂腺
- 改善皮炎、湿疹、皲裂等各类皮肤问题
- 有助改善性障碍

心理功效：稳定脆弱的神经、抚慰受伤的心灵，强化毅力，发展耐力。

蔷薇管花樟又称为玫瑰安妮樟，过去芳疗界称蔷薇管花樟为花梨木，但花梨木这个名字非常容易混淆，在中国植物志中，红豆树 *Ormosia hosiei*、海南黄檀 *Dalbergia hainanensis*、花榈木 *Ormosia henryi*、降香 *Dalbergia odorifer*，这四个树种都被俗称为花梨木，因此为了更好地区分，建议逐步弃用花梨木这一名称，改为玫瑰樟，一方面其英文名前面是 Rose，即玫瑰；另一方面属樟科；使用玫瑰樟这个名称很容易记忆。不用英文名"Rosewood"直译的"玫瑰木"这个名字，是因为玫瑰木在中国植物志中是另一种植物 *Rhodamnia dumetorum*，要避免再次引起混淆。

玫瑰樟是生长在巴西亚马孙森林中的常绿树种，高度可达30-50米，直径可达2米，整棵树都散发芳香。

玛丽莲·梦露曾说，她的睡衣上只用 Chanel No 5 香水，这款香水被誉为世界上最著名的香水之一，它的气味除了有茉莉、依兰、玫瑰、橙花、佛手柑、香根草、岩兰草，还有非常重要的玫瑰樟。

玫瑰樟精油的气味非常好闻，是一款极好用的精油，也是让人心情复杂的精油，因为玫瑰樟一度濒临灭绝。玫瑰樟的气息夹杂着玫瑰花香与木质香，因此英文名为

Rosewood，其丰富多元的气味被香水业追捧，同时玫瑰樟也受到家具业的青睐，以致于玫瑰樟遭到大规模无节制的砍伐，在20世纪50年代，玫瑰樟的年产量是450吨，后来降低到150-300吨，而到了2005年则下降到40吨。在1992年4月，玫瑰樟被巴西环境与自然资源研究所列为濒危树种。

为了保护这种珍贵的树种，同时解决香水工业的需求，坎皮纳斯州立大学自然产品化学实验室的LauroBarata教授于1998年开发了一个从玫瑰樟枝叶中提取精油的项目，认为枝叶萃取的精油质量与从木材萃取的精

油相似。3年半以上树龄的玫瑰樟，就可以开始萃取枝叶精油，可以重复采收；而要萃取木心精油，则需要25年以上树龄，且必须砍伐树木，只能一次性获取精油。从枝叶萃取的玫瑰樟精油，大大缓解了紧张的供需关系，让玫瑰樟的可持续发展获得一线生机。

木心萃取的玫瑰樟精油，以沉香醇（高达90%以上）为主要成分，虽然枝叶萃取的玫瑰樟精油，沉香醇含量也可以达到80%以上，甚至少数能达到90%，但其实精油不能只看天然化合物成分构成，木心和枝叶萃取的精油，它的"气"是不同的，木心萃取的精油有点像低配版的檀香，有补气的效果，但枝叶萃取的精油则极少这方面的特性。目前能买到的绝大多数是枝叶萃取的玫瑰樟精油，对于护肤来说也足够了，木材萃取的玫瑰樟精油现在很难买到，一定要用在最需要它的地方，才是对珍稀资源最大的尊重。

玫瑰樟的功效非常多，尤其用于护肤，几乎适合所有的肤质，无论是青春期的痘肌调理还是年轻肌肤的保湿美白需求，抑或是熟龄肌的促进新生、抗衰诉求，它都能胜任，堪称卓越特性的精油。

玫瑰樟中高比例的沉香醇成分，是一种很温和的天然化合物，有抗菌的效果，非常适合虚弱人群的各类炎症问题。它的气味很好闻，很适合长期熏香用以提升免疫力。无论是居家还是旅行，都是精油包中必备的一款。玫瑰樟很温和，老人和婴幼儿也可以安心使用。

芳樟

英 文 名：Ho wood
拉 丁 名：*Cinnamomum camphora* ct linalool
植物科属：樟科樟属
萃取部位：叶片、木材
萃取方式：蒸馏
气味形容：芳香甜美的叶片和木屑香味
主要产地：中国台湾地区

代表成分

沉香醇	88%～99%	柠檬烯	0.11%
月桂烯	0.08%	萜品烯	0.06%
水芹烯	0.06%	茴香醇	0.01%
顺式/反式罗勒烯	0.12%	顺式/反式沉香醇氧化物	0.45%
樟脑	0.03%	对伞花烃	0.02%

生理功效

- 温和抗菌抗感染，辅助治疗黏膜感染
- 提升免疫力，防治呼吸道疾病
- 应对消化道感染，缓解肠绞痛
- 缓解消化不良、胀气、肠燥症
- 改善牙周病，龋齿等口腔问题
- 对各类细菌感染性疾病都可以温和抗菌
- 改善坐骨神经痛，有温和镇痛效果

- 处理生殖泌尿道感染、如尿道炎、阴道炎等
- 镇定神经，有助睡眠，特别适合感冒期间夜晚熏香
- 改善多梦，易醒，无法深睡等睡眠障碍
- 改善皮炎、湿疹等皮肤问题，改善痘肌，平衡油脂分泌

心理功效：扫除阴霾，让心情变得明快晴朗。

　　芳樟为常绿大乔木，是樟树的亚变种，樟树精油从化合物成分看，可分三个类型，即本樟（以樟脑为主），芳樟（以沉香醇为主），油樟（以松油醇为主）。樟树的树冠广展，枝叶茂密，树高可达30～50米，树龄可达百年，喜阳光充足，或半阴、温暖、湿润的环境，不耐干旱和严寒。

　　本樟树皮为桃红色，裂片较大，树身较矮，枝丫敞开而茂密，叶柄发红，叶身较薄，叶两面为黄绿色，出叶较迟，枝、叶或木材嗅之有强烈的樟脑气味，木髓带红，将木片放入口中咀嚼后有苦涩味，证明有大量樟脑存在。

芳樟树皮为黄色，质薄，裂片少而浅，树身较高，枝丫直上，分枝较疏，叶柄绿色，叶身厚，叶背面灰白色，出叶较早，枝、叶或木材有清香的沉香醇（芳樟醇）气味。与本樟相比，芳樟的花与果实都更小。

油樟的叶子圆而薄，木髓带黄白色，含油分最多，将木片放入口中咀嚼则满口麻木，并有刺激的气味直冲鼻子，这些都可以证明有大量的松油醇存在。

芳樟是中国台湾地区的原生树种，具有强烈的香气，在第二次世界大战期间，台湾地区年输出芳樟木的数量为300～400吨，是非常重要的经济来源。

芳樟精油含有超高比例的沉香醇，分为叶片萃取或木材萃取两种，叶片萃取的精油沉香醇含量超过85%以上，而木材萃取的精油沉香醇含量超过90%，最高可达99%，在樟科植物中是绝对的"沉香醇明星"，沉香醇非常温和，有淡淡的香气，无刺激性，能温和抗菌同时提升免疫力，适合长期使用，即便是小朋友也可以安心地长期使用。

芳樟精油的气味非常好闻，有一次在美国回中国的长途飞机上，遇到严重感冒的乘客，为了避免传染，我一直在嗅吸芳樟精油，当时分享给同行的朋友，大家都赞叹芳樟精油的气味很好闻。芳樟精油可以净化呼吸道、提升免疫力，在机舱狭小的空间，陪伴我们一路健康无虞返回家中。芳樟精油的气味不像尤加利这类精油比较刺

樟树在不同地区种植，外观和精油成分会有所差异

鼻，在密闭的小空间，尤加利精油的气味有可能引起周围人的侧目，因为并不是所有人都能接受它的气味，但芳樟精油就不会有这个问题，大多数人都会喜欢它的气味。

在购买芳樟精油时要留意产区，以及拉丁名后面的化学类别，如果是中国大陆产区的樟树，英文名为Camphor 或 Camphor（White），中文名为本樟或白樟，拉丁名为*Cinnamomum camphora*，萃取于"木材"的本樟精油，主要是用于呼吸道症状，但气味不如芳樟精油好闻，也没有芳樟精油这么温和，成分构成及比例如下表：

1,8-桉油醇	34%～38%	柠檬烯	12%～25%
桧烯	4%～12%	对伞花烃	7%
β-松油烯	6%～7%	月桂烯	5%～7%
α-松油烯	6%～18%	δ-萜品烯	4%～8%
β-水芹烯	2%～3%	α-萜品烯	2%～3%

萃取于"枝叶"的本樟精油，樟脑含量较高，比较刺激，高浓度使用时可能会有神经毒性，不建议非专业芳疗师使用，其化学成分构成及比例如下表：

樟脑	50%～70%	1,8-桉油醇	3%～4%
丁香酚	2%	沉香醇	1%～2%
龙脑	1%	α-萜品醇	4%
异橙花叔醇	1.5%		

我国幅员辽阔，某些地区所产的樟树精油，可能含有高比例的黄樟素（safrole），可能造成神经毒性，不建议使用。购买时除了留意产地，更重要的是查阅成分报告。

罗文莎叶

英 文 名：Ravintsara
拉 丁 名：*Cinnamomum camphora* ct cineole
植物科属：樟科樟属
萃取部位：叶片
萃取方式：蒸馏
气味形容：醒脑、清爽的叶片香
主要产地：马达加斯加

代表成分

1,8-桉油醇	50%～60%	桧烯	14%～17%
α-松油烯	5%～8%	萜品醇	8%～9%
β-松油烯	3%～6%	γ-萜品烯	1%～2%
萜品烯-4-醇	2%	月桂烯	1%～2%
侧柏烯	1%～1.5%	α-葎草烯	0.5%～1%
水合桧烯	0.5%～1%	异松油烯	0.3%～0.5%

生理功效

- 强大的抗病毒功效，刺激免疫力提升
- 抗感冒，预防感冒期间被传染
- 有抗菌性能，但不如其抗病毒效能强
- 缓解鼻窦炎、鼻喉黏膜炎、百日咳
- 祛痰，缓解咳嗽与支气管炎

- 辅助治疗口唇疱疹、带状疱疹、生殖器疱疹
- 肌肉舒张剂与止痛剂，治疗肌肉紧张酸痛
- 缓解关节炎与关节疼痛

心理功效：提振精神，保持活力。

罗文莎叶和芳樟同科属，拉丁名是一样的，后缀化学类型不一样，由我国台湾地区引种至马达加斯加，因产地不同，造就不同的植物个性。罗文莎叶喜光、喜温，对寒热适应力强，新叶为红色，而后变成绿色。

无论是在植物学术界，还是芳疗界，对罗文莎叶的英文称谓都有争议，在20世纪90年代，芳疗界对马达加斯加地区同为樟科的两种植物产生了很多的误解：

英文名	拉丁名
Ravintsara	*Cinnamomum camphora*
Ravensara	*Ravensara aromatica*

过去会将这两者的英文名混淆，所以在一些芳疗书上看到 *Cinnamomum camphora. cineole* 对应的英文名标示为 Ravensara，实际上，两者是不一样的植物。这也是为什么一定要以拉丁名为标准识别植物和精油的意义，无论是英文俗名还是中文俗名都非常容易混淆，从而产生误解。

而中文俗名也一样，因为20世纪90年代对英文名的误用，现在有建议把中文名也

一并改之，将"罗文莎叶"换成"桉油醇樟"，其实大可不必，因为中文名是音译过来的，"Ravintsara"和"Ravensara"的发音是类似的，所以不必过于纠结，而另一种Ravensara（*Ravensara aromatica*）的精油并不常见，罗文莎叶在中国植物志中的学名与芳樟一样，是"樟"，所以个人认为对于俗名没有必要更改，在中国植物志中没有与这个名字重名的植物。购买罗文莎叶精油的时候对照拉丁名即可，专业芳疗师可以留意成分报告。

罗文莎叶精油主要用于呼吸道方面，呈现更多元的功效构成，它非常有价值的一点是抗病毒，它的气味和尤加利精油较为相似，非常迅猛、具有侵战性，一旦嗅吸它，气味会迅速充斥整个鼻腔与胸腔，似乎映衬了罗文莎叶精油对付病毒"好斗"的特性，所以它非常适合处理一系列的感染症状，是一款常用精油。

月桂

英 文 名：Bay Laurel
拉 丁 名：*Laurus nobilis*
植物科属：樟科月桂属
萃取部位：叶片
萃取方式：蒸馏
气味形容：肉桂与尤加利混合的香味
主要产地：土耳其、波斯尼亚和黑塞哥维那（波黑）

代表成分

1,8-桉油醇	44%~60%	沉香醇	3%~6%
柠檬烯	1%	乙酸松油酯	6%~10%
桧烯	5%~9%	α-松油烯	5%~6%
甲基醚丁香酚	1%~5%	β-松油烯	4%~5%
萜品烯-4-醇	2%~4%	月桂烯	1%
α-萜品醇	1.5%~2.5%	γ-萜品烯	1%~1.5%

- 改善肠胃胀气，安抚胃痛，开胃口
- 辛温解表，发汗的特性有助退烧
- 缓解流行性感冒与一般感冒
- 缓解呼吸道感染症状，抗病毒，抗菌
- 融解黏液，有助祛痰，处理痰咳
- 改善免疫系统失调

- 缓解风湿痛、肌肉痛、扭伤，消炎止痛
- 改善淋巴阻塞与循环系统不畅
- 调节月经量过少
- 调理滋养头皮，刺激生发，减少头皮屑

心理功效：让人充满活力，跃跃欲试，超越局限，对未来充满信心。

月桂原产于地中海，又称为海湾树，为常绿乔木，叶片光滑，高7~18米，花期为3~5月，果期为6~9月，喜阳光，在排水良好的沙地比较容易生存。

在古希腊，月桂这种植物被命名为Daphne，与神话中的仙女同名，传说阿波罗爱上了盖亚（大地母亲）的女祭司达芙妮（Daphne），对她展开了热烈追求，达芙妮为了躲避阿波罗，请求盖亚帮助，盖亚把她送到了克里特岛，将她变成一棵月桂树，阿波罗为了怀念她，将月桂叶做成花环戴在头上，阿波罗被称为"光明之神，"主管太阳、医药、音乐等，是人类的保护神，因此，戴在阿波罗头上的月桂则有了光明与赞颂之意，在奥林匹克运动会中，获得奖牌的运动员，也会受赠一项月桂编织的"桂冠"。

在古罗马文化中，月桂也是胜利的象征，在一些仪式中广泛运用。月桂也被称为甜月桂，是一款温暖、充满活力的精油。

有的精油，当你嗅吸它的气味，就能联想到它适合处理什么问题，比如月桂，它温暖、辛香的气息，同时又含有较高比例的1,8-桉油醇，很适合用于风寒感冒，或是在冬天预防感冒时用来熏香。

注意不要与加利福尼亚湾的月桂树（California Bay Laurel）混为一谈，加州月桂的拉丁名为*Umbellularia californica*，有资料显示如果用加州月桂精油来熏香，可能引发偏头痛，购买时注意区分拉丁名。

山鸡椒

英 文 名：Litsea Cubeba （May Chang ）
拉 丁 名：*Litsea cubeba*
植物科属：樟科木姜子属
萃取部位：果实
萃取方式：蒸馏
气味形容：柠檬混合草本的清新气味
主要产地：越南、中国

代表成分

牻牛儿醛	38%～42%	橙花醛	30%～33%
柠檬烯	4%～12%	香茅醛	1%～5%
沉香醇	1%～2%	牻牛儿醇	1%～2%
月桂烯	1%～2%	橙花醇	0.5%～1%
松油烯	1.5%～3%	桧烯	0.5%～1.5%

生理功效

- 温中温肾散寒，止痛止呕
- 治疗消化不良、胀气、腹痛
- 抗感染效果佳，缓解肠胃炎
- 帮助重建肠道功能，开胃口
- 良好的抗病菌功效，预防流感
- 辅助治疗风寒感冒，以及寒性肠胃型感冒
- 缓解肌肉酸痛、风湿痛
- 改善体液过多的问题，缓解多汗症
- 适合油性肌肤，杀菌力强，缓解痤疮
- 调理油性头皮，收敛过多的油脂分泌
- 有助改善斑点肌肤，美白肌肤
- 清除身体异味，环境除臭，驱蚊

心理功效：改善焦虑症，激励身体，重现活力。

山鸡椒为落叶灌木或小乔木，高8~10米，幼树树皮黄绿色，老树树皮灰褐色，枝叶具有芳香气味，原产于印度尼西亚和马来半岛，喜阳，喜湿润，花期为2~3月，果期为7—8月，果实小粒，有点像胡椒，成熟后是黑色的，散发明显香味。

山鸡椒可对标中药荜澄茄，其中药的来源有两种植物，一种和山鸡椒同科同属，一种是胡椒科常绿攀缘性藤本植物荜澄茄（*Piper cubeba*），两者都是取果实入药。考古本草所用的荜澄茄是胡椒科植物，目前使用的都是樟科植物山鸡椒，因此两者药效大致相近。

《本草纲目》记载："毕澄茄，（珣曰）胡椒生南海诸国。向阴者为澄茄，向阳者为胡椒。（毕澄茄）实，辛，温，无毒。下气消食，去皮肤风，心腹间气胀，令人能食，疗鬼气。能染发及香身。治一切冷气痰癖，并霍乱吐泻，肚腹痛，肾气膀胱冷。暖脾胃，止呕吐哕逆。"荜澄茄的功效可以总结为温中降逆，温肾助阳。

山鸡椒又称为山胡椒、山姜子、山苍子，主要用于散膀胱寒气，治下焦虚寒所致的小便不利、小便浑浊等问题，也可治疗寒疝疼痛，可以配合其他温里散寒除湿药一起使用。还能处理脾胃问题，温暖的特性适合各种脾胃寒凉造成的不适症状。

山鸡椒精油的成分中，顺式柠檬醛又称为橙花醛，反式柠檬醛又称为牻牛儿醛，两者都是柠檬醛的组成物，在山鸡椒精油中柠檬醛含量为68%~75%，高剂量可能会刺激皮肤，建议低剂量使用，尤其是用于护肤时，要低浓度使用。柠檬醛抗菌力强大，特别是对霉菌和病毒，同时能提升免疫力，剂量高时会提升血压，兴奋交感神经；剂量低时则能舒张血管、降低血压，兴奋副交感神经；柠檬醛还能保护心血管，防止血栓；影响前列腺素，抑制发炎。

精油中，柠檬香桃木精油的柠檬醛含量最高，为84%~90%，因此抗菌、抗病毒、抗霉菌力很强，但也比较刺激，使用时需要把握浓度。

黑胡椒

英 文 名：Black Pepper
拉 丁 名：*Piper nigrum*
植物科属：胡椒科胡椒属
萃取部位：果实
萃取方式：蒸馏
气味形容：辛香、浓郁的香料味
主要产地：马达加斯加、斯里兰卡

代表成分

β-丁香油烃	22%~26%	柠檬烯	15%~18%
α-松油烯	13%~15%	β-松油烯	11%~12%
δ3-蒈烯	8%~11%	β-月桂烯	2%~5%
δ-榄香烯	1%~4%	大根老鹳草烯	1%~3%

生理功效

- 治五脏风冷，温中除湿，化冷积，止冷痛，去寒痰
- 处理寒凉食物造成的脾胃不适
- 调顺肠道功能，促进肠胃蠕动
- 双向调节，改善寒性腹泻或便秘
- 改善胃口不佳，反胃，胀气，腹绞痛
- 消解脂肪，加速新陈代谢，有助瘦身
- 刺激脾脏，促进红细胞新生，改善贫血
- 缓解虚寒性胃肠型感冒

- 用量低时，有助退烧，适合风寒感冒
- 强烈的红皮剂，促进血液循环，有助活血化瘀
- 缓解风湿痛和关节炎
- 缓解肌肉酸痛、僵硬、劳损
- 增加肌肉耐力，在运动前后都可以使用
- 利尿剂，能激励肾脏功能
- 有助改善性冷淡

心理功效：温暖冰冷的心，重拾对人、对事的热情与信心。

胡椒原产于东南亚、南亚地区，为木质攀缘藤本，可以长到4米长，叶厚，近革质，阔卵形至卵状长圆形，花序与叶对生，随着果实成熟，穗长7~15厘米，胡椒适合湿润、排水良好的土壤环境。

大约四千年前，印度人就把胡椒当药物和香料使用，治疗泌尿系统问题和肝功能失调，也用来治疗霍乱和痢疾。古希腊人用胡椒来退烧。到了五世纪欧洲也开始广泛使用，对胡椒的评价极高，据说从匈奴王手上赎回罗马城的条件之一，就是要付出三千磅的胡椒，被誉为"黑色黄金"，在古代可以等同货币流通。在传统阿育吠陀疗法中，胡椒用来处理消化系统和呼吸系统的问题，有个著名的药方叫"Trikatu"，就是以姜和胡椒为配方。

中国运用胡椒的历史非常悠久，也是现代家庭厨房必不可少的调料，胡椒是药食同源的香料，可以温中散寒，对各类寒性疾病都非常适合。

《本草汇言》记载："胡椒，温中下气，去冷消食，化一切鱼腥、水果、菜蕈之药也。朱丹溪曰：胡椒属火性燥，禀纯阳之气，食之快膈。其去胃中寒痰，食已即吐水甚验。故《唐本草》主去寒痰，止呕逆，禁久痢，散寒疝水瘕等证，盖本温中散寒之君剂也。然走气助火，能耗真气。又如脾、胃、肺、大肠有郁热者，不宜擅食也。"胡椒的功效可以总结为温中、散寒、燥痰。清代著名医学家王士雄（孟英）在其食疗养生著作《随息居饮食谱》中记载了一则胡椒的外用方法："发散寒邪。胡椒、丁香各七粒，碾碎，以葱白杵膏，和涂两手心，合掌握定，夹于大腿内侧，温被取汗。"对于芳香疗法外用黑胡椒精油，可以借鉴之。

胡椒的干品共有四种颜色，将未完全成熟的胡椒果实晒干，它的表皮会产生皱缩，从而得到黑胡椒；将成熟果实采摘后，除去表皮，晒干，就变成了白胡椒；刚摘下的未成熟的果实是绿色的，用一些特殊方式处理，比如冷冻干燥，就得到了绿花椒；成熟的果实用类似绿花椒的方式进行处理，就得到了红花椒。芳疗常用黑胡椒精油，是用黑胡椒萃取而得，精油颜色从透明到淡黄、淡绿色都有，随着时间推移会慢慢转黄。

姜

英 文 名：Ginger
拉 丁 名：*Zingiber officinale*
植物科属：姜科姜属
萃取部位：根茎
萃取方式：蒸馏、超临界二氧化碳流体萃取
气味形容：辛辣、鲜香、温暖的香料气息
主要产地：斯里兰卡、印度、马达加斯加、
　　　　　尼日利亚、印度尼西亚

代表成分

蒸馏萃取姜精油：

α-姜烯醇	28%～35%	β-倍半水茴香烯	12%～13%
芳姜黄烯	3%～9%	α-没药烯	2%～8%
樟烯	3%～9%	β-没药烯	3%～8%
β-水芹烯	1%～6%	α-松油烯	1%～4%
1,8-桉油醇	1%～4%	月桂烯	0.6%～1%
橙花醛	1%～2%	牻牛儿醛	3%～6%
大根老鹳草烯	1%	α-金合欢烯	1%～11%
蛇床烯	0.9%	乙酸牻牛儿酯	0.7%

超临界二氧化碳流体萃取姜精油：

α-姜烯醇	19%～20%	6-姜酚（姜辣醇）	15%～16%
芳姜黄烯	13%～15%	倍半水茴香烯	13%～14%
β-没药烯	7%～8%	α-金合欢烯	6%～8%
8-姜酚（姜辣醇）	3%～4%	10-姜酚（姜辣醇）	3%～4%
6-姜烯酚（姜辣烯酮）	3%	8-姜烯酚（姜辣烯酮）	0.6%

生理功效

· 发散风寒，温肺止咳（寒咳）

· 温中散寒，用于脾胃寒凉造成的脾胃问题，止呕

· 缓解胃绞痛、腹痛、腹泻、便秘、消化不良，暖胃

· 改善身体湿气过重，辛温，发散，燥湿

· 缓解风湿痛、风湿关节炎，改善肌肉僵硬、疼痛

· 回阳通脉，促进循环，改善手脚冰冷等阳虚症状

· 改善女性下焦虚寒证，月经血块多、寒性痛经

- 活血散瘀，改善寒凝血瘀造成的一系列问题
- 扩张血管，有助预防和改善血栓
- 帮助排毒，可解鱼蟹毒
- 改善晕机、晕船
- 去头风，有助改善风寒邪导致的头痛
- 改善性冷淡

心理功效：增强阳的特质，激励积极向上的热情。

姜是一年生草本植物，高约1米，叶片披针形或线状披针形，无毛，无柄，有黄绿色穗状花序，球果状，根茎肥厚，多分枝，有芳香及辛辣味，喜欢温暖、湿润气候，耐寒和抗旱能力较弱，不耐强日照，喜欢肥沃疏松的壤土或沙壤土。

《论语》中，孔子曰"不撤姜食，不多食"，意思是每天都要吃些姜，但也不可多吃。姜，在中国历史、中医史以及传统生活中，占据着极其重要的地位，事实上，姜无论传到哪里，都受到重视。

古埃及人用姜烹调以及预防感染疾病；在印度阿育吠陀疗法中，姜用来帮助身体排毒；姜经由阿拉伯人介绍到地中海，是最早从亚洲传入欧洲的香料之一，在十四世纪的英国，一磅生姜的价格相当于一只羊的价格；古罗马人甚至用姜来治疗眼病；古希腊人认为姜有暖身的特性，能解毒；狄欧斯科里德认为姜是健胃优品，可以提振消化功能；十二世纪的治疗师圣希尔德嘉德，认为姜是兴奋剂与滋补品，可以促进性欲；中世纪时，姜还用来抵抗黑死病。

中药有生姜、干姜、煨姜、炮姜，其中生姜与干姜，并非只是新鲜姜与晒干姜的区别。生姜与干姜虽然是同一种植物的根茎，但栽培方式有明显的差异，生姜在栽培时，要不断地培土，把根茎掩埋在土里，而姜的根茎，有趋光性，于是它便会不停地长，想要让部分根茎冒出地面以见光，这种栽培方式下的姜根，块头比较大，质地疏松，相对比较嫩，作为生姜用。而干姜则不同，在栽培过程中不培土，始终让根茎暴露在土表，让姜根一直保持见光，它就不会拼命地长，这样的栽培方式让内在成分不断积累，使得干姜质地紧实，块头较小。生姜长得快，内在的成分积累不够，质地相

对没那么密实，晒干以后会皱缩，比较轻。而干姜内在的成分非常质密，晒干以后基本不会皱缩，比较沉重。

临床运用上，生姜走表，干姜走里，生姜作为发散风寒药，它的主要作用是发散风寒，温中止呕，温肺止咳；而干姜作为温里药，主要作用是温中散寒，回阳通脉，燥湿消痰。干姜的温中作用强于生姜，但是生姜长于止呕，擅长发散风寒。煨姜走表里的性介于生姜与干姜之间。《本草从新》记载："煨姜，和中止呕。用生姜惧其散，用干姜惧其燥，唯此略不燥散。凡和中止呕，及与大枣并用，取其行脾胃之津液而和营卫，最为平妥。"炮姜是把干姜放在锅里用高温大火急炒，炒至表面焦黑，内里焦黄，它的主要作用是温经止血，温中止痛，强调炒炭后的止血作用。

中医古籍中对于姜的记载太多了，《本草从新》记载："生姜，辛，温。行阳分而祛寒发表，宣肺气而解郁调中，畅胃口而开痰下食。治伤寒头痛，伤风鼻塞，咳逆呕哕，胸壅痰膈，寒痛湿泻。消水气，行血痹，通神明，去秽恶。杀半夏、南星、菌蕈、野禽毒。辟雾露山岚瘴气。""干姜，辛，热。逐寒邪而发表温经，燥脾湿而定呕消痰，同五味利肺气而治寒嗽。开五脏

六腑，通四肢关节，宣诸络脉。治冷痹寒痞，反胃下利，腹痛癥瘕积胀。开胃扶脾，消食去滞。"阐述了干姜与生姜的功效，值得一提的是，生姜性温，是对比干姜而言，但对比其他温性中药来讲，生姜并非温，论其性温偏热更为恰当。

中药里有干姜、生姜、煨姜、炮姜

精油中有两种萃取方法——蒸馏法和超临界二氧化碳流体萃取法，在运用上有什么区别呢？超临界二氧化碳流体萃取法获得的姜精油，接近生姜的成分，性味、功效可以参考生姜；而蒸馏姜精油则更偏向于煨姜或干姜之性，姜经过蒸馏加热，会丧失一些"气"，所以发散解表之力要弱一些。超临界二氧化碳流体萃取法的姜精油中的姜辣醇和姜辣烯酮可以快速刺激循环，在表皮产生热感，将"表寒"驱散，所以，两者对比的话，超临界二氧化碳流体萃取法的姜精油是先走表再走里，以走表为主，而蒸馏法的姜精油则是走里为主；超临界二氧化碳流体萃取法的姜精油就像热情火爆的特性，而蒸馏法的姜精油则更显温和的特质。当然，这两种姜精油也可以搭配使用，姜精油在芳香疗法中是非常好用的精油，对于身体各类寒证都可以使用。超临界二氧化碳流体萃取法的姜精油对皮肤更显

刺激，在使用时要注意把握剂量，但东方人普遍比西方人耐受度更高。

现代研究表明，姜能促进消化液分泌，保护胃黏膜，还能兴奋血管运动中枢、呼吸中枢和心脏，可强心、扩张血管、升高血压，对伤寒杆菌、霍乱弧菌、堇色毛癣菌、阴道滴虫、病原微生物等，有不同程度的抑杀作用，并有防止血吸虫卵孵化及杀灭血吸虫的作用。

小豆蔻

英 文 名：Cardamon
拉 丁 名：*Elettaria cardamomum*
植物科属：姜科小豆蔻属
萃取部位：果实
萃取方式：蒸馏
气味形容：好闻的香料味，隐约的姜与坚果香味
主要产地：危地马拉、印度

代表成分

α-乙酸松油酯	37%～45%	1,8-桉油醇	28%～35%
桧烯	2%～6%	乙酸沉香酯	4%～5%
柠檬烯	5%	沉香醇	3%
月桂烯	1%～3%	α-萜品醇	1%～2%
萜品烯-4-醇	1%	α-松油烯	1%～2%
牻牛儿醇	0.9%	橙花叔醇	0.5%～1%
乙酸牻牛儿酯	0.9%	蛇床烯	0.5%

生理功效

- 芳香化湿、行气、温中、温肾
- 处理湿浊阻滞中焦诸症
- 助消化，减轻反胃、呕吐、胀气、腹泻、腹痛

- 改善厌食、神经紧张造成的消化问题
- 含桉油醇，很适合处理肠胃型感冒、风寒感冒、寒咳等
- 温和的抗痉挛效果，有助于改善心悸

- 轻微利尿效果，促进胆汁分泌
- 有助分解脂肪，用于减肥
- 缓解风湿关节炎及肾阳虚引起的腰酸
- 缓解坐骨神经痛、肌肉疲劳酸痛、

拉伤、扭伤
- 有暖身效果，对身体寒证可以配伍运用

心理功效：发展非凡的个人能力，开创新想法、新视野。

小豆蔻在中国植物志中的学名是绿豆蔻，原产于印度南方，很常见的一种植物，为多年生草本植物，在热带地区被广泛种植，喜欢潮湿的土壤，一般为2~4米高，花为白色或淡紫色，果实长1~2厘米，含有15~20粒黑色和棕色的种子。

在阿育吠陀药经中，小豆蔻的运用历史超过三千年，主要运用于消化系统问题；古埃及人将小豆蔻焚香用于宗教仪式，还认为嚼小豆蔻可以保持牙齿洁白；古罗马人认为小豆蔻可以帮助消化；传入欧洲以后，被用来制成香水，加入利口酒及咖啡中。希波克拉底和狄欧斯科里德都有提及小豆蔻的功效，认为小豆蔻适合缓解坐骨神经痛、咳嗽、痉挛、腹痛和尿液停滞。

第一次世界大战前，德国咖啡种植者将它引入危地马拉种植，现在该国已成为世界上最大的小豆蔻生产及出口国，其次是印度。

过去芳疗界会将小豆蔻称为豆蔻，实际上在中国植物志中，豆蔻是肉豆蔻的俗名，英文名为Nutmeg，拉丁名为*Myristica fragrans*，是肉豆蔻科肉豆蔻属，两者不同科不同属，小豆蔻的果实是小粒三角形的，肉豆蔻是大粒圆形的，所以为了避免混淆，应该弃用豆蔻这个名字，分别称为小豆蔻与肉豆蔻。肉豆蔻精油含有3%左右的肉豆蔻醚，1%左右的黄樟素，这两种成分有轻微毒性，相较而言没有小豆蔻精油好运用，肉豆蔻比较特别的一点是略具迷幻的效果，印度人称肉豆蔻为"令人心醉的果实"。其他方面，比如处理脾胃问题，优选小豆蔻精油，因为它是以酯类和醇类成分为主，相较安全很多，购买时注意区分，以拉丁名为准。

中药有红豆蔻、草豆蔻、肉豆蔻、白豆蔻等，对于古籍中的记载，多有混淆，并不能准确辨认科属，现代中药书籍记载以上四种豆蔻的拉丁名均与小豆蔻不同。小豆蔻非中国原产，古籍中几乎没有完全准确对应的中药记载，不过这些香料类的中药/精油，功效都有类似之处，大多为温性，因本身是食物，所以亲近脾胃，对寒性的脾胃问题多有助益。

桃金娘科

taojinniangke

丁香

英 文 名：Clove Bud
拉 丁 名：*Eugenia caryophyllus*
植物科属：桃金娘科蒲桃属
萃取部位：花苞
萃取方式：蒸馏
气味形容：温暖、辛香、甘甜的香料味
主要产地：马达加斯加、斯里兰卡、印度尼西亚

代表成分

丁香酚	75%~85%	乙酸丁香酯	10%~15%
β-丁香油烃	4%~8%	α-丁香油烃	0.5%~1%
葎草烯	0.8%	蒌叶酚	0.1%~0.2%

生理功效

- 温中降逆，散寒止痛
- 优良的止痛剂，处理牙痛、头痛、偏头痛及其他痛症
- 舒缓痉挛，处理腹痛、腹泻、嗳气、呕吐
- 辅助治疗病毒及细菌性肠胃炎，上吐下泻
- 帮助消化，提升食欲，改善胀气及口臭
- 略有温肾补阳功效，暖身、处理各类寒证，对性冷淡有帮助
- 强力抗菌、抗真菌、抗病毒、抗寄生虫

- 对各类感染性适应证，均可使用
- 治疗支气管炎，鼻窦炎，散风寒
- 可以净化空气，尤其适合冬季流感期间熏香
- 辅助治疗病毒性神经炎、神经痛、风湿性关节炎
- 辅助治疗唇疱疹及生殖器疱疹
- 辅助治疗膀胱炎，输卵管炎等生殖泌尿系统感染症
- 辅助治疗感染性溃疡、外伤、疥癣、褥疮、感染性皮肤问题
- 调理松弛及血液循环差的肌肤
- 优秀的驱虫剂，可用于环境驱虫

心理功效：重塑信念，激发信心、积极、勇敢与乐观的人生态度。

丁香原产于印度尼西亚马鲁古群岛（Maluku Islands），为常绿乔木，通常能长到8~12米，叶片较大，花朵丛生，花蕾开始是绿色，准备采收时变成红色，丁香花收获的长度为1.5~2厘米，晒干后呈深咖啡色。

丁香又称为丁子香、鸡舌香，它的花蕾称为公丁香，果实称为母丁香。中药也有丁香这一味。丁香作为香料和药物，在亚洲运用的历史非常悠久，欧洲传统医学用它处理牙痛及其他类型的疼痛，上篇中国香史中也有提到古人用丁香来清新口气。丁香也是重要的厨房香料，在现代中国人以至东南亚人的厨房，都是必不可少的一味。

李中梓在《雷公炮制药性解》中记载丁香："味甘辛，性温，无毒，入肺、脾、胃、肾四经。主口气腹痛、霍乱反胃、鬼疰蛊毒及肾气奔豚气，壮阳暖腰膝，疗冷气，杀酒毒，消疰癖，除冷劳。有大如山茱萸者，名母丁香，气味尤佳。丁香辛温走肺部，甘温走脾胃。肾者土所制而金所生也，宜咸入之。果犯寒病，投之辄应，倘因火症，召祸匪轻。"中药丁香主要用于胃寒呕吐、呃逆、少食、脘腹冷痛、腹泻，以及肾阳不足所致的阳痿、虚寒等证，常与附子、肉桂等同用。

丁香有从花苞、枝干、叶片不同部位萃取的精油，一般芳香疗法选用花苞萃取的精油，因为枝干和叶片萃取的精油含有高比例的丁香酚，最高可达98%，比较刺激，所以较少使用。花苞萃取的精油丁香酚含量最低是60%，最高为90%，常见的含量区间在75%～85%，相较比较合适应用。同时，丁香花苞精油中所含的乙酸丁香酯以及β-丁香油烃，可以平衡丁香酚的刺激性，使得整得上相对温和。产地上来讲，马达加斯加所产的丁香精油酯类成分相对较高，所以更加温和。

不过丁香酚在酚类成分家族中，并不算最刺激的成分，相对其他酚类比较温和，酚类显著的特点就是强力抗菌、抗病毒、抗真菌、抗寄生虫，丁香还呈现强力抗氧化性，传统运用上，在大瘟疫时期，丁香也发挥其预防和治疗疾病的卓越功效，有个著名的历史事实足以说明丁香的优秀：当荷兰人把马鲁古群岛上的丁香树砍光以后，传染病便相继暴发。在现代，对于一些耐药性强的病菌，丁香或许也能发挥强有力的抗击效果。

蓝胶尤加利

英 文 名：Eucalyptus Blue Gum
拉 丁 名：*Eucalyptus globulus*
植物科属：桃金娘科桉属
萃取部位：叶片
萃取方式：蒸馏
气味形容：劲爽、醒脑、冲击力强的叶片香
主要产地：葡萄牙、西班牙

代表成分

1,8-桉油醇	65%~80%	α-松油烯	7%~21%
香树烯	1%~6%	反式松香芹醇	0.5%~2%
对伞花烃	0.6%~3%	α-乙酸松油酯	0.6%
松香芹酮	0.1%~0.8%	α-萜品醇	0.5%~1%
别香树烯	0.5%~6%	β-松油烯	0.4%

生理功效

- 祛风解表，提升卫气，具有很好的免疫力刺激功效
- 缓解感冒症状，辅助治疗鼻喉黏膜炎
- 强劲的抗病毒和抗菌功效
- 熏香可预防流感及一般感冒传染
- 净化通畅呼吸道，对黏液具有干化作用
- 有助于降低体温，有助于处理麻疹
- 祛痰，治疗支气管炎、肺炎、鼻窦炎、鼻咽炎
- 消除感冒及鼻炎造成的头疼，改善偏头痛
- 孩子水痘期间的护理用油
- 清利头目，提升专注度与记忆力

- 缓解肌肉关节痛，风湿关节炎，肌肉酸痛，拉伤，扭伤
- 抑制链球菌、葡萄球菌、肺炎双球菌、大肠杆菌等
- 缓解消化道感染症状，改善腹泻
- 利尿，治疗泌尿系统感染症，如肾炎、膀胱炎等
- 改善脚气、金钱癣、褥疮、疣、疱疹、皮炎
- 辅助治疗脂溢性皮肤炎、面疱、粉刺
- 有助通透肌肤，改善阻塞的皮肤
- 驱除蚊虫，也可缓解蚊虫叮咬后的皮肤不适
- 辅助治疗风湿、扭伤，改善神经痛

心理功效：让头脑清醒，情绪冷静、理智、燃起斗志。

蓝胶尤加利在中国植物志中的学名是蓝桉，原产于澳大利亚，常绿乔木，通常可以长到45米高，在理想状态下，甚至能长到90～100米，树皮为白色泛浅灰蓝色，幼叶卵形，蓝绿色，成年叶片则是长矛状，深灰蓝色。蓝胶尤加利可以改善周边水土环境，使土壤不过分潮湿，不易滋生细菌产生疟疾。

蓝胶尤加利又被称为蓝桉尤加利，尤加利也被称为桉树，在数百种尤加利中，能萃取精油的不超过20种，蓝胶尤加利是应用比较广泛的品种。

桉树是一种具有"侵略性"的树种，它移植到欧洲和亚洲后，会分泌一些化学物质，使附近的土壤性质改变，抑制其他植物的生长，这种特性像极了尤加利精油的特点——对病毒、细菌具有强攻击性，可以很好地杀灭它们。

瓦涅医师曾经做过尤加利的抗菌功效研究，他发现2%浓度的尤加利精油喷雾剂，可以杀死空气中70%的葡萄球菌。尤加利精油中的芳香烯类分子，和空气中的氧气接触以后，会发生化学反应产生类臭氧物质，从而抑制细菌的繁殖。

德国的克罗埃、兹斯特、荷梅尔医师也有对尤加利抗菌性的研究，结论是尤加利精油是很好的发汗剂、兴奋剂、抗黏膜炎剂，对呼吸道有着非常卓越的功效，许多法国处方药与市售的感冒药都含有尤加利。

特洛瑟斯医师指出，尤加利有降血糖的效果，他用尤加利精油辅助治疗糖尿病。

蓝胶尤加利精油过量使用可能造成黏膜干燥，对于黏膜薄，鼻腔干痒人群不建议使用。

澳洲尤加利

英 文 名：Eucalyptus Narrow Leaf
拉 丁 名：*Eucalyptus radiata*
植物科属：桃金娘科桉属
萃取部位：叶片
萃取方式：蒸馏

气味形容：醒脑、清新的叶片香
主要产地：澳大利亚、马达加斯加、南非

代表成分

1,8-桉油醇	65%~72%	α-萜品醇	9%~15%
α-松油烯	2%~3%	桧烯	1.5%~2.5%
月桂烯	1.5%	α-乙酸松油酯	1.3%
萜品烯-4-醇	0.8%~1.5%	牻牛儿醇	1%~1.5%
β-松油烯	0.6%~1%	α-水芹烯	0.5%~1%

生理功效

- 祛风解表，提升卫气，增强免疫力
- 抗病毒、抗菌、祛痰、消炎、止痛、抗痉挛
- 辅助治疗感冒、鼻窦炎，咽炎、支气管炎、咳嗽
- 辅助治疗肺气肿、气喘、肺结核、发烧、中耳炎

- 清血、利尿，有助处理急性肾炎、膀胱炎
- 辅助治疗神经痛、风湿、关节炎
- 缓解肌肉酸痛、劳损、扭伤、拉伤
- 洁净子宫，改善子宫内膜异位症，强化子宫机能，化解粘连
- 清除肌肤阻塞，改善皮炎、痤疮等

心理功效：释放压抑，启发对自我的爱，传达保护力，舒解紧张、浮躁的情绪。

澳洲尤加利在中国植物志中的学名是镭射桉，原产于澳大利亚东南部，树干上有粗糙、纤维状的灰色树皮，有细长的线形长矛状树叶，通常为10~50米高，生长速度较其他尤加利更慢，呈现更"温和"的性格特质，喜欢潮湿的土壤。

几百年来，澳大利亚原住民一直使用桉树的叶子进行防腐和治疗。十九世纪中期，在北非最潮湿、最不健康的地区之一阿尔及尔种植了桉树林，这是一项出色的植物策略，有效阻止疟疾的蔓延，这些树需要大量的水才能茁壮成长，从而降低了地下水位，消除了携带疟疾的蚊子的繁殖栖息地，还用叶子散发出的香气驱赶了蚊虫。

药剂师约瑟夫·博西斯托非常推崇尤加利的功效。尤加利也是十九世纪英国药典中唯一的澳大利亚特色品种。

尤加利精油家族很多功效是相通的，但分别又显现出一些"个性特质"，澳洲尤加利精油相较蓝胶尤加利精油而言，拥有更多的醇类成分，所以更显温和，适合小朋友及老人，它对黏膜比较温和，没有那么强的干化和刺激性，更适合长期使用。

柠檬尤加利

英 文 名：Eucalyptus Lemon
拉 丁 名：*Eucalyptus citriodora*
植物科属：桃金娘科桉属
萃取部位：叶片
萃取方式：蒸馏
气味形容：清新的柠檬加薄荷的叶片香
主要产地：马达加斯加、印度、南非、马拉维

代表成分

香茅醛	70%~80%	异胡薄荷醇	8%~9%
香茅醇	4%~8%	丁香油烃	1%~2%
β-松油烯	0.5%~1%	乙酸香茅酯	1%~2%
1,8-桉油醇	0.6%	α-松油烯	0.3%

生理功效

- 消炎，止痛效果佳，祛风湿
- 改善风湿关节炎、关节痛、肌肉僵硬
- 改善五十肩、网球肘、肩周炎，动脉炎
- 改善坐骨神经痛、肌肉神经性发炎
- 抗感染，杀菌力比石碳酸高 8 倍
- 安抚气管痉挛，适合哮喘
- 辅助治疗膀胱炎、阴道炎、尿道炎、带状疱疹、登革热
- 提升免疫力，辅助治疗支气管炎、肺炎、咳嗽
- 改善循环系统及身体机能缓慢
- 降血压，有助改善高血压
- 具有驱蚊、驱虫效果

心理功效：放下紧张、提振精神，在世俗中找到平衡。

柠檬尤加利在中国植物志中的学名是柠檬桉，原产于澳洲东北部，树皮是光滑的灰白色或略带粉色，树皮会有薄片剥落，喜欢湿热和肥沃土壤，能耐轻霜，生长速度快，生命力蓬勃发达，通常有25~40米，叶片有柠檬香味。

柠檬尤加利又称为柠檬桉，它的特点是含有高比例的香茅醛，这个成分可以合成孟二醇（p-menthane-3,8-diol，PMD），对避免蚊虫特别有用，在2000年，美国环境保护署（U.S Environmental Protection Agency，EPA）将PMD注册为"生物农药防护剂"，这种天然的化合物，可以替代有毒的人工化学防护剂，有效驱避蚊虫。

柠檬尤加利精油在尤加利精油家族中，有着鲜明的"个性特质"，并不像其他尤加利精油以桉油醇为主要成分，而是以香茅醛为主要成分，比香茅和柠檬草含量都高。香茅醛可以恢复身体弹力结构的机能，恢复韧带弹性，改善肌肉、韧带发炎和痛症，所以很适合用来处理肌肉关节等问题。

茶树

英 文 名：Tea Tree
拉 丁 名：*Melaleuca alternifolia*
植物科属：桃金娘科白千层属
萃取部位：叶片
萃取方式：蒸馏
气味形容：略带消毒药水的气息，但清新不刺鼻
主要产地：南非、澳大利亚、津巴布韦

代表成分

萜品烯-4-醇	33%～42%	γ-萜品烯	20%～28%
α-萜品烯	9%～15%	α-松油烯	2%～4%
1,8-桉油醇	3%～8%	异松油烯	2%～4%
对伞花烃	1%～2%	α-侧柏烯	0.8%～2%
α-萜品醇	1%～3%	β-水芹烯	0.8%～2%

生理功效

- 抗真菌、抗菌、抗病毒，提升免疫力
- 强大的天然抑菌剂，抗菌力是苯酚的 12 倍，石炭酸的 10～13 倍
- 抗菌卓越却非常温和，适合各类人群的感染症
- 缓解感冒，流感，传染病，呼吸道及胸腔感染等症状
- 有助发汗，帮助排毒和降低体温，处理发烧
- 改善耳鼻喉科各类感染症以及腺体发热问题
- 改善口腔感染，如牙龈炎、溃疡、口腔炎症
- 辅助治疗唇疱疹、鹅口疮、带状疱疹、褥疮、水痘、疣
- 辅助治疗尿路感染，阴道炎等生殖泌尿系统感染症
- 促进肌肤再生，愈合刀伤与创伤
- 改善痤疮肌肤，毛囊发炎，脂漏性皮炎
- 处理伤口感染化脓，治疗疖和痈
- 辅助治疗脚气、金钱癣、念珠菌类感染
- 放射性治疗前保护皮肤
- 处理蚊虫叮咬及一般性的皮肤瘙痒
- 祛除头皮屑，净化头皮，调理油性肌肤

心理功效：消除莫名的恐惧，重建内心的安全感。

茶树在中国植物志中的学名是互叶白千层，并非我们中国人熟知的、用于炒制茶叶的茶树，是白千层属的树种，高约7米，树冠茂密，树皮呈白色，如纸片般斑驳状，叶子交替排列，叶片光滑、柔软，叶形细长如线状，开白色或奶白色的穗状花序，喜欢排水良好但湿润的土壤以及阳光充足的环境。

茶树是用途最广、公众认知度最高的精油之一，很早之前，就被很多护肤品牌作为抗痘系列产品的主要成分，澳大利亚茶树精油在过去几年有供不应求的状况，因为需求量增大，而澳洲多年的干旱和大火等因素，导致产量下降，不过茶树生命力强，容易萃取，所以这种短暂的供应紧张，很快就得到缓解。

茶树精油是所有精油中，唯一一个拥有专属于自己的、非营利协会的精油——澳大利亚茶树工业协会（Australian Tea Tree Industry Association，ATTIA），因为澳大利亚是茶树的主产国，年产量约为50万千克。澳大利亚当局认为优质茶树精油的标准是萜品烯-4-醇30%以上，而1,8-桉油醇为15%以下。

澳大利亚当地原住民，很早就意识到茶树的药用价值，欧洲植物疗法科学合作组织（European Scientific Cooperative on Phytotherapy，ESCOP）、英国药典、英国制药协会，法国、德国、澳大利亚官方，都肯定茶树的药用价值。现在，茶树精油广泛用于个人洗护产品、口腔护理产品、去屑及痘肌产品中。

1930年澳大利亚医学杂志（*Australian Medical Journal*）报道，茶树可以处理伤口感染，促进疤痕复原。1933年英国医学杂志（*British Medical Journal*）报道，茶树精油是强力的杀菌剂，没有毒性，而且非常安全无刺激性。E.M.Humphrey指出，茶树能杀菌，但不会摧毁正常组织，是非常优秀的抗菌剂。1955年，美国处方手册（*United States Dispensatory*）指出，茶树精油的杀菌力是石炭酸的10～13倍。

1980年，澳大利亚有一项实验，用4：1000的浓度调和茶树精油与水，将它与葡萄球菌、白色念珠菌混合，在第7天、21天、35天分别检测，这些细菌不存在了。1983年，澳大利亚联合食品实验室的另一项实验表明，未洗手前手上的单位细菌数为3000，用蒸馏水冲洗后为2000，用含有茶树精油的水冲洗后，不到3个，几乎检测不到细菌。茶树精油的确是一款物美价廉的"广谱抗菌"精油，在临床中，广泛用于各类需要抗菌的身体状况，而且非常温和，即使是纯精油也可以直接用于皮肤上，但建议小范围、短时间，对于黏膜组织，则建议稀释使用。

香桃木

英 文 名：Myrtle
拉 丁 名：*Myrtus communis*
植物科属：桃金娘科香桃木属
萃取部位：叶片
萃取方式：蒸馏
气味形容：潮湿的树叶气息
主要产地：法国、突尼斯、摩洛哥

代表成分

红香桃木（Red Myrtle）

α-松油烯	25%~29%	柠檬烯	9%~13%
1,8-桉油醇	26%~30%	α-萜品醇	2%~4%
乙酸桃金娘酯	12%~16%	乙酸牻牛儿酯	2%~3%
沉香醇	2%~6%	甲基醚丁香酚	0.8%~1.2%

绿香桃木（Green Myrtle）

α-松油烯	52%~55%	柠檬烯	7%~9%
1,8-桉油醇	20%~25%	α-萜品醇	1%~2%
乙酸桃金娘酯	0.01-0.07%	乙酸牻牛儿酯	0.7%~2%
沉香醇	2%~3%	甲基醚丁香酚	0.4%

生理功效

· 净化的特性，适合呼吸道感染及胸腔感染
· 祛风解表胜湿，处理感冒，有助退烧
· 缓解支气管炎、鼻窦炎、咽峡炎

· 适合感冒期间的夜晚熏香（红香桃木）
· 改善带状疱疹，尿道炎，前列腺炎
· 缓解痉挛（红香桃木），缓解腹痛、经痛

- 改善白带异常，净化子宫
- 很好的收敛剂，有助减轻痔疮
- 收敛肌肤，有助减缓衰老松弛

- 改善痤疮、粉刺肌肤效果好，净化阻塞肌肤
- 驱除蚊虫，处理蚊虫叮咬不适

心理功效：释放委屈，接纳自己，重新找回平和。

香桃木为常绿灌木，原产于北非，现在多生长于地中海沿岸，高约5米，叶片及花朵散发芬芳，开白色或粉色花，叶片较小，为深绿色，具有闪亮的光泽，果实成熟是蓝黑色，耐热、耐干旱，但不耐风霜，喜日照。

早在古希腊及古埃及时期，人们就已经知道香桃木的药用功效，用叶片泡酒，用以退烧并防止感染。狄欧斯科里德曾指出，浸在香桃木的酒液能健胃，还可治疗肺脏和膀胱感染。1876年，德萨维涅克医师指出香桃木可以治疗支气管炎以及生殖泌尿系统感染，大力赞扬香桃木的功用。

香桃木是传统护肤圣品"天使之水"的主要成分，可以保持肌肤青春，可见其抗衰效果不错。

红香桃木与绿香桃木的拉丁名相同，成分构成上，绿香桃木精油含有高比例的α-松油烯，其他成分含量都低于红香桃木精油，尤其是乙酸桃金娘酯，整体上来说，酯类和醇类成分绿香

桃木精油都低于红香桃木精油，因此可想而知，红香桃木精油呈现更均衡，更温和的功效特性。松油烯的特性是增强肾上腺素，抗关节炎，因此在需要这两类特性时则使用绿香桃木精油更适合。用于皮肤护理，红香桃木精油更加合适。白天熏香绿香桃木精油更适合，夜晚熏香则红香桃木精油更适合。价格上，绿香桃木精油比红香桃木精油贵一倍，因此，红香桃木精油更具性价比。

五脉白千层

英 文 名：Niaouli
拉 丁 名：*Melaleuca quinquenervia*
植物科属：桃金娘科白千层属
萃取部位：叶片
萃取方式：蒸馏
气味形容：清爽醒脑的新鲜叶片香
主要产地：马达加斯加

代表成分

1,8-桉油醇	54%~64%	α-松油烯	7%~13%
α-萜品醇	4%~8%	β-松油烯	2%~3%
γ-萜品烯	1%~3%	丁香油烃	1%~3%
绿花醇	1%~6%	月桂烯	0.5%~1.5%
异松油烯	0.5%~1%	萜品烯-4-醇	0.6%~0.8%

生理功效

- 提升免疫力，强效抗菌
- 预防呼吸道感染，预防感冒
- 辅助治疗支气管炎、黏膜炎、鼻塞、肺部感染、气喘、百日咳
- 辅助治疗肠炎、痢疾
- 辅助治疗尿道炎、膀胱炎、前列腺炎等泌尿系统感染症
- 辅助治疗白带异常，处理白带问题引发的瘙痒
- 辅助治疗念珠菌感染疾病

- 减轻静脉充血，处理痔疮、静脉曲张
- 止痛，对风湿痛及神经痛有益
- 刺激细胞再生，有助创伤恢复，也可用来清洗伤口
- 不刺激皮肤，又能杀菌，很适合炎症肌肤
- 改善痘肌、痤疮、疔疖、牛皮癣
- 紧实肌肤，延缓皱纹产生
- 保护皮肤在放射治疗时不受伤害，避免灼伤

心理功效：在虚弱无力时给予默默的关怀，恢复能量。

在以往芳疗界中，将五脉白千层称为绿花白千层，但因为在中国植物志中绿花白千层是另一种植物，拉丁名为*Melaleuca viridiflora*，为避免错误延续，更名为五脉白千层。

五脉白千层原产于新喀里多尼亚、巴布新几内亚、澳大利亚东部沿海，为中等大小树种，高8~15米，树干上层覆盖着白色、米黄色、灰色的纸质样树皮，椭圆形树叶，绿色油亮，叶片上有五条叶脉，开穗状花序，颜色为白色或奶白色，喜欢生长在沼泽地，或是淤泥质土壤中，生命力强。

五脉白千层在传统用法上，常用来处理发烧、伤口、腹泻与风湿。抗生素发明之前，法国医院的产房和妇产科也常用它来杀菌消毒，也适合女性私处的清洁抗炎护理。五脉白千层也是许多药剂中常用的成分，如口腔喷剂、牙膏、个人护理产品、外伤护理药品等。

五脉白千层很有价值的一点在于，它不仅功效多元而强大，又非常温和，所以很适合各类人群使用，尤其是老人与小孩；在处理皮肤问题时，因其温和的特性，不会对皮肤造成过强的刺激；对于一些黏膜的感染症，也非常适合，不会对黏膜造成损伤；另外，女性私密部位通常比较脆弱不耐刺激，也适合用它来处理。

由于最初的植物学名和萃取植材选择有些混乱，使得五脉白千层在不同生态地形环境下，产生了不同化学类型的精油，如1,8-桉油醇、橙花醇、甲基醚丁香酚、甲基醚异丁香酚、沉香醇、绿花醇，最常见的是1,8-桉油醇这种化学类型，橙花醇、沉香醇、绿花醇也比较温和，在购买时留意化学类型或成分报告。

白千层

英 文 名：Cajeput
拉 丁 名：*Melaleuca cajuputi*
　　　　　Melaleuca leucadendron
植物科属：桃金娘科白千层属
萃取部位：叶片
萃取方式：蒸馏
气味形容：强劲、上冲的薄荷加天然樟脑味
主要产地：越南

代表成分

1,8-桉油醇	50%~70%	α-萜品醇	9%~12%
柠檬烯	4%~7%	β-松油烯	1%~3%
γ-萜品烯	2%~3%	α-松油烯	1%~5%
异松油烯	1%~2%	乙酸松油酯	1.5%
丁香油烯	1%~4%	α-葎草烯	1%~2%
蛇床烯	1.5%-2.5%	沉香醇	0.5%~3%
对伞花烃	0.6%~1%	萜品烯-4-醇	0.8%~1.2%

生理功效

- 呼吸道绝佳抗菌剂，缓解感冒及呼吸道感染症状
- 祛风，促进发汗，有助退烧
- 提升免疫力，预防流感
- 清除过多的鼻腔黏液，避免细菌滋生，治疗鼻窦炎
- 止痛的效果可以缓解头痛、牙痛、喉咙痛、神经痛

- 强劲的神经兴奋剂
- 辅助治疗风湿病、关节僵硬、关节炎，肌肉僵硬
- 辅助治疗膀胱炎、尿路感染
- 改善肠炎、痢疾、呕吐，缓解肠绞痛
- 辅助治疗皮炎、皮疹、粉刺、干癣
- 著名的解毒剂，辅助治疗蚊虫咬伤和头虱

心理功效：激励勇于表达自我的勇气。

　　白千层原产于澳大利亚，高约18~35米，多层剥落树皮呈灰白色或白色，叶片互生，皮革质地，披针形或窄长圆形，穗状花序，花为白色或乳白色，喜欢生长在水边，生命力强。

　　精油的名称来源于马来语"Caju-puti"，意指白色的树。马来西亚当地原住民很早就知道白千层的疗效，可以治疗感冒和慢性风湿症，也有发汗的作用，在霍乱发生期间用来治疗和预防。桂柏医师在1876年的《简单药物自然史》（*The Natural History of Simple Drugs*）中详细记述了白千层的药效，他认为白千层对肠胃病、痢疾、泌尿疾病、膀胱炎、尿道感染、流感等问题有治疗功效。

白千层常常拿来和五脉白千层做对比，一般认为五脉白千层更加温和，白千层更显刺激。派翠西亚认为："白千层精油会刺激皮肤，是一种非常强力的兴奋剂，除非用镇定效果的精油中和，否则不适合在睡前吸闻及熏香。"也许是因为白千层含有柠檬烯，这个成分容易氧化变成对伞花烃，继而变成百里酚或香荆芥酚，从而对皮肤产生刺激性。但实际上，白千层的柠檬烯含量不是非常高，在保存时注意盖紧瓶盖、不要频繁开启尽量避免氧化，就不会这么容易产生刺激性；而其兴奋效果，主要来源于桉油醇成分，夜晚熏香有非常多的选择，可以避开白千层，但从另一个角度来看，说明白千层有非常好的醒神、清利头目的功效，很适合感冒期间工作时使用，有利于降低感冒带来的头脑浑沌感，所以，我们在使用精油时，要灵活变通，知其然并知其所以然，方能进退有度，"锋利"的快刀虽然比钝刀易伤手，但快、准、狠的特性，在需要它时也能快刀斩乱麻。

Cajeput这个英文名对应数个拉丁名，如*Melaleuca cajuputi*、*Melaleuca leucadendron*、*Melaleuca quinquenervia*、*Melaleuca linariifolia*、*Melaleuca viridiflora*，较常见是前两种，精油的化合物结构差不多。另外，不同批次的白千层精油，1,8-桉油醇的含量会有所不同，购买时留意拉丁名和成分报告。

松红梅

英 文 名：Manuka
拉 丁 名：*Leptospermum scoparium*
植物科属：桃金娘科鱼柳梅属
萃取部位：枝叶
萃取方式：蒸馏
气味形容：独特的花草发酵气味，隐约又有
　　　　　一丝微甜
主要产地：新西兰、澳大利亚

代表成分

玉竹烯	10%~16%	薄子木酮	12%~18%
四甲基异丁醯基环己三酮	4%~11%	异薄子木酮	3%~6%

续表

β-蛇床烯	5%~7%	α-古巴烯	5%~6%
顺式-依兰-3,5-二烯	2.5%~4%	反式-杜松-1(6),4-二烯	3%~4%
δ-杜松烯	4%~5%	α-荜澄茄烯	2%~3%
香树烯	2%~3%	α-蛇床烯	3%~5%
β-丁香油烃	1.5%~2.5%	γ-依兰烯	1%~2%
α-依兰油醇	1%	α-依兰烯	1%~2%
表荜澄茄油烯醇	1%	α-松油烯	1%
大黄酮	0.2%~0.4%	别香树烯	0.7%

生理
功效

- 强力的抗病毒、抗真菌、抗菌能力
- 缓解感冒、鼻喉黏膜炎、鼻窦炎、支气管炎
- 清除鼻腔黏液，化痰，处理鼻塞
- 预防流感传染，提升免疫力
- 优秀的抗组织胺和抗过敏特性，辅助治疗过敏性鼻炎与气喘
- 酮类成分有助祛痰、化解瘀症
- 局部止痛剂，缓解肌肉酸痛和风湿痛
- 改善泌尿及生殖系统感染症，缓解阴道瘙痒

- 改善白色念珠菌及金黄葡萄球菌类感染症状
- 温和强效的皮肤抗菌剂，适合各类皮肤感染问题
- 辅助治疗刀伤、斑点、疔疖、溃疡、久治不愈的伤口
- 处理晒伤、烫伤、金钱癣、湿疹、疱疹、生殖器疱疹
- 改善痤疮和油性肌肤
- 有效的杀虫剂，还可处理蚊虫叮咬
- 处理皮肤过敏，有助皮肤与黏膜再生

心理功效：化解心中郁结，放松敏感神经，打开心扉，再度与爱连接。

松红梅土生土长于新西兰和澳大利亚东南部，多年生常绿灌木，耐寒性不强，通常为2~5米，枝条红褐色，较为纤细，花为白色、粉红色、桃红色或粉白色，有五个花瓣，直径为8~15毫米，花形精美，非常好看，也被培育成盆栽观赏花。

松红梅又称麦卢卡，新西兰原住民使用它的历史非常悠久，是非常重要的传统药物，用它来治疗头痛、发烧、支气管炎、风湿类疾病以及肌肉酸痛等症，又称新西兰茶树，与茶树同科不同属，精油的天然化合物结构与茶树有很大差异。

松红梅每年夏季开花，吸引成群的蜜蜂采集花蜜，从而产生独具特色的"麦卢卡蜂蜜"，这种蜂蜜在20世纪中期以前并未受到重视，因为当时的人们更喜欢苜蓿蜂蜜、圣诞花蜂蜜这类白色蜂蜜，因此麦卢卡蜂蜜的销量一直不好，一些养蜂人甚至以

极低的价格卖给奶牛饲养者制作蜂蜜水，为奶牛补充糖分，后来发现奶牛喝了这种蜂蜜水不容易生病，进而引起了新西兰生物化学界的关注，开始研究麦卢卡蜂蜜。

2006年，德国德雷斯顿理工大学（Technical University of Dresden）食品化学系托马斯亨利教授在《分子营养和食品研究杂志》发表文章：据研究，导致麦卢卡蜂蜜具有独特抗菌能力的活性因子，就是甲基乙二醛（Methylglyoxal，分子式为$C_3H_4O_2$，MGO）。基于这一发现，亨利教授设计了一套新的麦卢卡蜂蜜分级标注体系，也就是MGO分级体系。它把麦卢卡蜂蜜分为：MGO30+、MGO100+、MGO250+、MGO400+和MGO550+等5个等级。所谓MGO30+，就是指每1000克麦卢卡蜂蜜中，至少含有30毫克的甲基乙二醛，以此类推。另一个分级体系是UMF EQUIVALENT，两者的换算约为MGO83=UMF5、MGO263=UMF10、MGO514=UMF15、MGO829=UMF20……一般认为，UMF10以上的麦卢卡蜂蜜抗菌活性高，有很好的治疗效果，麦卢卡蜂蜜据称可以对导致慢性胃炎的幽门螺旋杆菌产生抑制作用，并提升机体免疫力，被市场疯狂追捧，导致麦卢卡蜂蜜的价格一路飙升。

麦卢卡蜂蜜的抗菌特性在松红梅精油中也可窥见一斑，松红梅精油的抗菌力是茶树精油的20~30倍，抗真菌能力是茶树精油的5~10倍，它性质非常温和，杀菌力却非常强，高山野生的松红梅精油杀菌力比平地种植的更强。松红梅精油还含有罕见的强力杀虫成分——薄子木酮。

松红梅精油的天然化合物构成非常特别，有很多其他精油没有的天然化合物，使其更显珍贵，最特别的是三酮成分，有很好的化瘀化痰效果，而三酮又不像有些酮类分子有轻微毒性，少了一般酮类分子的诸多使用禁忌。精油成分以倍半萜烯和倍半萜酮为主，都是大分子结构，所以非常温和，随着未来更多的研究和临床运用经验的积累，相信松红梅精油会更越来越受到重视。

松红梅精油的气味比较独特，通常人们是对它是喜恶参半，这是它唯一不太好运用的地方。

松科

songke

欧洲赤松

英 文 名：Scotch Pine
拉 丁 名：*Pinus sylvestris*
植物科属：松科松属
萃取部位：针叶
萃取方式：蒸馏
气味形容：原始森林的气息，强壮而清冽的松香味
主要产地：法国、保加利亚、俄罗斯

代表成分

α-松油烯	36%~58%	β-松油烯	20%~25%
柠檬烯	3%~11%	月桂烯	4%~6%
樟烯	2%~6%	δ3-蒈烯	1%~3%
水芹烯	0.8%~3%	杜松烯	1%~2%
乙酸龙脑酯	0.1%~1.5%	β-罗勒烯	0.1%~1.4%
丁香油烃	1%~2%	异松油烯	0.4%~0.8%

生理功效

· 激励肾上腺，滋补肾气
· 缓解风湿关节炎，舒缓肌肉酸痛，
  关节疼痛
· 利尿，有助治疗泌尿系统感染、膀
  胱炎
· 激励免疫系统，抗感染
· 缓解流行性感冒、喉咙痛、咳嗽，
  很好的祛痰剂

· 抗病毒，有效的肺部杀菌剂，缓解
  支气管炎
· 缓解过敏性鼻炎、鼻窦炎、鼻喉黏
  膜炎
· 提升血压，对身体具有激励性
· 缓解身体各种充血症状
· 治疗阻塞的皮肤

心理功效：提升适应性与抗压能力，强大内心，增强自信。

　　欧洲赤松原产于苏格兰，现今广泛分布，从欧洲西部到西伯利亚东部，从南到高加索山脉和安纳托利亚，从北到芬诺斯坎迪亚的北极圈内，生长海拔最高到达2600米，树高达40米，树皮呈灰褐或黑褐色，叶片的生长期为2~4年，在北极地区可高达9年，具有强壮的生命力，在严寒、营养贫瘠的沙质土壤也能很好的生存，与周围植被友好共生。

欧洲赤松的药用价值一直以来备受好评。希波克拉底建议用赤松治疗肺病与呼吸道感染，皮里尼在《自然史》中指出，赤松很适合用来治疗各种呼吸道疾病。勒克莱尔医师也认为赤松除了对呼吸道非常有帮助，还能改善膀胱炎。摩利夫人认为赤松适合治疗痛风、风湿，是有效的利尿剂，也是感冒的良药。

欧洲赤松精油，是一款具有很强能量的精油，强壮、迅猛，适合身体很疲惫，又不得不面临高强度工作时使用。当然，疲惫最好的应对方式，仍然是休息。最适合使用赤松精油的时机是面临压力，又缺乏信心与勇气时，赤松精油可以提振能量，迅速进入积极状态。

松科的植物大多数都高大笔直，可以想象对应人体的脊柱，给人以支撑的力量。现代医学研究发现，赤松精油有类"可的松"的功效，可的松是肾上腺皮质激素，主要应用于肾上腺皮质功能减退症及垂体功能减退症，赤松精油的功效与它有类似的作用，但精油不是激素，所以在使用上安全很多。

法国产地的赤松精油，α–松油烯含量明显更高，保加利亚产地的则是柠檬烯更高，开封后注意保存，单萜烯类成分容易氧化，会对皮肤产生刺激，如发生变味则不能继续使用。

欧洲银冷杉

英 文 名：Silver Fir
拉 丁 名：*Abies alba*
植物科属：松科冷杉属
萃取部位：针叶
萃取方式：蒸馏
气味形容：木香夹杂微甜树脂香，冷冽舒畅的气息
主要产地：法国、保加利亚

代表成分

β-松油烯	21%～23%	柠檬烯	19%～24%
α-松油烯	18%～20%	乙酸龙脑酯	5%～8%
樟烯	9%～13%	β-丁香油烃	2%～4%
β-水芹烯	4%～6%	β-月桂烯	1%～3%
α-葎草烯	1%～2%	依兰烯	1%～1.5%
异松油烯	0.3%～0.6%	杜松烯	1%～1.5%

生理功效

· 呼吸道的抗菌剂，适合咽喉炎、支气管炎等呼吸道炎症

· 缓解感冒症状，有祛痰的功效

· 淋巴循环系统的活化剂

· 激励免疫系统，提振身体与精神的萎靡不振

· 止痛，消炎，适合肌肉酸痛，风湿痛

心理功效：赶走灰霾，抗忧郁，平衡情绪，温暖孤寂的内心。

欧洲银冷杉在以往芳疗界中称为欧洲冷杉，但在中国植物志中的学名是欧洲银冷杉，故特此正名。欧洲银冷杉为常绿针叶树，是欧洲最高大的原生树种，可以长到50米，树干直径可达1.5米，最高大的欧洲银冷杉可以长到60米高，直径3.8米，生长在海拔300～1700米的山区，树会形成自然的三角形，也是最早被当作圣诞树的树种，叶子是有光泽的深绿色，树皮偏白，喜欢潮湿的环境，因此生长在多雨的地区，相较欧洲赤松，欧洲银冷杉生活在更温暖的地带。

欧洲银冷杉精油气味甜美且具有天然抗菌性，因此传统上会作为食物天然防腐剂使用，另一个传统用法是缓解感冒症状。在现代，欧洲银冷杉提取物也用来制作感冒类药品，所以你可以想象，它非常适合用于处理感冒、流行性感冒，缓解咳嗽及支气管炎等问题。

欧洲银冷杉精油相较欧洲赤松精油，气味上多一层树脂的微微甜香，更加温和，也更适合体质虚弱的人使用。生病的时候，人们往往感觉脆弱、无助，欧洲银冷杉精

油能在缓解感冒症状的同时，提振低落的情绪，也适合容易感冒的人群长期熏香，森林的气息可以滋养肺部，提升免疫力。

香脂冷杉

英 文 名：Balsam Fir
拉 丁 名：*Abies balsamea*
植物科属：松科冷杉属
萃取部位：针叶
萃取方式：蒸馏
气味形容：清甜的香脂气息、干净舒服的森林气息
主要产地：加拿大

代表成分

δ3-蒈烯	15%~18%	β-松油烯	11%~32%
柠檬烯	9%~13%	α-松油烯	14%~19%
乙酸龙脑酯	4%~15%	樟烯	5%~10%
檀烯	1%~5%	异松油烯	1%~2%
月桂烯	1%~2%	胡椒酮	1%

生理功效

· 呼吸道温和抗菌剂，缓解感冒症状
· 祛痰，缓解咳嗽，支气管炎
· 双向调节，还可缓解干咳
· 放松气管，缓解气喘

· 净化空气，顺畅呼吸道
· 促进循环，缓解肌肉关节疼痛
· 缓解慢性疲劳症，逐步恢复身体活力
· 提升免疫力，加深呼吸

心理功效：化解心结，放松心情，带来温暖甜美的抚慰感。

香脂冷杉是中等大小的杉木，通常在14~20米高，叶子呈现深绿色，球果是漂亮的蓝紫色，直立向上，生长在较冷的地区，耐受一般寒冷，香脂冷杉林是森林动物青睐的栖居处。

香脂冷杉又称胶冷杉，美洲原住民把香脂冷杉作为传统药用植物，对抗细菌及病毒感染，也是传统漱口水的原料。

穿行在加拿大各个国家森林，呼吸着干净、带着微甜的空气，你会不由得觉得心情放松、人生美好。产于加拿大的香脂冷杉精油，就能带给你徜徉森林的感觉，比欧洲银冷杉精油更具香甜气息，无论是感冒期间，还是日常净化空气，都非常适合用它来熏香，香脂冷杉精油会让你不由自主地想深呼吸，将这美好的气息更多的吸入胸腔，而逐渐加深的呼吸也会帮助放松身体和情绪，是美好而愉悦的熏香体验。

香脂冷杉精油含酯类大分子，比较温和，更加适合小朋友和老人使用。酯类也能带来更多放松的感觉。香脂冷杉会分泌树脂，因此精油呈现出对于痰咳和干咳的双向调节性，一方面它能够温和化痰，另一方面能舒缓修复黏膜，对干咳也有作用。

香脂冷杉精油拥有较多的 δ 3-蒈烯，此成分止痛效果好，尤其适合肌肉、骨骼系统的疼痛。

香脂冷杉有原精，在购买时需留意选择，只有蒸馏法萃取的精油才适合用于芳香疗法。

巨冷杉

英 文 名：Giant Fir
拉 丁 名：*Abies grandis*
植物科属：松科冷杉属
萃取部位：针叶
萃取方式：蒸馏
气味形容：混合花香、树脂甜香、木香气息，
　　　　　香气丰富有层次
主要产地：法国、北美洲

代表成分

β-松油烯	26%~28%	乙酸龙脑酯	18%~20%
β-水芹烯	10%~12%	樟烯	10%~12%
α-松油烯	6%~7%	柠檬烯	3%~4%
荜澄茄烯	1%	月桂烯	1%
反式依兰-4(14),5-二烯	1%	反式-杜松-1(6),4-二烯	1%
龙脑	0.9%	反式-依兰-3,5-二烯	0.6%

生理功效

• 温和清除黏液，祛痰，顺畅呼吸道
• 处理干咳，缓解黏膜不适
• 促进淋巴循环系统工作

• 提升免疫力，净化空气，适合长期熏香使用
• 舒缓关节疼痛

心理功效：给予巨大宽厚的保护感与支持的力量，重拾信心。

　　巨冷杉在中国植物志中的学名为大冷杉，是世界上最高的冷杉树种，一般生长高度为60~90米，最高可达100米，树干直径可达2米，生长在海拔1800米的地区，也是圣诞树种之一，叶片呈绿色，生长速度快。

　　很难想象，作为针叶类的植物精油，巨冷杉精油会有令人欣喜的花香甜美，很多人觉得巨冷杉精油是所有松科里最好闻的精油，非常特别，令人欲罢不能。这是巨冷杉精油最具价值的一点，长期熏香能够在处理身体问题的同时带来愉悦感，这点非常棒。

　　巨冷杉含有20%左右的酯类成分，让它非常温和，香气悠远、持久，也带来更多放松的感觉。

印第安人用巨冷杉治疗感冒和发
热，和香脂冷杉一样，巨冷杉对于咳嗽
有双向调节作用，同时应对痰咳与干咳。

巨冷杉非常高大，但它不像欧洲赤
松那样给人雄壮的感觉，巨冷杉精油就
像一个温暖、可靠的巨大肩膀，加上它
香甜的气息，给人非常踏实与温暖的感
受。几乎适合任何环境下、任何体质的
人群熏香使用。

黑云杉

英 文 名：Black Spruce
拉 丁 名：*Picea mariana*
植物科属：松科云杉属
萃取部位：针叶
萃取方式：蒸馏
气味形容：温暖的木香与针叶香混合
主要产地：加拿大、美国

代表成分

乙酸龙脑酯	22%~26%	樟烯	15%~23%
α-松油烯	14%~16%	β-松油烯	2%~6%
δ3-蒈烯	5%~12%	柠檬烯	3%~4%
月桂烯	3%~4%	檀烯	2%~4%
β-水芹烯	0.3%~1.3%	异松油烯	0.9%~1.3%

生理
功效

- 类可的松功效，激励肾上腺
- 强身，击退疲劳，重现活力
- 补益神经系统
- 抗病菌，激励免疫系统

- 缓解呼吸道感染，改善支气管炎
- 祛痰止咳，处理咳嗽
- 缓解风湿痛、风湿性关节炎

黑云杉生长缓慢，是小而直立的杉树，平均高度为5~15米，直径为15~50厘米，针叶较长且硬，能够耐受贫瘠的土壤，在沼泽地也能生存，因树木根浅，且树干不大，因此容易遭受风害，球果是紫红色，成熟后变成棕色。

黑云杉又称为沼泽云杉，虽然它的生长速度慢，但对生长环境不挑剔，树根虽然浅，但根系庞大，在有限的土壤营养中，尽可能"撒网"式吸收养分。

黑云杉精油有类似欧洲赤松精油的功效，气味也有相似的地方，但因为黑云杉精油含有30%左右的酯类成分，所以相较赤松精油拼命往前冲的个性，黑云杉精油多了几分审时度势的灵巧，功能上面，黑云杉精油相较欧洲赤松精油更适合体质没那么强壮的人群，更显温和。

黑云杉精油成分中，乙酸龙脑酯祛痰作用强，温和，适合长期使用，樟烯也可以减少呼吸道黏液分泌，且不会造成干燥，所以黑云杉精油适合用来处理痰咳。

北非雪松

英 文 名：Cedarwood Atlas
拉 丁 名：*Cedrus atlantica*
植物科属：松科雪松属
萃取部位：木材、针叶、树皮
萃取方式：蒸馏
气味形容：松木夹杂潮湿的泥土气息
主要产地：摩洛哥

代表成分

β-喜马雪松烯	40%~60%	α-喜马雪松烯	16%~19%
γ-喜马雪松烯	6%~12%	大西洋酮	3%~7%
α-喜马拉雅-二烯	1.5%~2%	δ-杜松烯	1%~3%
柠檬酮	1%	α-没药烯	1%~1.5%

‣ 利尿，消水肿，缓解尿道炎，膀胱炎
‣ 有效的抗菌剂，改善阴道炎
‣ 调节肾脏功能
‣ 消解脂肪，促进循环，有助减肥
‣ 缓解风湿痛，关节炎

‣ 融解黏液，化痰，缓解各类黏膜炎症
‣ 改善慢性支气管炎
‣ 改善青春痘，收敛油性肌肤
‣ 改善头皮屑，脂溢性皮炎
‣ 调理头皮健康，改善脱发

心理功效：疏解忧虑，打开心结，重新建立平和与适应性。

北非雪松原产于摩洛哥的阿特拉斯山（Atlas Mountains），又称为阿特拉斯雪松或大西洋雪松，过去芳疗界会将北非雪松简称为雪松，但在中国植物志中，雪松是另一个树种，拉丁名为*Cedrus deodara*，又称为喜马拉雅雪松，为了加以区分，北非雪松不能再简称为雪松。北非雪松树高30～40米，直径1.5～2米，生长在海拔1300～2200米的山坡，摩洛哥拥有世界上最高的阿特拉斯雪松林，北非雪松在干燥、极端寒冷、大风、土壤贫瘠的地区都能存活。北非雪松也曾一度面临过度采伐，现在摩洛哥也在积极植树育林。

北非雪松和黎巴嫩雪松很接近，自古以来就是深受欢迎的树种，用以神庙、宫殿的建造，也用作药品原料，Mithvidat是一种有解毒效果的百年老药，里面就有北非雪松这个成分，香水业则会用北非雪松作为定香剂。

北非雪松也是最早用于熏香的植物之一，北非雪松木有着天然的馨香，可以驱赶昆虫，所以也常用作储物箱的材料。北非雪松也是西藏医学的重要药材之一。埃及人用北非雪松制作木乃伊。圣经中，北非雪松象征高贵、尊严与勇气，充满精神力量。

北非雪松精油有三种，分别是从木材（Wood）、树皮（Bark）、针叶（Needle）萃取的精油，要注意区分。

芳疗常用的是木材萃取的北非雪松精油。木材萃取的精油又分为有机和野生，一般而言，野生更具治疗价值。

木材萃取的北非雪松精油含有60%的β–喜马雪松烯，18%的α–喜马雪松烯（倍半萜烯），7%的γ–喜马雪松烯，都是倍半萜烯类成分，三者相加可达85%以上，大西洋酮含量约为3%；树皮萃取的三种喜马雪松烯含量约为75%，大西洋酮含量约为7%。

北非雪松精油主要由倍半萜烯、倍半萜酮以及倍半萜醇类成分构成，这些都是大分子结构的天然化合物，比较温和，三大类成分搭配，作用全面。

北非雪松具有刚强的雄性特征，有着坚韧的植物特性，无论环境如何，都能扎实生长，造就成片的山林，颇具领袖风范，令人欣赏与敬佩。在过去会用北非雪松精油壮阳，实际上北非雪松精油也受到很多女性的欢迎，它可以和花类精油完美搭配用于熏香，营造出不俗的香氛空间。

丝柏

英 文 名：Cypress
拉 丁 名：*Cupressus sempervirens*
植物科属：柏科柏木属
萃取部位：枝叶
萃取方式：蒸馏
气味形容：馨香中透着清新，沉静中透着内敛
主要产地：法国、西班牙

代表成分

α-松油烯	48%~56%	δ-3蒈烯	12%~23%
α-乙酸松油酯	0.7%~2.4%	α-异松油烯	2%~4%
月桂烯	2%~3%	柠檬烯	2%~3%
桧烯	1%	β-松油烯	1%~1.5%
萜品烯-4-醇	0.3%~1.2%	大根老鹳草烯	1%~2.2%

生理功效

- 处理静脉曲张、痔疮，改善微血管扩张
- 调顺循环功能，缓解代谢异常引发的水肿
- 缓解体液过度流失，双向调节体液平衡
- 改善蜂窝组织炎
- 改善风湿痛及肌肉疼痛
- 缓解更年期症状，调理异常出血

- 改善经血过多，调顺周期
- 改善遗尿问题及前列腺肥大
- 抗痉挛，适合气喘及百日咳
- 处理外伤出血，促进伤口愈合及结疤
- 处理油性及多汗肌肤，改善手汗脚汗症
- 熟龄肌肤抗衰老使用
- 功效和气味很适合男性护肤使用

心理功效：增强心的能量，回归沉稳与宁静，强化面对逆境的耐力、忍辱负重、浴火重生的勇气。

　　丝柏在中国植物志中的学名是地中海柏木，又称为西洋桧，原产于欧洲南部地中海地区至亚洲西部，现分布于整个地中海沿岸地区，在美国、澳洲、新西兰部分地区也有种植，柏木存活于地球的历史久远，寿命也很长，在伊朗，现存有4000岁的柏木（Cypress of Abarqu），可谓是自然的活化石。柏木树多呈圆锥形或柱状，叶子

非常茂密，可以长到30米高，四季常绿，球果直径为25~40毫米，初生绿色，成熟后变成棕色。

丝柏木气味馨香且防腐性能很好，拉丁名"*sempervirens*"意为"永生"，这个含义也体现在丝柏的运用历史上，希腊人用柏木雕刻不朽的神像，传说耶稣背负的十字架，圣彼得教堂的门都是用柏木制作的。在犹太传统中，柏树被认为是用来建造诺亚方舟和圣殿的木头，塞尚和梵高的画中也常见到柏木的身影，弗拉门戈的吉他也是用柏木制作。欧洲、美国、以色列的墓地周围，种植的也是丝柏，大抵是人们祈望逝去的灵魂得以永生，同时也因为柏木的身形像一支蜡烛，以此寄望对亲人的思念。

2012年7月，在西班牙的安德拉（Andilla），一场持续五天的大火摧毁了瓦伦西亚村20000公顷的森林，946棵22岁的丝柏树，只有12棵被烧毁，其余的则毫发无损，证实了柏木的生命力具有高度的耐火性。

Scott Cunningham认为，将两份丝柏和一份广藿香混合在一起，可以复刻出龙涎香的气味。

丝柏精油曾被用作孩童百日咳的配方，现代也用于香水业，尤其是男性香水中，这种沉稳、内稳的气息，很适合成熟男性使用。丝柏精油的功效中，有一个显著的特性词是"收敛"，对于各种身体失衡状态，可以有效地调整平衡，是一款常用精油。

欧洲刺柏

英 文 名：Juniper berry
拉 丁 名：*Juniperus communis*
植物科属：柏科刺柏属
萃取部位：果实、枝叶
萃取方式：蒸馏、超临界二氧化碳流体萃耳

气味形容：浆果的甜香，略带蜂蜜的香味

主要产地：保加利亚、土耳其、尼泊尔、波斯尼亚和黑塞哥维那、北马其顿

代表成分

α-松油烯	30%~45%	δ3-蒈烯	25%~27%
柠檬烯	4%~14%	月桂烯	12%~18%
异松油烯	1%~3%	桧烯	1%~7%
杜松烯	1%~2.5%	雪松醇	1%
萜品烯	1%~3%	萜品烯-4-醇	1%~2%

生理功效

- 强利尿，祛湿，消水肿，改善体液滞留
- 辅助治疗膀胱炎及前列腺肿大症
- 辅助治疗泌尿道感染
- 辅助治疗蜂窝组织炎
- 改善静脉循环异常，改善痔疮
- 清除尿酸，缓解风湿、痛风、关节炎
- 缓解肌肉酸痛，改善身体僵硬
- 有助消除橘皮组织
- 理顺肠道功能，改善胀气
- 排毒、解酒、净化身心
- 通经，有助调节经期规律
- 处理呼吸道感染，抗病菌
- 治疗痤疮，杀菌、净化肌肤
- 治疗湿性湿疹、毛孔阻塞
- 净化身心与环境

心理功效：净化杂乱的思绪、澄明渐现，看见内心的答案。

在以往芳疗界中，将欧洲刺柏称为杜松，但在中国植物志中，杜松为另一种植物，拉丁名为*Juniperus rigida*，为了避免产生混淆，更名为欧洲刺柏。

欧洲刺柏为乔木，一般有10米高，欧洲刺柏的叶子和其他柏科不太一样，它是针叶状，果实未成熟时是绿色，大约需要18个月以上才会慢慢成熟，变成蓝黑色，鸟类吃下欧洲刺柏果实，消化肉质部分，而坚硬的种子则随着鸟类的粪便排出，这有益于欧洲刺柏的广泛播种，而欧洲刺柏也拥有顽强的生命力：耐荫、耐干旱、耐严寒、深根性，对土壤的适应性强，贫瘠土壤也能生存，甚至能在海边干燥的岩缝间或沙砾地生长，因此欧洲刺柏分布极为广泛。

欧洲刺柏一直以来就有入药的历史，用以治疗霍乱和伤风病；在我国藏医学中，欧洲刺柏用以防止瘟疫；希腊、罗马和阿拉伯的医生都很看重它的抗菌性，十五、十六世纪的药草学家也非常赞赏欧洲刺柏。1870年天花病传染期间，法国医院还会

用欧洲刺柏来熏香消毒，这些都源于欧洲刺柏的抗病菌及净化功效。在南斯拉夫，欧洲刺柏还被尊为万灵丹，可见其药用价值非常高。德国文艺复兴时期的植物学家傅赫斯也认为欧洲刺柏是治百病的良方。勒克莱尔医师配制了一种药方，含有大量的欧洲刺柏，以及木贼和接骨木，被称为利尿神药。

欧洲刺柏浆果的香气也深受酿酒业的喜爱，挪威、芬兰的传统啤酒、斯洛伐克的酒精饮料都加入了欧洲刺柏浆果，最有名的就是金酒（Gin），是世界第一大类的烈酒，我国台湾地区称为琴酒，在不同国家的称谓有所不同，又细分为很多种口味。金酒源于欧洲僧侣和炼金术士制造的药酒，最早用以预防热带疟疾病，以及作为利尿剂使用，而后因为其香气纯粹、口感醇和，逐渐被广泛流传。

欧洲刺柏浆果萃取的精油，不同产地成分会有较大差异，尤其是δ3-蒈烯，尼泊尔产地的含量为26%左右，保加利亚产地的则不足1%；柠檬烯，尼泊尔产地的含量为14%，保加利亚产地的为4%；其他含量也会有所差异，芳疗师购买时留意成分报告。δ3-蒈烯对肌肉骨骼系统有止痛功效；柠檬烯有养肝，分解脂肪瘦身，降低食欲，抗自由基、抗菌、抗感染的功效；在处理不同问题时，可选用不同产地的欧洲刺柏精油。

欧洲刺柏有萃取于针叶和浆果两个部位的精油，萃取于浆果的又分为蒸馏法和超临界二氧化碳流体萃取法，得到的精油气味、功效有所不同，其中最常用的是蒸馏法萃取于浆果的精油。我们前面所列的功效也主要是指这种精油。超临界二氧化碳流体萃取法获得的欧洲刺柏浆果精油成分如下：

α-松油烯	35%~37%	桧烯	20%~22%
月桂烯	15%~17%	大根老鹳草烯	10%
柠檬烯	3%	β-松油烯	1%~2%
α-侧柏烯	1.8%	丁香油烃	1.6%
大根老鹳草烯D-4-醇	1.3%	葎草烯	0.7%

从成分表我们可以看到，超临界二氧化碳流体萃取法获得的欧洲刺柏浆果精油，

有更多的桧烯和大根老鹳草烯，桧烯有消炎作用，尤其对于慢性炎症效果更好；大根老鹳草烯是倍半萜烯，更加温和，有类似激素效应，所以对于生殖系统的问题更加适合；综合来考虑，就是对于女性慢性生殖系统炎症，效果更好。

欧洲刺柏精油具有强利尿性，严重肾病、肾炎的人群以及怀孕期间女性要避免使用。

日本扁柏

英　文　名：Hinoki
拉　丁　名：*Chamaecyparis obtusa*
植物科属：柏科扁柏属
萃取部位：木材
萃取方式：蒸馏
气味形容：木屑的馨香，干燥、清扬的木香调
主要产地：日本、中国台湾

代表成分

α-松油烯	53%~61%	δ-杜松烯	8%~13%
依兰油醇	3%~5%	α-杜松醇	3%~6%
依兰烯	4%~6%	γ-杜松烯	0.2%~4.6%
月桂烯	1%	柠檬烯	1%
榄香烯	1.5%	乙酸松油酯	1%

生理功效

- 抗病毒、抗菌，适合净化空气
- 改善呼吸道过敏与感染症状
- 促进循环，改善肌肉酸痛

- 稳定自律神经系统
- 有益于头发保养，促进毛发生长，改善脱发

心理功效：平静心绪，不念过往，不盼未来，享受当下。

日本扁柏又称为桧木、白柏、钝叶扁柏。原产于日本，乔木，生长速度缓慢，一般可以长到30～50米高，树皮为红褐色，光滑，裂成薄片脱落，鳞叶肥厚，先端钝，有小小的球果，花期4月，球果10～11月成熟。在我国台湾地区也有种植，称为台湾扁柏，树皮为淡红褐色，较平滑，鳞形叶较薄，先端钝尖，球果比日本扁柏大一点点，是台湾最主要的森林树种。

日本扁柏的英文名是Hinoki，日语为"火之木"的意思，原因是日本扁柏木易燃，可用于钻木取火。

日本扁柏常被用作建筑材料，比如日本的一些神殿、庙宇、泡汤浴室等，因为木材具有很强的抗腐性。日本扁柏的寿命很长，可以达到数千年。现在，老树龄的日本扁柏在日本也是濒临灭绝，所以是被保护的，用于制造精油的通常是可持续生长的日本扁柏人工种植林。

日本扁柏精油用于芳香疗法是近代才有的，精油主产国在日本，它萃取于木材，助益呼吸道，可以搭配萃取于叶片类的精油，实现更全面的功效以及更富有层次的气味组合。

禾本科

hebenke

岩兰草

英 文 名：Vetiver

拉 丁 名：*Chrysopogon zizanioidesl*
　　　　　Vetiveria zizanioides

植物科属：禾本科金须茅属

萃取部位：根部

萃取方式：蒸馏

气味形容：雅致、温和、踏实的草木气息

主要产地：马达加斯加、海地、印度、印度尼西亚

代表成分

异瓦伦西亚桔烯醇	1%～11%	库斯醇	4%～11%
岩兰草酮	5%～8%	岩兰草醇	3%～4%
岩兰维烯	1%～6%	岩兰绣线烯	1%～2.5%
紫穗槐烯	0.5%～1.5%	顺丁烯雌酚	0.6%～2%
环磷酰胺-12-醇	3%～4%	顺丁烯	0.5%
紫苏醇	1%	库西醇	1%～2%
诺卡酮	0.5%～2%	紫苏酸	2%～15%
异价烯醛	0.5%～1%	苦丁酸	4%～22%

生理功效

- 土性精油，稳定、踏实、深沉、厚重
- 镇静、强化神经，保护身体能量
- 平衡内分泌、神经系统
- 补益肾气，改善手脚冰凉，具有根系精油的强大能量
- 提升免疫力
- 促进循环，改善静脉曲张，水肿
- 缓解肩颈、腰背酸痛
- 缓解风湿关节炎，冠状动脉炎
- 增加红细胞数量，通经，治疗少经、闭经

- 深度放松，改善压力、焦虑、失眠
- 改善压力及焦虑型性功能障碍
- 温和的红皮剂，促进局部血液循环
- 改善油性及痤疮肌肤，气味很适合男性
- 修复、紧实肌肤，保湿，抗皱，改善妊娠纹，皱纹
- 抑制酪氨酸酶活性，美白、淡化斑点
- 驱虫，适合衣柜防虫
- 定香剂，使气味稳定、持久、悠远
- 帮助身体提升循环代谢能力

心理功效：释放深层次的恐惧、焦虑与不安，是心灵的保护神。

岩兰草在中国植物志中的学名是香根草，为多年生粗壮草本植物，须根含有浓郁的挥发性香气，可以长到1.5米高，环境有利的情况下可达3米，茎很高，叶子很长、很薄、很硬，根系高度发达，结构精细且非常坚固，可向下生长4米的深度，具有高度耐旱性和耐水性，可以帮助土壤免受冲蚀，防止土壤流失，很多国家把它作为水土保持的环保植物，在泥沙淤积的情况下，埋在地下的根可以长出新的根系，生命力强。

几千年前，印度人就利用岩兰草根来治疗疾病，处理中暑、发烧、风湿痛；民间会用岩兰草根编织成席子、遮阳棚。伊斯兰教徒会将岩兰草根磨粉，放入香包中防虫防蛾。

岩兰草精油的成分构成，没有某个绝对大比例的成分，微量成分构成复杂，由100多种倍半萜成分组成，可见其功能之全面、强大、温和，蒸馏精油时需要持续数小时，才能将其精华完全释放。其中库斯醇（khusimol）、岩兰草酮（vetivone）成分，很大程度决定了岩兰草的气味和功效。

岩兰草精油的气味和成分构成变化很大，取决于产地、生长环境、气候、栽培方式和蒸馏方式，岩兰草的根系非常发达，庞大的根系与土壤充分接触，汲取不同的微妙养分，精油是从其根部萃取，因此也呈现丰富的多样性。岩兰草至少要生长两年，才能将根部用于萃油，根越老，萃取的精油品质和气味越好。

岩兰草精油被称为"镇静之油"，气味具有丰富的层次，也常用作定香剂。它和广藿香精油一样，随着年份的增加，精油气味更醇厚，更深沉，更丰富，稀释到较低浓度时，气味很好闻。岩兰草精油有二次蒸馏获得的精油，相当于再次精馏，气味更加温润深沉优美，较多用于定香，芳香疗法多用一次蒸馏萃取的精油，呈现更加多样化的功效。

岩兰草精油是为数不多的根部精油，且性质温和，现代人大多阳虚阳浮，过耗心神，气散于外，很适合用岩兰草精油来泡脚，或是打坐时熏香，有助于气机沉降，心神内敛，帮助身体恢复平和、宁静。

玫瑰草

英 文 名：Palmarosa
拉 丁 名：*Cymbopogon martinii*
植物科属：禾本科香茅属
萃取部位：叶
萃取方式：蒸馏
气味形容：玫瑰与叶片混合的香味
主要产地：印度、尼泊尔、斯里兰卡

代表成分

牻牛儿醇	75%~85%	乙酸牻牛儿酯	10%~15%
沉香醇	2%~3%	丁香油烃	1%~2.5%
罗勒烯	1%~2%	香叶醇	1%
金合欢醇	0.1%~0.8%	橙花醛	0.1%~0.3%

生理
功效

- 辅助治疗肠胃炎，腹泻、痢疾
- 促进消化，改善胀气、神经性厌食，刺激食欲
- 抗菌，尤其擅长杀灭白色葡萄球菌和大肠杆菌
- 抗病毒，辅助治疗疱疹、鹅口疮、阴道炎等感染炎症
- 舒缓肌肉僵硬及神经痛

- 有助降温，提升身体免疫力，缓解感冒症状
- 平衡油脂分泌，油性、干性、混合性肌肤均适用
- 保湿，改善老化肌肤，促进再生，淡化疤痕
- 改善痘肌及一般皮肤感染性炎症
- 止脚汗，辅助治疗脚气，杀菌

心理功效：增强平顺的适应力，让情绪平和与流动，从容面对挫折与不顺。

　　玫瑰草在中国植物志中的学名为鲁沙香茅，原产于印度，现在广泛种植于亚洲各地，为多年生草本植物，高度可达1~3米，叶片很长，窄细状，散发明显香味，会开花，喜欢炎热潮湿地带，需要大量水分，一年可采收3~4次。

　　玫瑰草又称为马丁香，是一种毫不起眼、杂草一般的植物，但却散发宛如玫瑰、天竺葵这类花香调的气息，因此得名玫瑰草。在十八世纪精油行业比较混乱的时期，不法商人会将玫瑰草充斥在玫瑰精油中以假乱真。其实，玫瑰、天竺葵、玫瑰草这三者的气味还是有显著差异的，玫瑰的气息最为馥郁、柔和、富有层次，让人回味无穷；天竺葵则相当浓郁，甜美的花香调，但气味丰富性较玫瑰次之；玫瑰草实际上是花叶混合的气息，气味比较轻快、清新；三者的气味还是可以明显辨别出来的。

当然，将玫瑰草与玫瑰、天竺葵精油作比较也是不公平的，毕竟，玫瑰草精油的价格便宜很多。玫瑰草精油是一款性价比非常高的精油，虽然是草，却有着花类的成分、气味和功效。

在印度传统医学中，玫瑰草一直用来治疗发烧和感染，因为玫瑰草含有高比例的牻牛儿醇，这是一种天然的消炎抗菌剂，在单萜醇类成分中抗霉菌力最强，对疱疹病毒也有抑制作用，玫瑰草可以在5分钟内杀死大肠杆菌，还能提振食欲，所谓一方水土养一方人，一方植物疗一方病，在印度，肠道感染是常见病，加上湿热的气候，非常容易食欲不振，而玫瑰草刚好适合处理这些问题。

玫瑰草与另一个植物品种容易产生混淆，有些商家会混用精油名称：摩堤亚（Palmarosa或Motia）和苏菲亚（Sofia或Rusa），它们的生长环境、化学成分构成都不同，一般认为摩堤亚品种的精油品质更好，购买时留意拉丁名。

柠檬草

英 文 名：Lemongrass
拉 丁 名：*Cymbopogon citratus*
植物科属：禾本科香茅属
萃取部位：叶
萃取方式：蒸馏

气味形容：柠檬与草本混合的清新气息

主要产地：印度、尼泊尔、斯里兰卡、马达加斯加

代表成分

牻牛儿醛	40%~45%	橙花醛	30%~40%
6-甲基庚-5-烯-2-酮	1%~3.5%	乙酸牻牛儿酯	2.5%~4.5%
樟烯	1%~3%	牻牛儿醇	1%~7.5%
丁香油烃	1%~2%	戊基丙基酮	1%~2%
沉香醇	1%~2%	γ-杜松烯	1%~1.5%

生理功效

- 净化空气，杀菌消毒除臭
- 提升免疫力
- 缓解发烧、喉咙痛、喉炎等呼吸道感染症
- 缓解肠胃炎、消化不良、胀气、结肠炎
- 具有强效的抗菌性，能处理盆腔炎症
- 对于缺乏运动的人，可促进循环，改善水肿、腿部酸胀
- 改善慢性疲劳综合征，恢复活力
- 缓解头痛，还能有助改善血栓

- 强力消炎止痛，处理扭伤，韧带拉伤，肌腱炎，肌张力不全
- 有助消除乳酸，是肌肉酸痛的绝佳处理剂
- 含有柠檬醛，高剂量升血压，低剂量降血压
- 紧实肌肤，改善橘皮组织、淋巴阻塞
- 调理油性及粉刺肌肤，改善毛孔粗大
- 抗真菌，减轻脚汗，改善脚气及皮肤真菌感染
- 驱除蚊虫效果佳，也可用于宠物芳疗

心理功效：双向调节，帮助身心恢复平衡。

柠檬草又称为柠檬香茅，原产于印度、斯里兰卡、缅甸和泰国，为多年生密丛型草本植物，可以长到2米，叶片绿色，细长，全株散发着芬芳，喜温暖、全日照的生长环境，适合排水良好的沙土，生长需要充足水分，一年可采收两次。

柠檬草对于印度来说非常重要，不仅是重要的调料，在传统阿育吠陀医学中也使用广泛，用来处理传染病、退烧、霍

乱、肠炎、肠胀气，恢复身体机能，被认为是强力的杀菌剂。

柠檬草的英文俗名为Lemongrass，国外精油供应商会对应另一种植物，拉丁名*Cymbopogon flexuosus*，在中国植物志中的学名为曲序香茅，又俗称为东印度柠檬草、东印度柠檬香茅，主产地为印度、尼泊尔；而柠檬草，拉丁名*Cymbopogon citratus*，又称为西印度柠檬草、西印度柠檬香茅，主产地为斯里兰卡和马达加斯加，也常用于食用调味料。东印度柠檬草和西印度柠檬草的精油成分类似，都是以柠檬醛（牻牛儿醛+橙花醛）、乙酸牻牛儿酯、牻牛儿醇为主，功效也几乎相同，所以不必过于拘泥要买哪种，比较容易购买到的是东印度柠檬草精油。

柠檬草精油有高比例的柠檬醛成分（牻牛儿醛和橙花醛），对于此成分的功效可以参见山鸡椒精油。

柠檬草精油和柠檬马鞭草精油的气味有相似之处，有时候会被拿来冒充柠檬马鞭草精油。

马鞭草科

mabiancaoke

贞节树

英 文 名：Vitex
拉 丁 名：*Vitex agnus-castus*
植物科属：马鞭草科牡荆属
萃取部位：浆果、叶
萃取方式：蒸馏
气味形容：好闻的野草香味、隐约的坚果与叶片香味
主要产地：克罗地亚、波斯尼亚和黑塞哥维那（波黑）

代表成分

桧烯	21%~24%	1,8-桉油醇	21%~24%
α-松油烯	9%~11%	反式β-金合欢烯	6%~7%
β-丁香油烃	5%~6%	柠檬烯	4%~5%
α-乙酸松油酯	4%~5%	双环大根老鹳草烯	3%~4%
月桂烯	2%~3%	β-水芹烯	2%~3%
γ-萜品烯	1%~2%	萜品烯-4-醇	1%~2%
反式β-罗勒烯	1%~2%	β-松油烯	1%~2%
异芳基马丁烯	1%~2%	α-萜品烯	1%
α-侧柏烯	0.5%	对伞花烃	0.5%

生理功效

- 调节黄体酮与雌激素平衡，温和安全
- 改善经前症候群及更年期综合征
- 辅助治疗子宫肌瘤、子宫内膜异位、多囊卵巢综合征、卵巢囊肿
- 缓解痛经，经期不律，调节经量
- 辅助治疗乳腺增生、不孕、骨质疏松症
- 适度调节性欲

心理功效：降低不切实际的幻想，回归当下的平和宁静。

　　贞节树在中国植物志中的学名为穗花牡荆，原产于地中海东部，后来在世界各地的温带气候地区种植，为落叶灌木，高2~3米，喜光照，适合排水良好的土壤，有长矛状的叶子和紫色的花，盛夏开花，果实很小一粒像胡椒，晒干后呈现灰白、土黄或深灰色，具有辛香气味。

贞节树运用的历史非常悠久，至少可以追溯到几千年前，希腊神话中，宙斯的妻子赫拉诞生于贞节树边，于是这种药草就被喻为贞节的象征。古罗马时期，妇女会食用贞节树果实，将贞节树叶铺满床榻，传说可以使她们在丈夫外出打仗时保持贞洁；雅典少女会把叶子放在床上，以守护贞节；中世纪的僧侣也使用这种浆果来抑制性欲，被称为"僧侣的胡椒（Monk's pepper）"。

古代波斯人也会将贞节树的浆果浸泡在葡萄酒中，或者煎煮成茶，用于疾病治疗，同时也会外用。在欧洲传统草药运用历史中，贞节树在女性成长的许多阶段，常被用作女性激素平衡剂，调理经期及更年期的身心健康。

贞节树果实晒干后可以作为香料或制作成酊剂，或是磨成粉和木薯发酵物混合在一起，制成胶囊，用以调节黄体酮和雌激素的平衡，但不建议与激素类避孕药一起服用。

贞节树精油可从叶片和果实中萃取，不容易购买，只有少数精油供应商提供。

柠檬马鞭草

英 文 名：Lemon Verbena
拉 丁 名：*Lippia citriodora*
植物科属：马鞭草科过江藤属
萃取部位：叶片
萃取方式：蒸馏
气味形容：柠檬与草本混合的气息
主要产地：法国、摩洛哥

代表成分

柠檬烯	20%~26%	牻牛儿醛	10%~13%
1,8-桉油醇	5%~9%	橙花醛	8%~10%
β-丁香油烃	4%~5%	芳姜黄烯	4%~5%
丁香油烃氧化物	2%~4%	α-萜品醇	1%~2%
反式β-罗勒烯	2%~3%	桧烯	2%~3%
双环大根老鹳草烯	2%	大根老鹳草烯	2%
α-古巴烯	1%~2%	β-波旁烯	0.8%
6-甲基-5-庚烯-2-酮	1.5%~2%	α-松油烯	1%~2%
β-没药烯	1%~2%	反式异柠檬醛	0.7%
β-姜黄烯	1%~1.5%	藏茴香酮	0.6%
顺式异柠檬醛	0.5%	玫瑰呋喃环氧树脂	0.15%

生理功效

- 疏肝解郁，利胆
- 促进胆汁分泌，有助分解脂肪
- 刺激消化，健胃，增进食欲
- 抗痉挛，治疗腹痛，消化不良，胀气
- 辅助治疗焦虑及压力引发的消化道疾病

- 缓解头晕，心悸，歇斯底里
- 镇静神经系统，改善失眠
- 对焦虑紧张型性功能障碍有改善作用
- 缓解支气管炎、鼻塞、鼻窦充血
- 改善风湿，多发性硬化症
- 强力抗菌，处理脓肿粉刺、痘疱

心理功效：放下忧郁与过度戒备心，重新注入开放新生的力量。

柠檬马鞭草的学名为柠檬过江藤，原产于智利和秘鲁，为多年生灌木，1760年引入北美洲、印度、大洋洲、加勒比海诸岛、留尼旺岛，并进入欧洲，叶片细长，散发强烈的气味，开紫色或白色的小花，对寒冷气候敏感，喜欢热带地区。

在古希腊及古罗马时期，柠檬马鞭草就被广泛使用，传说巫师用柠檬马鞭草来调制爱情灵药。

柠檬马鞭草常用来作为烹饪调味品，用于食品加工行业，叶片晒干后会用作茶饮。因其气味层次丰富、功效多元，也被香水业和护肤品行业青睐。维德拉在其著作《植物医疗》（*Parte practia de botanica* 1784）中提到，柠檬马鞭草可以强化与调节神经系统，并有健胃作用，能治疗消化不良，胃肠胀气，神经性心悸，晕眩等问题。

柠檬马鞭草精油的成分结构呈现多元化，比例也比较均衡，使得协同作用更显强大。不同批次的柠檬马鞭草精油成分略有不同，主要差异在于1,8-桉油醇的含量，有的批次仅含微量。另外，柠檬马鞭草精油含微量呋喃香豆素，有轻微光敏性，使用后注意避光。

柠檬马鞭草精油的价格和永久花差不多，在叶片类精油中价位偏高，原因是它的萃油量极低，被称为最难蒸馏的精油之一，不法商人会用柠檬草精油冒充掺假。另外，有的商家会将柠檬马鞭草的英文名简称为Verbena，也要注意和马鞭草（英文名Vervein，拉丁名 *Lippia javanica*）区分，购买时留意拉丁文名。

柠檬马鞭草也会用作茶饮

dujuanhuake

杜鹃花科

芳香白珠

英 文 名：Wintergreen
拉 丁 名：*Gaultheria fragrantissima*
植物科属：杜鹃花科白珠属
萃取部位：叶片
萃取方式：蒸馏
气味形容：活络油混合药油的气味
主要产地：尼泊尔、中国

代表成分

水杨酸甲酯	99.5%~99.9%	松油烯	0.01%
沉香醇	0.02%~0.04%	水杨酸乙酯	0.02%~0.1%
侧柏烯	0.01%	丁香酚	0.02%

生理功效

- 强效镇痛，缓解肌肉酸痛，腰部及肩颈痛
- 缓解类风湿关节炎，风湿关节炎，关节僵硬疼痛
- 缓解坐骨神经痛、急性肌肉紧张症
- 抗炎，改善蜂窝组织炎，腱鞘炎，网球肘等
- 利尿，清血，有助身体排毒
- 红皮剂，能扩张血管
- 有助改善动脉粥样硬化，冠状动脉疾病
- 缓解感冒症状，如喉咙痛，发热

心理功效：释放生理痛楚，从而放松精神，恢复生机。

　　芳香白珠的英文名为Wintergreen，翻译成中文为冬青，国外精油供应商对于Wintergreen精油，会对应两种植物，一种为芳香白珠，拉丁名为*Gaultheria fragrantissima*；一种为平铺白珠，拉丁名为*Gaultheria procumbens*，两种植物萃取的精油，都含有高比例的水杨酸甲酯（99%以上），功效几乎一样，所以都可以购买。

　　芳香白珠树为乔木，2~3米高，叶片为椭圆形或长圆形，花为白色，筒状坛形，开口略向下，果实从绿变为红，再到紫黑色，花期1—5月，果期6—8月。

　　平铺白珠树的花是下垂的，白色，有时是粉红色，果实是红色的，看上去像浆果，喜欢生长在松林或阔叶林中的酸性土壤中，阳光充足会有利于结果。

　　这两种植物萃取的精油，中文俗名不建议称为冬青，因为"冬青"这个名字在中国植物志中有专属的植物对应，拉丁名为*Ilex chinensis*，为了避免混淆，建议称为芳香白珠或平铺白珠。

在北美洲，当地原住民数百年来一直使用芳香白珠树，在疼痛或发烧时咀嚼其叶片，还用叶片煮水，以提神醒脑。十九世纪有一种药方叫青年万灵丹（Swain Panacea），就是以芳香白珠树为主要成分。二十世纪，一位法国药剂师因出售一种治疗关节与肌肉疼痛的芳香白珠树药方，声名远洋，获利颇丰。

芳香白珠精油含有高比例的水杨酸甲酯，是为数不多的单一成分超高比例的精油，水杨酸甲酯是阿司匹林的主要成分，所以阿司匹林有的功效，芳香白珠精油基本都具有。虽然芳香白珠精油含有高比例的水杨酸甲酯，但不容易出现阿司匹林的副作用，这也是天然产物化学结构的奥秘所在，因为精油中另一些微量成分可以中和水杨酸甲酯的副作用。派翠西亚认为精油中含量很低的成分，也有重要的功用，通常相当于缓冲剂，避免主成分所引发的副作用。

阿司匹林的适应证主要为预防心肌梗死发病及复发，预防中风，降低心绞痛患者的发病风险，预防大手术后静脉血栓和肺栓塞，降低心血管危险因素者心肌梗死发作的风险，同时为解热镇痛药，具有抗炎，抗风湿，抗血小板聚集的作用，常用于感冒发热、头痛、神经痛、关节痛、肌肉痛、风湿热、急性内湿性关节炎、类风湿性关节炎及牙痛。常见的不良反应有恶心、呕吐、上腹部不适或疼痛等、皮疹、血管神经性水肿及哮喘等过敏反应，头痛、眩晕、耳鸣、视听力减退、肝损害、肾损害、长期服用可能导致贫血等。

如果将浓度为2.5%的芳香白珠油10毫升一次性涂抹在皮肤上并完全吸收，剂量约为325毫克阿司匹林片中水杨酸的含量。一瓶10毫升的芳香白珠纯精油约等于57片阿司匹林药片的水杨酸含量。

芳香白珠精油会抑制血液凝血，所以要避免与抗凝血剂同时使用，血友病人或即将手术病人需避免使用，14岁以下儿童避免使用，孕妇、哺乳妈妈禁止使用，成人必须低剂量使用，不建议超过2%的浓度，芳香白珠精油因含有单一高比例成分，建

议在专业芳疗师指导下使用。

除了芳香白珠精油，桦木精油也含有高比例的水杨酸甲酯，但现在较难购买到。芳香白珠精油必须从可靠的渠道购买，避免买到用人工合成的水杨酸甲酯假冒的芳香白珠精油。

岩玫瑰

英　文　名：Cistus
拉　丁　名：*Cistus ladaniferus / Cistus ladanifer*
植物科属：半日花科岩蔷薇属
萃取部位：叶片
萃取方式：蒸馏
气味形容：树脂与皮革混合的气味
主要产地：西班牙、葡萄牙

代表成分

α-松油烯	44%~47%	樟烯	4%~5%
反式松香芹醇	3%~4%	乙酸龙脑酯	3%~4%
喇叭茶烯	2%~3%	对伞花烃	2%~3%
柠檬烯	1.5%~2%	三甲基环己酮	1.5%~2.5%
α-对二甲基苯乙烯	1%~2%	γ-萜品烯	1%~1.5%
绿花醇	1%~1.5%	马鞭草烯	0.6%~1%
龙脑	0.5-1	桃金娘醇	0.5%~1%

生理功效

- 强大的止血效果，促进伤口愈合
- 调节月经血量，尤其是月经量过大，改善痛经
- 调节自主神经系统，缓解神经紧张
- 改善风湿性关节炎，多发性硬化症

- 加强淋巴循环，还能提升免疫力
- 有助预防一般病毒性传染病
- 收敛紧实肌肤，改善皱纹、皮肤松弛，毛孔粗大
- 处理疱疹、水痘、麻疹等问题

心理功效：安抚惊恐与无助，修复身心创伤。

　　岩玫瑰在中国植物志中的学名为棕斑岩蔷薇，是多年生灌木，生长在地中海沿岸，叶片常绿，会分泌芳香黏稠的香脂，触摸叶片会感觉黏手。开白色花朵，花心部分有紫红色斑点，花瓣有五朵，呈皱褶状，适应性好，生命力顽强。

　　在法国芳疗处方中，岩玫瑰精油是治疗"克隆氏症"最重要的精油之一，这是一种原因不明的肠道炎症性疾病，在胃肠道任何部位均可发生，但好发于末端回肠和结肠，表现为腹痛、腹泻、肠梗阻，伴有发热、营养不良，病程反复发作，不易根治。

　　岩玫瑰精油是高品质的定香剂，有着深厚、温润、甜美的气味，被认为是龙涎香与麝香的替代品。古埃及人将它用于宗教仪式中。

　　岩玫瑰精油虽然是从叶片萃取的，但有着树脂类精油的特性，可以帮助伤口愈合，原因是岩玫瑰的叶片会分泌黏稠的香脂，有点像树木分泌树脂一样，因此也会被称为劳丹脂。岩玫瑰精油最有价值的功效是止血，因此是常用外伤药，同时还能处理月经血量过多。

　　岩玫瑰虽然不是很常用的精油，但功效特征有其独到之处，因此，也是值得收入精油包中的一款精油。

牻牛儿科

mangniuerke

波旁天竺葵

英 文 名：Geranium Bourbon
拉 丁 名：*Pelargonium graveolens*
植物科属：牻牛儿苗科天竺葵属
萃取部位：叶片
萃取方式：蒸馏
气味形容：浓郁的花叶混合的香味
主要产地：马达加斯加、埃及、南非、刚果、卢旺达

代表成分

香茅醇	22%~36%	牻牛儿醇	13%~19%
甲酸香茅酯	8%~14%	沉香醇	2%~8.5%
异薄荷酮	3%~9%	10-表-γ-桉叶醇	0%~4.5%
甲酸牻牛儿酯	3%~8%	薄荷酮	0.3%~2%
玫瑰醚	1%~2%	丁香油烃	1%~2%
α-松油烯	0.4%~1%	大根老鹳草烯	0.7%~1.6%
惕各酸牻牛儿酯	0.7%~1%	丁酸牻牛儿酯	0.7%~1.2%
波旁烯	0.6%~1.2%	丙酸牻牛儿酯	0.6%~1.2%

玫瑰天竺葵

英 文 名：Geranium Rose
拉 丁 名：*Pelargonium roseum*
植物科属：牻牛儿苗科天竺葵属
萃取部位：叶片
萃取方式：蒸馏
气味形容：甜美花叶混合的香味
主要产地：埃及、南非、马达加斯加、阿尔巴尼亚

代表成分

香茅醇	21%~40%	牻牛儿醇	10%~15%
甲酸香茅酯	7%~11%	沉香醇	3%~5%
异薄荷酮	4%~8%	10-表-γ-桉叶醇	2.5%~3.5%
甲酸牻牛儿酯	2%~7%	薄荷酮	0.4%~2.8%
玫瑰醚	1.4%~2.8%	愈创木酚-6,9-二烯	0.4%~7%
杜松烯	0.3%~1%	大根老鹳草烯	0.3%~0.8%
惕各酸牻牛儿酯	0.4%~1.5%	丁酸牻牛儿酯	0.8%~1%
波旁烯	1%~1.5%	苯甲酸乙酯	0.5%~0.8%

两种天竺葵
的生理功效

- 刺激肾上腺皮质的分泌，出色的激素调节剂
- 改善经前症候群，调顺月经周期，调节经量
- 改善更年期症状，改善阴虚，养护生殖系统，保持机能
- 养护肝脏与肾脏功能，有助改善尿路感染
- 利尿，改善蜂窝组织炎，促进循环，加速代谢
- 刺激淋巴系统，改善静脉曲张与痔疮
- 减轻体液滞留，改善水肿，尤其是经期水肿
- 改善乳腺发炎及充血问题
- 双向调节神经系统，平衡过度兴奋或萎靡不振
- 放松神经，缓解压力，抗抑郁，有助改善心悸
- 抗病毒，辅助治疗带状疱疹感染
- 抗菌，辅助治疗皮肤真菌感染、面疱
- 保湿，平衡油脂分泌，适合各类肤质
- 美白肌肤，使肤色均匀
- 调理毛孔阻塞的肌肤，紧实肌肤，改善皮肤松弛

心理功效：放松压力，强化内心能量，回归生命的喜悦感。

　　天竺葵原产城南非，是多年生灌木，植株有绒毛，花有多种颜色：紫色、粉色、白色等，叶片边缘有不规则的羽裂，叶片有强烈的香味，不耐寒，喜欢排水良好的土壤。玫瑰天竺葵被认为是Pelargonium capitatum 与 Pelargonium radens的杂交品种。

　　天竺葵精油是最受欢迎的精油之一，气味芳香，功效多元，温和而强大，非常适合搭配其他精油一起使用。天竺葵精油是从植物叶片中提取的精油，天竺葵很容易杂交，因此品种繁多，最早被使用的品种应该是Pelargonium capitatum，目前芳香疗

法运用最为广泛的是玫瑰天竺葵和波旁天竺葵精油。

天竺葵十七世纪被带到欧洲，第一次用于蒸馏精油的品种是法国种植的天竺葵，后来被带到法国殖民地和非洲其他地方，分布更为广泛，之后许多国家建立了天竺葵种植基地，比如西班牙、意大利，北非的阿尔及利亚、摩洛哥和埃及，中非的刚果和东非的肯尼亚，印度洋的马达加斯加和留尼旺岛、俄罗斯、印度和中国。早期的天竺葵精油主产地在留尼旺岛和阿尔及利亚，目前的主产地是埃及和中国。

天竺葵精油最具标签性的特征是"平衡"，无论是身体机能还是皮肤保养，中国文化崇尚易经，平衡中蕴藏大智慧，天竺葵精油就是这样一款"智慧"精油，可以平衡身体机能的异常，双向调节皮脂分泌的异常，是很常用的一款精油，它的气味也非常好闻，几乎没有人不喜欢它，是中等价位精油中的明星精油。

波旁天竺葵在中国植物志中的学名是香叶天竺葵，"波旁"来源于英文名的音译。玫瑰天竺葵和波旁天竺葵的精油成分略有差异，一般来说，用于肌肤保养，首选玫瑰天竺葵精油；用于身体调理，首选波旁天竺葵精油。不同产地的天竺葵精油成分有所差异，购买时需留意成分报告。

天竺葵的品种众多

番荔枝科

fanlizhike

依兰

英 文 名：Ylang Ylang
拉 丁 名：*Cananga odorata*
植物科属：番荔枝科依兰属
萃取部位：花朵
萃取方式：蒸馏
气味形容：令人迷醉、馥郁、魅惑的花香调
主要产地：马达加斯加、科摩罗

代表成分

不同蒸馏阶段获取的精油成分：

成分	特级（25分钟）	I级（1小时）	II级（3小时）	III级（8小时）
沉香醇	24%	18%~19%	13%	3%
大根老鹳草烯	7%~8%	12%~13%	18%~19%	15%
乙酸牻牛儿酯	17%	11%~12%	8%~9%	5%~6%
对甲基苯甲醚	16%	8%~9%	4%~5%	1%
α-金合欢烯	2%~3%	6%~7%	13%	16%
丁香油烃	2%~3%	6%~7%	14%~15%	21%~22%
苯甲酸苄酯	4%~5%	4%~5%	7%~8%	11%
乙酸苄酯	7%~8%	4%~5%	1%~1.5%	0.5%
苯甲酸甲酯	6%~7%	4%~4.5%	1%~2%	0.5%
牻牛儿醇	1%~1.5%	2%	1%	0.7%
乙酸金合欢酯		1%~2%		2%~3%
乙酸肉桂酯	0.5%	1%~2%		
法尼醇		1%~2%		
水杨酸苄酯	0.5%	1%~2%	1%	1%~2%
乙酸戊烯酯	1%~1.5%	0.5%		
葎草烯	1%~2%		2%~3%	3%~4%
杜松烯	0.7%		2%~3%	4%
乙酸十八烷基酯			1%~2%	
α-杜松醇			1%	1%~2%
金合欢醇	0.4%		0.9%	1%
α-依兰烯			0.8%	0.8%

成分	特级（25分钟）	Ⅰ级（1小时）	Ⅱ级（3小时）	Ⅲ级（8小时）
古巴烯			0.7%	1%~2%
双环大根老鹳草烯				0.5%
1,8-桉油醇	0.7%			
丁香酚	0.7%			

生理功效

- 养阴舒肝，用于阴虚证及肝气郁结
- 抗抑郁、镇定，改善失眠、气喘
- 安抚神经，安抚精神创伤、惊吓
- 缓解呼吸急促及心跳过速、有助降血压
- 改善甲状腺亢奋
- 调节肾上腺素分泌，放松神经系统，让人欢愉
- 有助改善性冷淡
- 平衡激素，被誉为"子宫的补药"

- 平衡与调节更年期症状
- 有助保持胸部丰满、挺拔
- 肺部及泌尿系统的抗菌剂
- 有助调节心脏功能，具有镇静效果
- 平衡油脂分泌，改善油性肌肤及压力型暗疮
- 调理头皮，养护秀发
- 抑制黑色素生成，改善皮肤暗沉与斑点

心理功效：改变内向、紧张的状态，平衡与放松，释放喜悦。

依兰为热带常绿乔木或灌木，原产于印度，生长迅速，年生长超过5米，一般会长到12米，叶片表面光滑，椭圆形，黄绿色花，花香浓郁，花期为4~8月，喜欢酸性土壤。

在欧洲，依兰常用于香水调香，也用于护发，十九世纪，有一种发油称为马卡萨油（Macassar），主要成分就是依兰精油。

依兰又称为香水树，马来语是"Alang-ilang"，意为"花中之花"，被誉为"东方的王冠"，印度尼西亚人在传统婚礼仪式中，在新婚夫妇的床上洒满依兰，暗示依兰有催情的功效，依兰也被称为"穷人的茉莉"，大多是指在催情方面的功效，与茉莉一样优越，但价格却更便宜，事实上，依兰含有自己独特的天然化合物成分，与茉莉并不完全相同。

依兰精油所含有的大根老鹳草烯和金合欢烯成分，可以促进及调节脑部神经传

导物质，还可发挥激素效应，有催情的功效；醚类成分也有助于发挥动情功效；同时，依兰含有大量的酯类成分，带来全面放松、抗痉挛功效；据此可见，依兰精油对于神经紧张型及压力型的性障碍、性冷淡，具有优越的功效。

依兰精油的气味很特别，桂柏在他的《草药自然史》（*Histoire naturelle des drogues simples*）中，将依兰精油的气味与水仙精油相提并论，事实上，水仙精油多为原精，不能用于芳香疗法，不像依兰精油是蒸馏法萃取，可以安全无虞地用于芳香疗法。

依兰精油的萃取方式是比较特别的，采用分阶段萃取，第一阶段称为特级依兰精油，酯类成分最高，气味最为甜美，较常用于调香或熏香；接下来是一级、二级精油，适合用于护肤品和身体护理品；最后是三级精油，一般用于香皂、蜡烛等；芳香疗法最常用的是混合四个阶段的萃取物，称为完全依兰精油，气味最为丰富，功效也最全面，完美依兰精油需连续蒸馏长达18个小时，是非常耗费人力与时间的一款精油。

中医芳疗处方

下篇

上篇我们了解了古人用香的各种巧思，从古至今国人用香方式的多元化发展，萃香工艺的古法继承与现代化革新，形式于外，不拘一格；而一脉香文化的传承需要依托中华文化的深厚底蕴，精神内守，方为大道。

中篇介绍现代人喜爱的芳香疗法，蕴含天地能量的芳香精油，芳香植物悠久的运用历史，详尽实用的精油基础信息与功效详解，对精油有一定认识与了解后，为接下来的实际运用做铺垫。

下篇将介绍芳香疗法运用于生活的方方面面：改善情绪、缓解压力、增强愉悦及幸福感，身体维稳以及身体纠偏。从中医对人体生理、病理的研究角度，探讨精油的临床运用。

沈谦益先生曾说，在古中医的概念里，『健』和『康』是两个部分，健是指有充沛的人体能量，康是指能够顺畅地传输能量。通俗而言，『健康』就是指『有没有』和『通不通』——有足够的原始能量，并且可以畅达地把这些能量输送到所有的组织器官。真正的大健康包括心理之体、肉身之体。养生是移星换宿，就是说到了什么节令就将身体也调为自己的生活饮食起居调为与天地同频，比如到了三伏天，就应该将身体调为三伏天该有的状态，以天地之气『指导性情、饮食、起居』，这是养生。而治病则是抽爻换卦，意思是到了三伏天，身体却还停留在小寒，这时候，就要将身体调为三伏天的状态，与天地同步，便是治病。

我们在理解中国文化的芳香疗法时，是以中国人的思维方式来解释身心灵的不平衡，但是西方对于精油的研究也仍然是有借鉴意义的，比如很多的香料类精油，都有止呕、止嗝的功效，在中医的治疗体系里，呕吐或是嗳气有时是胃气上逆的表现，所以这类精油在西医的框架里是止呕止嗝，在中医的框架里就有温中降胃气的作用，这有助于我们总结精油对于气机升降的影响，中医非常强调气的流动，认为人就是一团气，气机的运行就是一个圆运动。对于东西方不同体系之下的临床经验，我们可以抱持开放的心态，善于思考、体悟、融汇、总结。

在下面的章节会将现代人常见的一些身心问题进行论述，给出芳疗处方，展示芳疗运用在生活场景中的方式。对于不同的身心问题，最重要的是把背后的基础逻辑表述清晰，所以会花大篇幅来介绍机体运行原理与发病原因，希望提供的是解决问题的思路，而不仅仅是芳疗处方，知其然并知其所以然，就能灵活变通，巧妙转换。法无定法，希望借由思路的分析，让大家有更多的理解与发挥。

需要特别说明的是，芳疗处方用于身体调理的精油浓度预设为2%，用于皮肤保养的精油浓度预设为1%，较为保守，原因是每个人体质和皮肤敏感度不同，对精油的耐受度也不一样，可以视个人体质，从低到高，逐步增加，找到适合自己的精油浓度，用于身体调理精油的浓度建议不超过20%，用于皮肤保养的精油浓度建议不超过10%，具体的浓度确定可以参见"上篇·精油使用浓度"。对于处方中不同精油的比例，也可以视个人体质，参见中篇的精油介绍，予以调整。

脾胃芳疗养护——调理后天之本

中医将脾胃称为"后天之本"，蕴含三层含义，一是指后天供应人体的生养物质，需要通过脾来化生，没有它，就没有能量的来源，充分说明了脾土的重要性；二是指土载四行，脾土是五行（五脏）运转的关键；"先天"往往意味着某种"注定"性，而"后天"则意味着更多"人为"因素，所以后天的第三层含义是指我们的生活环境、饮食习惯、情志因素等，都对脾胃有着深刻的影响。

很多调养脾胃的中药都具有明显的芳香气味，在煎煮这类中药时，也会强调时间不能过长，以免芳香分子流失过多影响药效。将这些芳香分子提取成精油，细小的精油分子可以透过皮肤进入身体，从而发挥调理脾胃的功效，我们都知道无论何种方法，调理脾胃皆非一日可达，所以，芳香疗法外用调养脾胃，因其方便、愉悦的使用方法，就非常容易坚持，极受欢迎。而现代人脾胃不佳、需要调理者，十之有八九，为什么？我们一起来了解。

"盖人之始生，本乎精血之源，人之既生，由乎水谷之养，非精血无以立形体之基，非水谷无以成形体之壮。精血之司在命门，水谷之司在脾胃，故命门得先天之气，脾胃得后天之气也。是以水谷之海，本赖先天为之主，而精血之海，又必赖后天为之资。故人之自生至老，凡先天之有不足者，但得后天培养之力，则补天之功亦可居其强半，此脾胃之气所关于人生者不小。"

——张景岳《景岳全书·卷之十七》

中医的脾，并不是指一个脏器，而是一个系统。了解中医，首先一定要理解"藏象学说"，它是中医学的理论核心，"藏象"二字始见于《素问·六节藏象论》，张景岳在《类经·三卷·藏象》中阐释道："象，形象也。藏居于内，形见于外，故曰藏象。"藏象不光是指身体的内脏，还包括它表现出来的一系列生理病理征象以及与自然界相通应的事物和现象。所以，中医里"脾"的概念，远远超过解剖生理学中身体结构上的脾。而且不光是脾，心肝脾肺肾，五脏对应五行，都有这个特点，理解了藏象学说这一点，才能更好地理解中医学脏腑之间的联系。藏象是一个系统，"人与天地相应""天食人以五气，地食人以五味"，藏象是身体各部的物质代谢、形态结构、生理功能、病理变化及其相互联系，以及人与自然之关系的高度概括。

藏象学说包括实象和虚象，实象就是脏腑、组织、肢体的实体认识，再依靠思维中的想象、比象、推象等进行联系，这个思维过程就称为虚象。藏象学说更多的是虚象内容，具有鲜明的思维特征。所以理解中医的理论，需要一定的想象和推理能力。具体的思维方法有：取类比象，推论演绎和观察整体。比如自然界的风主动，善行且多变，所以，人体抽搐、痉挛、震颤这些运动失常现象也和风联系起来，这就是"取类比象"；王冰有注言："象，谓气象也。言五脏虽隐而不见，然其气象性用，犹可以物类推之。何者？肝象木而曲直，心象火而炎上，脾象土而安静，肺象金而刚决，肾象水而润下，夫如是皆大举宗兆，其中随事变化，象法傍通者，可以同类而推之尔。"将脏腑实象推演到思维的虚象，这就是

养脾胃的精油 大多是食材类的精油

多吃十谷米、五谷杂粮，对身体健康非常有益

"推论演绎"；将脏腑变化与四时气候、地理环境、社会因素联系起来考察，即天人相关的分析，把人的五脏六腑、四肢百骸、九窍和精神情感视作一个整体，即藏象相关的联系，这就是"观察整体"。

黄元御在《四圣心源》卷一'天人解'中将一气如何演化为阴阳、五行进行了非常清晰的阐释，这段话接近于白话，稍加理解，就可以知道气分阴阳，其升降运行，中间的枢纽便是土，演化四行，升而为火，降而为水，半升为木，半降为金，便为四象，而四象不过是阴阳，阴阳也不过是那个"一气"。

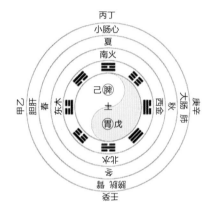

"阴阳未判，一气混茫。气含阴阳，则有清浊，清则浮升，浊则沉降，自然之性也。升则为阳，降则为阴，阴阳异位，两仪分焉。清浊之间，是谓中气，中气者，阴阳升降之枢轴，所谓土也。

枢轴运动，清气左旋，升而化火，浊气右转，降而化水，化火则热，化水则寒。方其半升，半成火也，名之曰木。木之气温，升而不已，积温成热，而化火矣。方其半降，未成水也，名之曰金。金之气凉，降而不已，积凉成寒，而化水矣。

水、火、金、木，是名四象。四象即阴阳之升降，阴阳即中气之浮沉。分而名之，则曰四象，合而言之，不过阴阳。分而言之，则曰阴阳，合而言之，不过中气所变化耳。"

在彭子益先生的《圆运动的古中医学》里也有同样的意思表达，阴阳都是那个"一"。水、火、金、木只不过是土在不同位置（运动形态）时的具名。就像我们形容一个人，静如处子，动如脱兔，其实，"处子"和"脱兔"都是同一个人，只是不同的状态罢了。阴阳也好，五行也罢，都是为了阐释天地万物、人体脏腑之间的联系，不能独立视之。所以下面关于脾土的介绍，也是为了便于大家了解脾土的生理特性，不能因此忽略脏腑间的联系，也不能把脏腑分而视之，五脏合而言之，皆为"一气"。

藜麦的好处非常多，添加在大米中，会让米饭散发天然的谷香

在藏象学说中，脾属土，古人讲"土爱稼穑"。我们都知道土有播种和收获农作物的作用，引申出来就是生化、承载、受纳作用的事物，都归属于土，所以古话有讲"万物土中生""土为万物之母"，《素问玄机原病式·六气为病》云："五脏六腑，四肢百骸，受气皆在于脾胃，土湿润而已。"说明脾土对于五脏六腑都有至关重要的作用。《圣济总录·卷八》云："土有长养万物之能，脾有安和脏腑之德，取脾味甘配土，理适相合。是以古人治脾，每借土为比喻。盖谓脾气安和，则百病不生，脾土缺陷，则诸病丛起。"道明了脾对于疾病产生的根源性影响，很多医家，在治疗重症患者时，也把守住脾胃之气视为第一要事。张景岳也曾说道："故凡欲察病者，必须先察胃气；凡欲治病者，必须常顾胃气，胃气无损，诸可无虑。"

《黄帝内经素问·卷第三·灵兰秘典论》云："脾胃者，仓廪之官，五味出焉。"古代按形态学描述，胃的受纳，初步消化形成食糜，到小肠的分清别浊，再到胰的分解，整个过程都为脾所笼盖，脾代表一个背景，脾气推动、激发或是催化胃肠消化，就是脾的功能。

小肠是负责分清别浊，清就是指营养物质、清阳，上升的是"清"，下降的"浊"就是需要排出体外的代谢产物，所以小肠作为消化系统的一部分，如果小肠的消化功能出了问题，中医诊断治疗都不归小肠，归脾系统，朱文锋老师也说过："脾的病，实际上相当一部分是讲的小肠。"中医的胰，也全部归到脾土系统。

脾的第一个生理特性是主运化，包括了运化水谷以及运化水湿。

一言运化水谷。《诸病源候论·卷十七》云："脾气主消水谷，水谷消，其精化为荣卫，中养脏腑，充实肌肤。"脾胃负责将我们吃进去的五谷腐熟消磨，再化生为气血津液，得以营养脏腑，灌溉周身。人的生命活动时刻都离不开气血，而气血的生成有赖脾胃的纳运。现代医学也认为，机械性消化是由口腔的咀嚼、食道、小肠、大肠等消化道的蠕动作用来完成；化学性消化是由唾液、胃液、肠液、胰液、胆汁等消化液的作用来完成。中医学里的脾气推动整个纳受、消化、运送过程。

二言运化水湿。《医方考·暑门第四·二陈汤》云："脾土旺，则能运化水谷，上归于肺，下达膀胱，无湿气可留也。"脾参与水液的吸收、转输和通调的

甜橙精油气味芳香，非常适合小朋友的脾胃调理

过程，也就是说参与水液代谢的重要环节。人体水液代谢与肺、脾、肾都有关系，在这三脏中，张景岳言"其制在脾"。《医经精义·上卷》有："脾土能制水，所以封藏肾气也。脾不统摄，则遗精，脾不制水，则肾水泛而为痰饮。"脾——上能生金、下能制水、主水道通调。

脾运化五谷及水湿，"运"有两层含义，《黄帝内经素问吴注·卷七》云："脾虽具坤静之德，而有乾健之运，既得水谷精气，则散而升之，上归于肺，灵枢所谓上焦如雾是也。"所以"运"的第一层含义是指脾运送水谷精微和气血上输到肺，再通过肺的宣发——向上向外，肺的肃降——向下向内，输布全身。

《医学求是·血证求原论》云："五行之升降，以气不以质也。而升降之权，又在中气。中气在脾之上，胃之下，左木右金之际，水火之上下交济者，升则赖脾气之左旋，降则赖胃土之右转也。故中气旺，则脾升而胃降，四象得以轮旋。""运"的第二层含义是指脾居于中焦，是气机升降的枢纽，脾为"阴中之至阴"，"至阴"的"至"有"到"的意思，从阳到阴，从阴出阳，就是强调脾土作为一个枢纽的作用，对各个脏腑的运转都起到了很关键的作用。脾胃如果健运，脏腑就能和顺协调，元气得以充沛。反过来，如果脾胃有失健运，那这个圆就转不好了，脏腑就会出现一系列失衡的状态。

脾的第二个生理特性是主升清。指脾气的运动特点以上升为主。

脾主升清有两层意思：一个是指脾将运化的水谷精微升清至肺。《黄帝内经素问·卷第二·阴阳应象大论篇第五》有关于清浊的论述："故清阳出上窍，浊阴出下窍；清阳发腠理，浊阴走五脏；清阳实四肢，浊阴归六腑。"脾运送给肺的是"清"，所以这就决定了脾气的运行是主升的。

脾主升清的另一层意思是指脾气有升举内脏，固护内脏防止下垂的作用，这也与脾主肌肉相关。近代实验研究表明，这种升清对内脏的调节作用，或许也可以用植

茯苓有化气行水、健脾补气的功效

芡实可补脾止泻、益肾固精

物神经来解释，用健脾的方法后，研究发现对丘脑下部功能和自主神经功能有调节作用，从而对内脏下垂起到治疗作用。这是用现代实验反证古人的智慧。

脾的第三个生理特性是主统血，就是说脾有统摄、控制血液在血脉中正常运行，不让它逸出脉外的功能。

小米有健脾养胃的功效

《景岳全书发挥·传忠录》云："血者，水谷之精也，源源而来，实生化于脾。"《校注妇人良方·妇人吐血论第六》云："心主血，肝藏血，亦皆统摄于脾。"《女科证治准绳·卷一》云："盖血生于脾土，故云脾统血。"这些都在说明脾在生血以及统血中的重要地位。

《血证论·脏腑病机论》云："血之运行上下，全赖乎脾。脾阳虚则不能

统血，脾阴虚又不能滋生血脉。"说明了脾阳及脾阴对于血脉正常运行的作用。《难经·四十二难》云："脾主裹血，温五脏。"这里面的"裹"就是聚拢不散的意思。《沈注金匮》也指出："五脏六腑之血，全赖脾气统摄。"所以脾气健旺才能维持血液的正常运行而不散溢，亦不妄行于血脉之外，白话意思就是"防止出血"。解剖学里身体结构的脾是功能亢进的时候出血，中医里的脾是功能减退的时候出血，也就是说脾气虚才出血，这个区别和道理就在于"气"——气能固摄，气足了稠厚，就内聚。脾功能好，气就足，气足就能控制血液。反过来，气不足、控制不住就容易出血。要加以区分的是，这个出血并不是指身体受到外伤后的出血；也不是伴有舌红、苔黄、舌面有红点或芒刺，出血颜色为鲜红、绛红、猪肝色的这种血热、迫血妄行造成的出血；也不是瘀血内阻造成的出血；脾气虚造成的出血，主要是指一些慢性出血，有些女性会表现为月经血量大，同时身体兼有脾气虚的症状。

脾与胃相表里。《太平圣惠方·卷九十二》云："凡食五味之物，皆入于胃，其气随其脏腑之味而归之。脾与胃为表里，俱象土，其味甘。"表里，是一个相对的概念，相辅相成，相互为用。脾和胃相互配合，一方面，胃受纳腐熟食物，必须借由脾阳鼓动，另一方面，胃易燥，全赖脾阴以和之，才能胃汁充足，得以纳谷磨食。食物

入胃，经过脾的运化吸收，精微上升，营养全身，剩下的糟粕，通过胃肠的通降排出体外。脾与胃，一纳一化，一升一降，一燥一润，运行不息，生化无穷。

前面说过，在藏象学说里，脾土是一个大系统，所以，会将与"脾"产生联系的身体各部及自然界通应之物，都划归脾土系统。下面来介绍脾与身体各部的关联。

脾在体合肌肉，主四肢。《医学入门·卷一》云："脾居于中，和合四象，中理五气，运布水谷精微，以润肌体而面肉滑泽。脾壮则臀肉肥满，脾绝则臀之大肉去矣。"四肢肌肉有赖于脾气运化水谷精微得以充养。小朋友脾胃功能好不好，摸一摸他身上的肉就知道了，如果是结实的孩子，通常脾胃功能比较强，如果肉是松松垮垮的，多半脾胃偏

山药可补脾肺之阴

弱，当然成人也一样，所以女性脾胃好面肉就紧实，换言之就是不易显衰老。这一点逆向推理也是成立的，就是说肌肉结实对脾胃也有正向的反馈作用。所以通过适当的运动，使身体结实，脾胃的运化能力也会增强。

脾开窍于口，其华在唇，在液为涎。《黄帝内经灵枢注证发微·卷二》云："口为脾之窍，必脾和而口能知五谷也。"《素问·金匮真言论》云："中央黄色，入通于脾，开窍于口，藏精于脾，故病在舌本。"《黄帝内经素问吴注·卷七》云："涎出于口，脾之窍也，故为脾液。"在身体结构上，口是消化系统的开端；在生理功能上，口主接纳食物，初步磨碎与消化；在经络联系上，脾之经络连舌本，散舌下。舌主味觉，脾气健旺则食欲旺盛，纳谷味香，津液上注口腔，涎为脾液，随咀嚼而增多，濡润适度，味觉就更好。当然，如果脾气虚弱，也可能造成不能固摄涎液，比如见于小孩子流口水。《嵩崖尊生全书·卷六》云："脾主涎，脾虚不能约制，涎自出。"另外，其华在唇，我们也可以观察唇色，如果淡白无华，往往意味气血化生不够，脾气虚弱。

脾在志为思。《三因极一病证方论·七气证治》云："思伤脾者，气留不行，积聚在中脘，不得饮食，腹胀满，四肢怠惰，故经曰：'思则气结'。"思有两层意思：思虑、思念。诚然，喜、怒、悲、忧都要经过思，思则气结，思虑过度，所思不遂，都是对脾不利的。《重订严氏济生方·惊悸怔忡健忘门》云："夫健忘者，常常喜忘是也。盖脾主意与思，心亦主思，思虑过度，意舍不精，神官不职，使人健忘。"思伤脾也表现在健忘上。当然，七情都是相互影响的。现代研究也表明思考过多，情志

不畅会导致自主神经紊乱，胃酸分泌过多，胃肠出现逆蠕动，幽门失去闸门作用，造成胆汁返流。说明情绪、心理因素确实对脾胃功能影响巨大，需要加以重视。

山楂可健胃消食

我们知道了脾的生理特性，明白了脾的重要性，那接下来我们要了解脾的喜好，在饮食生活起居中，投"脾"所好，才能养护好脾。《医统正脉全书·活人书·卷十四》云："盖脾之本性喜温恶寒，喜燥恶湿，喜香恶臭，喜通恶滞。若或虚寒不能营运，湿痰食积稽留，则致饮食不思而难进，虽进而难消，于是呕恶吞酸，倒饱嗳腐，肠鸣泄泻，浮黄肿胀，诸症悉起。"这段话很好地阐述了脾之喜恶，接下来逐一解读。

脾喜温恶寒，就是说脾讨厌寒凉，这种寒凉包括温度上的寒凉，以及性质上的寒凉。《黄帝内经素问注证发微·卷三》云："长夏属土，脾亦属土，故脾为长夏，斯时也。"长夏，正是养脾之时，恰逢天气湿热，很多人便贪恋西瓜、冷饮，对脾的损伤就非常大，有的人会问，不是要吃应季的水果吗？这句话是没错的，但它有个前提，就是我们的生活环境也是根据气候在调整的，夏天在太阳底下暴晒后，人要消暑，这时候适当吃点西瓜是没问题的，但现代人夏天都待在冷气中，生活环境根本不在"夏季"，这时候再贪食夏季的西瓜，还要吃冷藏后的冰西瓜，便不是应"季"而食了。

冷饮容易损伤脾阳

药物中，抗生素和激素也是寒凉之物，要恰当使用，滥用抗生素也是造成脾胃损伤的重要原因。脾阳虚，不仅是气虚，还有寒象，现代人，离不开冰箱和空调，又鲜少去自然中接受阳光洗礼，久坐缺乏运动，所以脾阳虚的人群非常多。

值得一提的是，有许多人会发出一个质疑：西方人都吃冰，为什么中医就不提倡吃冰呢？这要从几方面来看，首先西方人祖先多为游牧民族，中国人祖先是农耕民族，在先天体质上就有所区别。其次西方人晒太阳、运动普遍要比中国人多，尤其是孩子，晒太阳可以补充阳能，运动也可以升阳，并且让身体通畅。身体通畅、阳气足，相对来说就容易化掉寒湿，也就是说，多运动多晒太阳，才有"资本"吃冰，但即便如此，也是不提倡大量吃冰的，西方人随着年龄增长，很多人都会面临肥胖问题，这当然和他们高糖高油高冰饮食有关系，说明其一代谢出了问题，其二身体寒湿重，就像北极熊，要囤积厚厚的脂肪以对抗寒冷，中医讲"胖人多痰湿"，肥胖从某种角度来说，也是身体出于本能保护，通过病态来维持"平衡"。再则，西方人喜欢吃冰，一部分原因也是高热量、油炸烘焙食物吃得太多，身体有热所以想要吃冰，但这是本末倒置的做法，正确的做法应该是少吃这些不利于身体健康的油炸烘焙食物。所以，到底何种生活饮食方式是最有利于健康长寿的，其实很容易分辨。

脾喜燥恶湿，就是说脾喜欢干燥，讨厌湿，因为湿会困住脾，让脾不能很好地发挥功能，从而造成一系列的失调症状。《黄帝内经素问注证发微·卷九》云："诸湿肿满，皆属于脾，盖脾属土，土能制水，今脾气虚弱不能制水，水渍妄行，而周身浮肿，故凡诸湿肿满皆属脾土也。"这个湿，和脾的功能减退是互为因果的，比如生活环境、季节气候湿

生姜可去上焦水饮湿气

度太高，先有湿，困住了脾，脾不能好好的运化水湿，就会进一步加重水湿内停，进入一个负面循环。所以说"治湿不治脾(治脾不治湿)，非其治也。"由此可见，湿对脾的影响是非常大的。

湿的症状可以用五个字概括：重、浊、闷、腻、缓。重就是困重，身体无力感，严重的水湿、痰饮还可能造成晕眩；浊就是舌苔、面色、分泌物、排泄物有秽浊不洁的感觉，便溏，严重的湿热可能产生里急后重；闷就是胸闷，心下痞满腹胀，严重时胃中会有振水声；腻就是口腻、苔腻、纳呆（不欲饮食，湿重的人通常不想喝水）；

缓就是脉缓，病程病势缓，调理起来也需要一点耐心。湿可能是寒湿困脾，也可能是湿热蕴脾，湿热一方面可能是直接受到湿热侵袭，另一方面可能是湿邪停久了化热，或是吃太多肥甘厚腻的食物而酿成湿热。

莲子可养脾阴、养心安神

脾喜香恶臭。很多化湿、行气的治脾中药，都具有芳香之气，这也是芳香疗法特别适合用于脾胃调理的重要原因。并不是所有中药都能提取精油，最适合提取精油的就是其中的香药部分，而这些芳香精油，也可以很好地发挥芳香化浊，行气祛湿的功效，"香"——正是脾之所好。

脾喜通恶滞。其实，不光是脾，对整个身体来讲，通畅都是非常重要的。不论是无形的不通（气滞），还是有形的不通（食积便秘等），都是脾胃功能异常的表现。在脾胃气滞方面，最常见的原因就是土木失调，脾与肝失和。脾土需要借助肝木的条达、升散、疏泄之性，才不至于阴凝壅滞，才能使纳食得以正常运化，升降之机维持顺畅。肝气郁结、肝气不舒，则会横犯于脾，造成腹胀、纳呆、嗳气、呃逆等一系列的脾胃问题。

肝气郁结的原因不完全是发脾气生闷气，有时候，压力过大，期望过高，情绪不稳定，一会紧张，一会兴奋，一会失望，都可能会造成肝气郁结，从而影响到脾。这时候不光要调理脾胃，也要同时疏肝理气。

食积的原因多是吃太饱或是吃太多不易消化的食物，现代家庭对于小朋友的喂养，常常是过犹不及——肉、蛋、奶、主食、零食、水果，一天不停喂食。上班族则往往早餐随便对付，午餐外卖，到了晚餐时，在家饱餐一顿，吃太饱会造成脾胃负担过重，引发食积，六分饱很重要。吃太饱也会造成身体气机无法流动、脾气壅滞，从而影响气血化生。

所以，如果想要身体健康，基本顺序应该是"先通后养再补"——先看身体是否通畅，如果脾胃有气滞、痰阻、湿热、食积等实证问题，一定要先通，

小朋友应合理饮食，避免积食

以通为养，以通为补。接着再养虚，当然也可以在通的基础上同时处理虚，如果脾气虚、脾阳虚，就不能着急大量进补，因为滋补之品大多滋腻，比如阿胶，如果脾胃无力运化，吃进去就是"废物"，因为吸收不了，反而增加脾胃负担，所以一定要先将脾胃功能养好再进补。

其他方面，诸如饮食不规律，饥一顿饱一顿，吃饭时间不固定，会容易造成脾胃功能的紊乱；劳倦亦伤脾；身体有疾或是病后失调，也会造成脾胃损伤；大病久病过后，要养好脾胃才缓慢进补；小朋友生病过后，不要立即大鱼大肉，先吃些养脾胃的粥，再慢慢过渡到正常饮食。

张景岳说："风、寒、湿、热皆能犯脾，饮食劳倦皆能伤脾。"我们可以检视自己的生活饮食习惯，都对脾做了哪些不利之事，有则改之。脾胃，值得我们好好养护，一旦失调，一系列的脾胃问题就会出现，最常见的就是脾气虚和脾阳虚。

脾气虚，就是指脾的功能减退。常有食少、腹胀、便溏（腹泻）、腹部隐痛、气短、乏力、神疲、肌肉无力等症状。脾气虚，那我们刚才讲的一系列脾的功能都不能好好发挥作用：不能运化水谷精微，就没有气血来源，进而造成营养不足，贫血，头晕，经血少，面色无华等；不能运化水湿，就会造成水液代谢和输布的异常，形成水湿痰饮，甚至浮肿、肥胖；不能统血，就会出现慢性出血的问题，比如便血、衄血、紫斑、瘀斑，往往呈现慢性、反复的特点，脾气虚还可能会造成月经量过大，颜色偏鲜红等；不能升清，清阳不升就会造成头晕，不能升举内脏，造成内脏下垂、肌肉下垂、子宫下垂等问题，或是肛门坠胀总是想大便，但又解不出来，这些都是气坠，气下陷的症状。如果觉得口淡或是口甜，就是感觉嘴里有甜味，甜味属土，热把脾土的甜蒸腾上口，把湿的本味显现，说明有热又有湿，这和喜欢吃甜不同，喜甜是身体少甜（脾虚），所以想要多吃甜味、甘味补脾，比如甘草、大枣是甜味补脾的，不是指吃甜品补脾，甜品大多是奶油、鸡蛋、牛奶、奶酪为主，多吃易生痰，并无补脾作用。

奶油易生痰湿

薏苡仁可健脾利水、祛湿清热

玉米须可祛湿，玉米汁可养脾胃

脾阳虚，就是在气虚的基础上出现了阳气不足、温煦失职，进而产生一系列虚寒的症状。除了会出现刚才所讲的气虚的症状，还会有畏冷、肢凉、四肢不温、面色白、吃冷饮或吹冷风容易腹泻等症状，脾阳虚可能是生冷苦寒过度，损伤脾胃，也可能是肾阳不足，不能暖土。但无论何种情况，温补脾阳总是没错的，如果兼有肾阳不足，就需要脾肾同补。

我们前面说到脾与胃互为表里，两者联系紧密，那如果出现脾与胃的失衡，肯定也不能很好地发挥功能。最常见的就是胃强脾弱，《症因脉治·卷三》云："胃不和不得卧之因，胃强多食，脾弱不能运化，停滞胃家，成饮成痰，中脘之气窒塞不舒，阳明之脉逆而不下，而不得卧之症作矣。"胃强，就是有胃口想吃，但脾弱，吃进去无力运化，就容易造成食积、气滞，甚而影响睡眠，这种情况也要健脾化积，胃口过盛有时是因为胃火过旺，需同时处理。

当然，中医里脾病的证型划分得更细，也有脾胃与其他脏腑的同病，实邪也不光是只有寒邪和湿邪。芳疗师在做个案处理的时候，要分析每个人不同的情况，处方也会不一样，有时候还要考虑整体的调养，但个体差异实在无法一一细述，所幸的是，现代人的脾胃问题都具有普遍共性，而且，脾土是枢纽，是后天之本，把根本性的问题解决好，对整体的身体健康也会产生积极正面的影响。脾胃养护，是人人都需要重视的。

对于儿童来说，好的脾胃意味着：好的生长能量补充——脾主运化五谷；好的睡眠——脾胃和则卧安；好的运动能力——结实的孩子活泼能动。所以要想孩子长得快、长得好、长得壮，最重要的就是饮食、睡眠和运动，在运动中发展感统能力，促进社交，丰富认知，对智力的发育也有着重要的积极意义。

对于女性来说，好的脾胃意味着：强有力的气血补充。女性补虚首要补气血，没有好的脾胃，就不能好好地化生气血，即便想多多进补，也会出现虚不受补的情况，脾气充足也不容易出现各种身体内外的下垂现象，对女性的容颜呵护、经历生产后的脏器养护，也有积极作用。

对于男性来说，好的脾胃意味着充足的能量来源，才能应对繁忙的工作、强大的压力。吃不香，睡不好，何来精力？而且男性往往饮食不规律，也容易忽略细节，胡乱饮食，这时候更需要好好调养脾胃，保持能量来源。

对于老年人来说，好的脾胃意味着"一气运转"那个"圆"能转得更好更久。吃得进，化得了，排得出，就是朴实的养生之道。老年人面临脾胃功能的逐渐衰退，要调节饮食结构，多吃容易消化、养脾胃的食物，固护后天之本，颐养天年。

健康的孩子，身体结实，运动能力强

芳香疗法用于脾胃养护，倡导外用法，简单地抹在腹部即可，如果有时间，配合摩腹，就能发挥"1+1＞2"的效果，这也是芳疗调养脾胃的优势，不要小看了这些简单的手法，很多健康长寿之人，并没有复杂的养生之道，往往就是一些简单的、对的事情一直坚持，摩腹对于五腹六腑助益良多，在用芳疗膏脂养护后天之本的同时，顺行养生之法，事半功倍，何乐不为。脾胃养护，在大方向辨明的情况下，可以放心大胆的实践，往往收效都很好。

我们在进行脾胃调理前，首先要通过舌象对身体进行简明判断。

脾气虚的舌象：脾气虚不能很好地代谢水湿，往往舌体胖大，像泡过水一样，胀大至齿边，就会形成齿痕，不要忘了脾主肌，齿痕往往也预示着气虚而收摄能力弱。

身体水湿重，让舌面看上去水滑。脾虚则气血弱，唇色或舌体颜色不够红润，可能面色苍白或萎黄。如果舌中间有裂纹，提示兼有气滞（注意区分阴虚津液亏损的裂纹，舌体往往瘦小，舌红无苔或少苔），如果舌苔剥落，就是像地图一样，舌苔一小块一小块的散落分布，并且舌淡，多为气血两虚（如果苔剥且舌红无苔或少苔，多为阴虚或气阴两虚）；如果舌苔分布不均或舌苔厚腻，多为痰阻。

脾阳虚的舌象：在脾气虚的基础上，舌体颜色淡白，舌苔白，喜温饮，食冷食或冷饮、吹冷风易腹泻，大便不臭，热敷症状会减轻。

湿热蕴脾的舌象：舌体颜色较红，舌苔黄，喜冷食或冷饮，大便较臭。如果舌上有红点，不高于舌面的称为红点舌，高于舌面的称为芒刺舌，两者都代表有热象。

如果对舌象与症状的辨证不太熟悉，可以选择脾胃调理平补方，这个配方是以提升脾胃功能、芳香化湿、理气为主，适合不同体质的人群长期使用，脾胃功能强了，脾讨厌的湿气也排掉了，一系列的脾胃问题自然会得以改善。

如果可以辨明脾胃有寒，那么可以用脾胃调理温补方，这个配方强调散寒助阳，温中化湿。

如果脾胃有湿热，可以用脾胃调理清补方，这个配方强调清泄湿热，芳香排浊。

如果有泄泻的情况，大体分三类：虚性腹泻、寒湿性腹泻和湿热性腹泻，同样是通过舌象辨别，虚性腹泻用平补方，寒湿性腹泻用温补方，湿热性腹泻用清补方，严重时可增加使用的次数以及精油的浓度。用逆时针手法按摩腹部。严重腹泻要注意补充

芳疗处方

脾胃调理平补方

广藿香精油 ………… 2滴　｜　莱姆精油 ………… 1滴
红橘精油 ………… 2滴　｜　莳萝精油 ………… 2滴
罗勒精油 ………… 2滴　｜　玫瑰樟精油 ………… 1滴

将以上精油滴入 25 毫升葵花籽油或甜杏仁油中，搅拌均匀，即可使用。

芳疗处方

脾胃调理温补方

姜精油 ………… 2滴　｜　小豆蔻精油 ………… 2滴
广藿香精油 ………… 2滴　｜　丁香精油 ………… 1滴
芫荽精油 ………… 2滴　｜　甜橙精油 ………… 1滴

将以上精油滴入 25 毫升葵花籽油或甜杏仁油中，搅拌均匀，即可使用。

芳疗处方

脾胃调理清补方

留兰香精油 ………… 3滴　｜　葡萄柚精油 ………… 2滴
罗马洋甘菊精油 … 2滴　｜　欧洲刺柏精油 ……… 3滴

将以上精油滴入 25 毫升葵花籽油或甜杏仁油中，搅拌均匀，即可使用。

葡萄糖盐水，避免造成脱水。脾胃偏寒的人因为饮食不洁造成急性肠胃炎，可以使用脾胃调理排油方。如果脾胃偏热的人得了急性肠胃炎，可以将排油方的丁香精油替换为薄荷精油5～10滴，热象越严重的人，薄荷精油浓度可以越高。

如果有便秘的情况，原因很多：肝脾之气郁结、肺气虚、血虚、阳虚、燥勺实热都可能导致便秘。芳疗处方将便秘大体分为四类：气滞便秘、气虚便秘、血虚便秘、阳虚便秘、热积便秘。

气滞便秘：表现为大便秘结，欲便不得，嗳气腹胀，舌苔薄腻，胸胁胀满，不欲饮食，需顺气行滞。

气虚便秘：表现为有便意，但大便难出，挣则汗出短气，便后疲乏，大便不干硬，神疲乏力，需益气润肠。

血虚便秘：血虚表现为大便秘结，面色无华，头晕，久蹲后站立易眼前发黑，唇舌淡，需养血润燥。

阳虚便秘：表现为大便艰涩，排出困难，小便清长，四肢不温，喜热怕冷，腹中冷痛，舌淡苔白，需温阳通便。

热积便秘：表现为大便干结，小便短赤，面红身热，口干口臭，舌红苔黄或黄燥，可能兼有腹胀腹痛，需清热润肠。

便秘用顺时针的手法按摩腹部，或升横降手法推动肠道蠕动。

芳疗处方

热积便秘改善方

罗马洋甘菊精油····3滴　　葡萄柚精油·········2滴
辣薄荷精油·········3滴　　广藿香精油·········2滴
将以上精油滴入 25 毫升葵花籽油或甜杏仁油中，搅拌均匀，即可使用。

如果有出现我们前面提到的土木失调问题，肝郁犯脾，需要结合"疏肝解郁畅养方"一起使用。

芳疗脾胃调理，有很多精油功效卓越，绝不仅限以上所列，不同的精油各有优势，有的对某一个问题特别强效，有的兼有多种功效更全面综合，很多可食用的果皮类或是香料类精油，植材本身就是食物，亲近脾系统，温和有效，可以参见精油介绍篇，辨证组方。脾土调养是基础，是后天之本，是最值得长期坚持的芳疗调养。

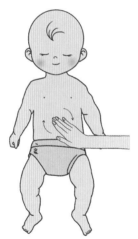

平时保养及便秘，顺时针打圈按摩

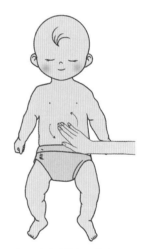

腹泻时逆时针打圈按摩

肺金芳疗养护——建立身体黄金防护线

人体两大"呼吸组织"，一是呼吸道，二是皮肤，都属于中医里的肺金系统。肺系统在五脏中属于"门户"，负责身体内外交流，所以也最容易受到邪气侵袭，肺不断进行身体内外的气体交换，一分钟大约18次，如果有邪气，便会随着呼吸进入身体。同时肺主皮毛，皮肤是一身之表，露在最外面，所以也最容易受到外邪入侵。但是我们反过来想，这也是芳香疗法很适合治疗肺金问题的原因，芳香疗法最广泛运用的方式就是透过呼吸道和皮肤吸收，这便是直接作用于肺系统。树木的"呼吸"是透过树叶来完成，我们常说想拥有森林般的净畅呼吸，就是指森林里的清新空气对肺部保养是最好的，很多精油是萃取自森林树种的叶片或针叶，因此对于肺系统的疾病，芳疗是极具优势效能的，可以帮助身体建立黄金防护线。

《医贯·内经十二官论》云："喉下为肺，两叶白莹，谓之华盖，以覆诸脏，虚如蜂窠，下无透窍，故吸之则满，呼之则虚，一吸一呼，本之有源，无有穷也，乃清浊之交运，人身之橐籥（音tuó yuè，即风箱）。"肺，位于胸腔，左右各一，又称为"华盖"。我们的鼻腔、咽喉、气管，都属于肺金系统。

尤加利家族的精油，皆助益肺系统

《黄帝内经灵枢集注·卷七》云："肺主气司呼吸，故有余则咳喘上逆，不足则呼吸不利而少气也。"肺的第一个生理功能就是：主气司呼吸。

肺主气，其一是主呼吸之气，我们都知道，肺是身体内外清浊之气的交换场所，我们吸入氧气，呼出二氧化碳，通过肺的一呼一吸，完成清浊交换。吸入清气是凭借肺的肃降功能来实现，呼出浊气是依赖肺的宣发功能来实现，正常的呼吸是细、慢、匀、长，自然界的清气吸入肺中，与水谷精气合为宗气。

紫苏叶可行气散寒，常用于风寒表证

中医里所讲的虚与实，通俗来理解，虚是指不足，实是指有余。如果出现呼吸异常，偏虚的是指吸入清气困难，所以身体本能是以吸入为快。偏实的是指呼出浊气困难，所以是以呼出为快。当然，

苦杏仁可开肺气、润肺降气

中医很多时候不能用二分法、非此即彼，也有可能因虚致实，因实致虚，虚实夹杂。

肺主气，其二是主一身之气，调节全身气机。《重庆堂随笔·卷下》云："肺主一身之气，肺气清则治节有权，诸脏皆资其灌溉，故曰五脏之阴。"《医经精义·下卷》云："肺者，以气之总管在肺，故肺主制节，司肾气之出纳；而又制节肝气，使不得逆；制节脾气，使不得泄；制节心气，使不得越；肺之气治，而各脏之气皆治矣。"中医学认为，气是构成人体和维持人体生命活动的最基本物质，即生命的动力。一方

面，肺吸入氧气吸出二氧化碳，维持生命，另一方面，肺也是一个"代谢器官"，现代医学研究也表明，肺参与体内的物质代谢，包括能量代谢、合成、转化和释放激素，调节并影响全身功能。

肺调节全身气机一方面是通过呼吸来调，以呼吸清浊之气的交换，带动全身气机的升降出入。另一方面是指圆运动中，肝从左升，肺从右降，这就是一对循环。比如肝气郁滞的时候，不仅可以用柴胡、郁金之类的药物疏通肝气，还可以稍微加一点通降肺气的药物，比如杏仁、枇杷叶，这样一升一降，可以让气机更加顺畅。

肺主行水，通过宣发和肃降，有通调水道的功能。《素问注释汇粹·卷第七》云："肺虽为清虚之脏，而有治节之司，主行营卫，通阴阳，故能通调水道，下输膀胱。"肺气在调整全身气机的时候，具有宣发和肃降的功能，可以推动和调节全身水液的输布和排泄。在脾胃芳疗养护一章中，我们知道，脾将水谷精微上输到肺，然后通过肺气的宣发，将津液和水谷精微布散于全身，输于皮毛；通过肺气的肃降，津液和水谷精微不断向下输送，与肾协同完成代谢后，产生尿液排出体外。肺的宣发和肃降，一升一降，有机配合，才能使气血津液上通下行，外达内走，滋养周身。

肺朝百脉，朝就是会聚的意思，百脉就是指全身的血脉。《金匮要略心典·卷上》云："人之有百脉，犹地之有众水也。众水朝宗于海，百脉朝宗于肺。故百脉不可治，而可治其肺。"肺朝百脉是指肺是经脉之气的终归和始源。心主血，肺主气，血液的运行必须依赖气的推动，气为血之帅，气行则血行，而气由肺主，肺气向外宣发，将血脉输送全身，肺气向内肃降，全身血液回流至肺，在肺的一呼一吸中，完成血液的全身循环，所以肺朝百脉又称为肺能助心行血。反过来，血为气之母，血液供应正常，为气提供物质基础，才能发挥肺主气的功能。全身血液通过脉而流经于肺，再由肺的呼吸功能进行清浊之气的交换，输送全身，百脉如潮，肺能助百脉之气血如潮水般规律周期运行。肺的功能正常，气血津液才能环流全身，周而复始。

用松科精油熏香，可以营造森林般的清净之感

樟科精油，常用来处理肺系统问题

肺主皮，其华在毛。《四圣心源·卷一·天人解》云："皮毛者，肺金之所生也，肺气盛则皮毛致密而润泽。"我们身体的呼吸组织不仅有呼吸道，还有我们的皮肤，皮肤可以散热，通过宣发卫气控制腠理的开合，调节汗液的排泄。身体的皮毛称为"一身之表"，依赖肺布散的卫气、津液来温养和滋润，同时也是人体抵御外邪的第一道屏障。肺的生理功能正常，就可以将精微营养输送到皮毛，皮肤就致密，充满光泽，抵御外邪的能力就强。如果肺的功能失调，宣发卫气和输精于皮毛的功能就会减弱，那么就会卫表不固，抵御外邪侵袭的能力就会降低，就是我们常说的抵抗力下降，同时皮毛没有精微营养的滋润，就会逐渐出现皮毛枯槁的现象。

柏科精油常用于处理肺系统问题

肺与大肠相表里。《太平圣惠方·治水谷痢诸方》云："大肠，肺之腑也，为传导之腑，化物出焉。水谷之精，化为血气，行于经脉，其糟粕行于大肠也。肺与大肠为表里，而肺主气，其候身之皮毛。"《素灵微蕴·卷四》云："肺与大肠表里同气，肺气化津，滋灌大肠，则肠滑而便易。"肺主宣发，濡润大肠，大便不燥就能通畅无碍，顺利导下；肺主肃降，是大肠传导功能的动力，魄门（肛门）是肺气下通的门户；肺主通调，通过肺调节水液代谢和维持水液平衡的作用，使大肠水分不致过多。肺与大肠相互影响，比如大肠实热便秘，腑气不通，就会使肺失肃降；如果肺失肃降，就会影响津液下达的传输，造成大便燥结；两者互为因果。

薄荷可疏散风热、清利头目、疏肝、透疹

肺在五志中对应悲，就是说情绪里的悲伤、忧愁是伤肺的，悲则气消，同时也互为因果，比如肺气虚的时候，也容易产生悲苦情绪。

肺为娇脏。《冯氏锦囊秘录·卷十二》云："盖肺为清虚之府，一物不容，毫毛必咳，又为娇脏，畏热畏寒。"比如吃饭时不小心掉颗饭粒到气管里，那一定会引发剧烈的咳嗽，这是身体的自我保护机制，将"异物"排出，这个异物还包括"浊气"，比如我们闻到浓烈的烟尘，或是呛鼻的香精味道，也会不由自主的咳嗽，目的也是将这些浊气排出。所以肺是喜欢清气的，我们通过熏香，将肺喜欢的自然清新之气吸入，则会有益肺功能的提升。

肺系统的疾病中，如果表现为舌红少苔少津，干咳少痰，咯痰不爽，甚至痰中带血，或者喉咙嘶哑，这是阴虚肺燥证，如果同时伴有全身的阴虚症状，如午后低热，手足心发热，两颧潮红等，这是阴虚证，这两种情况要滋阴。如果是秋天或是地处干燥地区，造成的燥邪犯肺证，表现为皮肤干，口鼻咽喉干，大便干，小便短黄，甚至出鼻血，少痰或是痰中带血，这种情况要润燥。而滋阴和润燥最适合用食疗，比如百合、银耳、雪梨、黄瓜、莲子、葛根粉、藕粉等。

葱白可发汗解表，葱姜煮水可治风寒感冒

肺气虚证，就是肺的功能减退，出现一系列的虚弱症状，比如气短，气不足，无力的咳嗽，甚至气短而喘，说话声音也是有气无力。肺功能弱就不能很好地将气血精微输布于表，卫外的能力就会不足，容易感冒，另外也不能很好地控制肌腠的开合以控制汗液，可能出现自汗的现象。

麦冬可养阴润肺，益胃生津

西方研究有些精油可以提升免疫力，转换到中医的理论中，就是能够补益肺气，提升肺金功能，增强身体卫外固表之力。养肺精油，从大方向来讲，松科、柏科、樟科、桃金娘科，这四个科属中的大多数植物精油都有益肺系

叶片是植物的"呼吸"系统，叶片类精油通常都有益人体呼吸系统

森林里散发树木的芬芳，空气清新怡人

统，我将它们称为"四大金刚"。

有一次我不小心被传染了流行性感冒，刚好在我国台湾地区旅行，为了不影响旅程，我用精油熏香，同时涂抹精油防护膏，症状得到明显缓解，但未完全痊愈，恰逢来到阿里山，那里有很多高大的树种，它们散发自然的芬芳之气，在森林中也含有高浓度负离子，这些都是肺所喜欢的"清气"，能够很好地补强肺的功能，一天行走下来，虽然是疲乏的，但感冒却基本康复了，让我不得不赞叹大自然的力量。

如果想要助益肺系统，可以在家居环境中时常营造森林般的氛围，养护肺金。对于肺气虚、容易感冒、抵抗力弱的人群，可以使用提升免疫力熏香方，也可以从松科、柏科、樟科、桃金娘科植物精油中挑选自己喜欢的气味，长期熏香，补益肺气，提升免疫力。

> **芳疗处方**
>
> ## 提升免疫力熏香方
>
> 巨冷杉精油 ………… 3滴 ｜ 日本扁柏精油 ……… 2滴
> 澳洲尤加利精油 … 3滴 ｜ 玫瑰樟精油 ………… 2滴
>
> 将以上精油滴入香熏机，在室内扩香即可。

肺系疾病，中医证型很多，我们主要了解家居常见、适合芳香疗法的部分。大方向上，首先要分清寒、热。属寒的有风寒束表证、风寒犯肺证、寒痰阻肺证；属热的有风热犯表证，风热犯肺证，痰热壅肺证。风寒或是风热是袭表还是侵肺，主要依据是有没有咳嗽，没有咳嗽，就只是在表，如果有咳嗽，就是在肺；如果痰多，有可能会产生寒痰阻肺证或是痰热壅肺证。

	寒	热
袭表	风寒证 恶寒重，发热轻，打喷嚏，流清涕，鼻塞，头身痛，舌淡红，苔薄白，喜温饮，胸口冷，呼气冷，脸色偏白	风热证 恶寒轻，发热重，头痛，咽喉红肿热痛，如果有口渴喜冷饮，或见鼻塞流浊涕，舌红苔薄黄，胸口热，呼气热，脸色偏红
侵肺	风寒犯肺证 以上风寒束表症状加上咳嗽，痰清稀色白	风热犯肺证 以上风热犯表证症状加上咳嗽，痰稠色黄
痰多	寒痰阻肺证 咳嗽，气喘，胸闷，怕冷，肢凉，舌淡苔白，苔腻或苔滑，痰白清稀，或见喉中有哮鸣音	痰热壅肺证 舌红，苔黄腻，咳嗽，气喘息粗，喉中痰鸣，胸闷，甚至胸痛，痰黄稠，甚至有腥臭味

我们可以通过症状和舌象来区分寒热，如果实在分不清，可以使用肺系防护基础方，它没有明显的寒热倾向，主要是提升免疫力，增强正气，以敌邪气。肺系这一章的处方，都可以熏香、调油或制成膏脂。

芳疗处方
肺系防护基础方

白千层精油 ………… 3滴 | 欧洲银冷杉精油 … 2滴
香桃木精油 ………… 3滴 | 茶树精油 ………… 2滴
将以上精油滴入 25 毫升葵花籽油或甜杏仁油中，搅拌均匀，即可使用。

按摩方调配好以后，可以涂抹在手臂肺经循行部位及任督二脉上半段（肺部以上），手法无须过于复杂，稍微推揉帮助精油吸收即可，如果症状比较严重，也可以涂抹全身，因为身体的整个皮肤组织，都属于肺系统，将吸收精油的面积扩大，也可以更好的处理肺系问题。

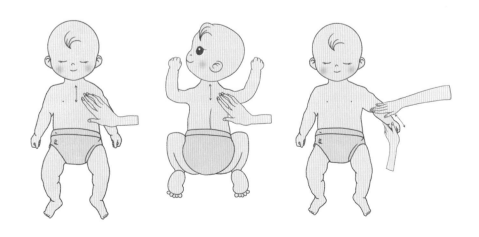

如果有热象，参见寒热辨证表格。以热、红、灼、干为主要表现，可以用基础方搭配清凉方一起使用，配合小儿推拿手法，如清天河水、清肺经等可以帮助降低体温。这个配方不只是处理肺系问题，身体出现的其他的红肿热痛问题也适用。

如果有寒象，参见寒热辨证表格，以冷、白、稀、迟为主要表现，可以用基础方搭配温暖方一起使用，帮助驱除寒邪。

如果咳嗽痰多，可以用肺系止咳安舒方，精油可以温和化解痰液，帮助痰液顺利排出，宣肺理气。

值得一提的是，脾湿生痰，如果在处理咳嗽时痰液不断、迁延不愈，要参看脾土养护一章，了解是否同时有脾气虚、脾阳虚的问题，脾湿会源源不断地生痰，这时候只考虑祛痰化痰，没有解决"源头"，效果便不好。咳嗽也分为外因和内因，"五脏六腑皆令人咳"，陈修园《医学三字经》中写道：《内经》云："五脏六腑皆令人咳，不独肺也。然肺为气之市，诸气上逆于肺，则呛而咳。是咳嗽不止于肺而亦不离于肺也。"意思说，咳嗽的病位离不开肺，但病因

芳疗处方

肺系防护清凉方

德国洋甘菊精油 … 3滴	辣薄荷精油 ………… 3滴
留兰香精油 ……… 2滴	薰衣草精油 ……… 2滴

将以上精油滴入 25 毫升葵花籽油或甜杏仁油中，搅拌均匀，即可使用。

芳疗处方

肺系防护温暖方

姜精油 ……………… 3滴	罗勒精油 ………… 2滴
锡兰肉桂叶精油 … 3滴	月桂精油 ………… 2滴

将以上精油滴入 25 毫升葵花籽油或甜杏仁油中，搅拌均匀，即可使用。

芳疗处方

肺系止咳安舒方

五脉白千层精油 … 3滴	柠檬尤加利精油 … 2滴
蓝胶尤加利精油 … 3滴	欧洲银冷杉精油 … 2滴

将以上精油滴入 25 毫升葵花籽油或甜杏仁油中，搅拌均匀，即可使用。

咳嗽期间，应戒食奶油、牛奶、甜食、鱼肉、鸡蛋这些生痰之物，清淡素食

诸多，安舒方主要处理外感咳嗽痰多的情况。

木质类的精油，多有"补气顺气"的功效

如果咳嗽是干咳，表现为肺阴虚，或是气阴两虚，这种情况就要补肺气，滋肺阴。除了前面提到的食疗方，还可以用一些木质类和树脂类的精油，比如玫瑰樟、乳香精油等，如果是老年人，还要在补肺气的同时纳肾气，檀香、沉香精油在这方面有卓越表现，可以少量搭配使用。

用芳香精油为肺系统建立黄金防护，方便、安全、有效。很多精油，气味清新怡人，功效显著确切，不仅限于以上所列示的精油，不同的精油各有优势，在处理肺系疾病时，如果问题单纯，可以将处方中的精油都指向这个问题，如果问题复杂，则可以选择兼顾多种功效的精油。很多叶片类的精油，亲近肺系统，温和有效，可参见精油介绍篇，辨证组方。

肾元芳疗养护——固养先天之本

肾，是先天之本，是五脏六腑精气所居。肾脏是生命的能量根源，肾的健康对男性、女性、老年人、儿童都非常重要。

达尔文的进化论阐述道，生命起源于海洋，水中孕育最初的生命体。在中国文化中，五行亦起源于水。《医宗必读·卷一》云："肾何以为先天之本？盖婴儿未成，先成胞胎，其象中空，一茎透起，形如莲蕊。一茎即脐带，莲蕊即两肾也，而命寓焉。水生木而后肝成，木生火而后心成，火生土而后脾成，土生金而后肺成。五脏既成，六腑随之，四肢乃具，百骸乃全。"胚胎最初形成之时，就像莲蕊，古人认为即两肾，肾属水，由水而始生成五行，对应五脏，六腑随之，便是生命最初的演化过程。

古人认为：养肾即养命。《锦囊秘录·卷十二》云："维持一身，长养百骸者，脏腑之精气主之；充足脏腑，周流元气者两肾主之。其为两肾之用，生生不尽，上奉无余者，惟此真阴真阳二气而已。二气充足，其人多寿；二气衰弱，其人多夭；二气和平，其人无病；二气偏胜，其人多病；元气绝灭，其人而死。所见真阴真阳者，所以为先天之本，后天之命，两肾之根，疾病安危，皆在乎此。"阐述了肾阴肾阳对于寿命的决定性影响。真阳即元阳，真阴即元阴。元阳与元阴，统称为元气，化生元神。元气在人的一生中，是生命

运动的根本动力，化生精、气、神，养生家谓之"三宝"，是维系性命，长养肢体，营运脏腑的人身至宝。《类经·卷二十八》有云："精气充而神自全，谓之内三宝。三者合一，即全真之道也，故曰归宗。"养生就是养精、养气、养神，即养命也。

《黄帝内经素问吴注·卷一》云："肾主冬，冬主闭藏，故肾主蛰，封藏之本也。"道明了肾具有封藏和贮存人体精气的特性。肾五行属水，于季应冬。冬天，也是万物蛰藏的季节。《脉义简摩·卷八》云："肾属水，乃天一真精之所生也。人之有肾，犹木之有根。"肾所藏的"精"，分为先天之精和后天之精，先天之精禀受于父母，与生俱来，是构成胚胎的原始物质，也是生命发展的根基。后天之精来源于水谷精微，水谷之精输布于脏腑，供脏腑利用时，称为脏腑之精，脏腑之精继而化生气血津液，是促进人体生长发育的能量。

先天之精与后天之精，两者相互作用、相互依存。《黄帝内经素问·卷第一·上古天真论》云："肾者主水，受五脏六腑之精而藏之。"先天之精藏于肾中，出生之后，向五脏六腑输出能量，身体开始运作，从而获得后天之精，继续充养先天，成为生命发展的基本物质。后天之精源于脾胃运化的水谷精微，水谷之精输布于脏腑，提供给脏腑发挥生理功能的能量，剩余部分则贮藏于肾，当脏腑功能需要时，再由肾重新输出给脏腑。这就好比大学毕业时，初入社会，父母给了你一笔存款，这笔钱维持最初的生活开支，你通过不断努力，赚到了更多的钱，这些钱除了维持生活所需，多余的部分就存入银行，在需要的时候，便可从银行取钱。

肾所藏之精，与血的生化息息相关。精生骨髓，骨髓生血，精血之间，可以互化。现代研究也显示，肾小球近球细胞可以产生促红细胞生长素，促进红细胞生长、繁殖、成熟，所以骨属肾造血系统，而肾又主骨。《医经精义》云："骨内有髓，骨者，髓所生。周身之骨以背脊为主，肾系贯脊，肾藏精，精生髓，髓生骨，故骨者，肾之所合也。""肾生髓，髓生骨，则知腰脊为主骨，四肢为辅骨，骨属肾水。而筋属肝

枸杞可补肝肾、益精血、明目

木，筋著于骨者，水生木也；骨赖筋连者，母用子也；骨中之髓又会于绝骨，齿又骨余者也。"肾之精气主导骨的生化，决定骨的强弱，肾气能充养骨骼。肾主骨，肝主筋，骨与筋的关系，就如同水与木的关系，水生木，五行里也是一对"母子"关系。

　　肾所藏之精，在肾阳的温煦作用下，可以化为肾气。肾精、肾气常常互化，合称为肾中精气。人的衰老程度、寿命的长短，很大程度取决于肾精所化之肾气的强弱。肾精盛、肾气旺，人就不易衰老，寿命就长；反之，肾精匮乏，肾气虚弱，衰老就会提前发生，过早出现骨质疏松、牙齿脱落、须发斑白等未老先衰的状态，寿命也会缩短。人从出生到壮年，肾中精气不断充盛，能够形成出入的良性循环。中年之后，随着肾中及脏腑精气的不断衰退，渐渐入不敷出，便步入衰老。《黄帝内经》中详细阐述了女性及男性的生命演变过程。

　　"女子七岁，肾气盛，齿更发长。二七而天癸至，任脉通，太冲脉盛，月事以时下，故有子。三七，肾气平均，故真牙生而长极。四七，筋骨坚，发长极，身体盛壮。五七，阳明脉衰，面始焦，发始堕。六七，三阳脉衰于上，面皆焦，发始白。七七，任脉虚，太冲脉衰少，天癸竭，地道不通，故形坏而无子也。

　　丈夫八岁，肾气实，发长齿更。二八，肾气盛，天癸至，精气溢泻，阴阳和，故能有子。三八，肾气平均，筋骨劲强，故真牙生而长极。四八，筋骨隆盛，肌肉满壮。五八，肾气衰，发堕齿槁。六八，阳气衰竭于上，面焦，发鬓颁白。七八，肝气

黑豆可养肾阴、益精、乌发

衰，筋不能动，天癸竭，精少，肾脏衰，形体皆极。八八，则齿发去。"

——《黄帝内经素问·卷第一·上古天真论》

这段话的解释相信大家也不陌生了，说的就是肾气对于生命的影响过程。女子与男子在不同的年龄，身体呈现不同的状态，都与肾气有关。

关于这段话所提到的"天癸"是什么，张介宾（即张景岳）在《质疑录·论天癸非精血》中有一段话很有意思："天癸之义，诸家俱以精血为解，是不详《内经》之旨也。玩本经云：女子二七天癸至，月事以时下；男子二八天癸至，精气溢泻。则是天癸在先，而后精血继之，天癸非即精血之谓明矣。天癸者，天一所生之真水，在人身是谓元阴，即曰元气。人之未生，此气蕴于父母，谓之先天元气；人之既生，此气化于吾身，谓之后天元气。但气之初生，真阴甚微，及其既盛，精血乃旺。然必真阴足而后精血化，是真阴在精血之先，精血在真阴之后。不然女子四十九，男子六十四，而天癸俱绝，其周身之精血，何以仍营运于荣卫之中，而未尝见其涸竭也？则知天癸非精血明矣。"张介宾认为天癸并非精血，其有先后，他认为天癸是天一所生之真水，即元气，其化生先天、充养后天。女子四十九，男子六十四，天癸绝，但精血却未绝，以此再次论证天癸非精血。天癸与生俱来，随着肾中精气的不断充盛，天癸由潜藏变显现，呈现促进生殖器官发育成熟，并维持生殖功能的作用，现代医学所说的人体激素分泌便属于这一范畴。

肾主水，分为阴水、阳水。阴水就是肾所藏之精。阳水，是贮存于膀胱之"溺"，是人体代谢过程中产生的废弃之物，是多余之水。人体全身的水液分泌、化生、排泄、调控，是一项系统工程，需要脏腑间的全面合作，才能顺利进行。《问斋医案·卷二》云："肾统诸经之水，肺司百脉之气，脾为中土之脏；肾虚不能治水，肺虚不能行水，脾虚不能制水，泛滥皮肤则肿，流注脏腑则胀。脾土非肾火不生，肺金非脾土不长，补脾必先补肾，肾为先天之本，补肾宜兼补脾，脾为生化之源。治水先治气，气化水亦化；治气宜兼治水，水行气亦行。"人体水液代谢与脾、肺、肾的关系最为密切。膀胱为贮溺之器，肾与

桑葚可益肾补血、生津润燥、乌发明目

韭菜可益肾固精、暖腰膝

膀胱相表里，身体结构上的肾与输尿管相连，下接膀胱，生理功能上的肾可以控制水液的气化与膀胱的开合，所以肾主阳水主要是指肾参与水液代谢的功能体现。

肾主纳气。气和精在中医里有广义和狭义之分，常常容易混淆，甚至在读中医典籍时，也会有相互矛盾的地方，其实是因为所指不同。气的含义非常之广，但又不离其宗。《类经·十三卷》云："真气，即元气也。气在天者，受于鼻而喉主之，在水谷者，入于口而咽主之。然钟于未生之初者，曰先天之气；成于已生之后者，曰后天之气。气在阳分即阳气，在阴即阴气，在表曰卫气，在里曰营气，在脾曰充气，在胃曰胃气，在上焦曰宗气，在中焦曰中气，在下焦曰元阴元阳之气，皆无非其别名耳。"阐明了气于先天后天，阴阳，表里，脾胃，上中下焦的称谓，变化无形，又不离其宗。

那么肾主纳气，是指何"气"？《医门法律·先哲格言》有云："真气所在，其义有三，曰上中下也；上者所受于天以通呼吸者也；中者受之于谷，以养营卫者也；下者气化于精，藏于命门，以为三焦之根本者也。故上有气海，曰膻中也，其治在肺；中有水谷气而之海，曰中气也，其治在脾胃；下有气海，曰丹田也，其治在肾。"肾之"纳"气并非肾主"吸"气，纳是指藏归、摄纳之意。肾主纳气，一是指元气蛰藏于肾中，二是指肺气下归于肾，并非指肾直接吸纳自然之气，而是指肾具有摄纳肺

核桃可补肾固精益脑

板栗可补肾强筋

气，以助肺完成呼吸，保持呼吸深度，并资元气的作用。养生之道亦强调吐纳之术，以求修炼内气，作长寿之道，讲求意守丹田，纳气归根。

肾主作强与伎巧。作强，作用强力也；伎，多能也；巧，精巧也。《医学衷中参西录·第三卷·论肾弱不能作强治法》云："盖肾之为用，在男子为作强，在女子为伎巧。然必男子有作强之能，而后女子有伎巧之用也。是以欲求嗣续者，固当调养女子之经血，尤宜补益男子之精髓，以为作强之根基。"作强与伎巧，有指精明强干、聪慧灵敏之意，说明人的才智、技能与肾有关，肾藏精而主智，精生髓而养骨，上通于脑，所以精足则脑充，记忆力也与肾有很大关系。另一方面的解读是男女交合，两精相搏，"男女媾精，鼓气鼓力，造化生人。"张锡纯甚至明确指出："在男子为作强，在女子为伎巧。"

肾与胞的关系也非常密切，张景岳《类经·卷十六》有云："胞，即子宫也，男女皆有之，在男谓之精室，在女谓之血海。"中医里的"胞"概念广泛，不单是现代所指女性的子宫，还有男性的精室，都统称为胞。女子胞，包括子宫、卵巢、输卵管等女性内生殖器及某些内分泌激素。男子胞，包括睾丸、输精管及某些内分泌激素。

胞与肾，在络属上，"胞之蒂发于肾系"，其气与肾通。所以，肾气盛，女子便会有月事，男子便会精溢，此时，阴阳合便会有子。男女之胞，都是主生殖孕育，以肾中"天一之水"为本，不同之处在于：女子以血为主，水从血化，变而为（月）经；男子以气为主，水从气化，变而为精（子）。

我们从肾的生理功能不难看出，肾的病理主要在三方面：肾与生命发展的过程密切相关，所以小孩子如果生长发育迟缓，成年人如果早衰，这些都和肾有关系；其次水液代谢的异常；第三是纳气异常，比如气短而喘；另外肾开窍于耳、肾主骨主齿、其华在发，肾主二阴，所以诸如耳鸣、脱发、二便异常等，都可能与肾有关。

肾的病理，主要是虚证为主。一方面是先天的禀赋不足，另一方面后天消耗过多。肾系的实证，比如水肿，本质也是因为虚引起的，所以会说肾多虚证。《小儿药证直诀·脉证治法》更是直接说道："肾主虚，无实也。"虽然言之过于绝对，但所言不虚，肾病的症候主要是肾阴虚、肾阳虚、肾精虚、肾气虚。

九蒸九晒黑芝麻丸，可补肾乌发

肾气虚，即肾的功能发生减退，出现腰膝酸软、齿松、发脱、耳鸣的现象。肾气虚就会出现肾气不固的现象，肾主二阴，那么从前后阴而出的大小便，出现不固，如小便失禁，尿不尽，夜尿多，大便失禁、滑泻，一般是指长期性的，不是指脾胃不适造成的急性腹泻，这些问题有可能就是肾气虚造成的。另外，女性的月经、育胎，男性的精液，在肾气不固的时候，可能表现为月经淋淋漓漓不尽，白带多，崩漏，胎气不固、滑胎、滑精等。肾不纳气，会有气短而喘等问题。

《黄帝内经素问·卷第七·宣明五气篇》有云："久视伤血，久卧伤气，久坐伤肉，久立伤骨，久行伤筋，是谓五劳所伤。"现代人工作，常常在电脑前一坐就是几个小时，用脑过度，虽说久坐伤肉为脾之所主，但"后天之本"伤久、伤多，必累及"先天之本"。有笑谈言，肾虚者常有三，一为创业，二为房事不节，三曰脾久虚累及肾虚，其实这三者都是过耗。芳香疗法中，对肾气虚非常好的精油是檀香和沉香精

檀香精油可补肾气、壮腰膝

油。檀香精油可以帮助补益肾气，沉香精油可以纳气。有段时间，我工作非常忙，睡眠不足，透支过度，每天都觉得疲累、腰背酸痛，恰逢学院开课，要整日讲课，亦多耗气，便用檀香纯精油抹在后腰，瞬间就有补气、腰背有力的感觉。当然，纯精油是不适合长期大量使用的，特殊情况下才会这样处理，更多的还在于平日的保养，可用肾元养护益气方。需要强调的是，补肾气用的檀香精油，一定要东印度迈索尔产区，树龄五六十年的檀香，效果方为最佳。

肾阳虚，是在肾气虚的基础上还有寒象。肾阳不足，便会引发命门之火衰弱，生殖机能减退，可能出现四肢冰凉，腰膝冷痛、长期的怕冷、宫寒、阳痿、早泄等症状。"久病及肾，穷必归肾"，病久了也会导致肾阳虚。肾阳虚不能气化水液，控制膀胱开合的能力也会变弱，一是开多合少，就会出现小便清长，夜尿频多，甚至遗尿漏尿；二是开少合多，水分就会滞留体内造成水肿，所以肾阳虚影响水液代谢可能尿多也可能尿少。肾阳虚还可能造成性冷淡，性功能下降，可以使用肾元养护温阳方。欧洲刺柏、甜茴香、天竺葵、葡萄柚、芹菜籽、野胡萝卜籽、黑胡椒、欧洲赤松、北非雪松等精油有利尿的效果，处理肾虚水肿时可以配伍使用。

肾精虚，就是肾精不足，小孩子表现则为发育迟缓，囟门迟闭，五迟、五软，智力发展落后。成年人表现为早衰，过早牙齿松动，骨骼萎软，记忆力差，听力严重下降；在生殖机能方面，则表现为男性精少不孕，精子质量差，女子经闭不孕，性欲减退等，成年人肾精虚可以使用肾元养护益精方。

肾阴虚，是肾的阴液不足，阴虚生内热，出现骨蒸潮热盗汗、五心烦热、低热、口干、面色颧红、腰膝疲软等症状；男子性功能阳强易勃起，属于虚性亢奋，阴虚火旺，迫精妄行，可能

芳疗处方

肾元养护滋阴方

玫瑰精油 ·············· 3滴　　快乐鼠尾草精油···2滴
丝柏精油·············· 2滴　　依兰精油 ··············1滴
天竺葵精油·········· 2滴

将以上精油滴入 25 毫升葵花籽油或甜杏仁油中，搅拌均匀，即可使用。

出现遗精；女性阴虚火旺，虚性亢奋，可能出现梦交，迫血妄行，造成月经量多、月经先期，但也有可能阴液少了，从而造成月经量少。不论男女，表现出来的是虚性亢奋，而不是本身的功能强，一般称为相火旺，可以使用肾元养护滋阴方。

以上配方调配好以后，直接抹于后腰，推揉至吸收即可。需要说明的是，这些配方只适合成年人，不适合小朋友，对于年龄较小的孩子，还是建议食疗，或经中医辨证施治。以上配方除了用到精油的功效，还可以在植物基底油上发挥，可以用中药浸泡植物油，发挥中药与精油的双重功效，中药的配伍可依据个人体质而定，实现更精准的功效。

养肾，需要一定的时间和耐心，很多时候，需要"先天"与"后天"肾脾同补，或是肝肾、肺肾同调，更重要是在生活中避免少耗，固护肾元。

女子肝木芳疗养护——乳腺及胞宫保养

女子，常被称作"尤物"，红楼梦里宝玉形容尤家姐妹："真真是一对尤物，偏又姓尤。"尤物二词最早出现在《左传·昭公二十八年》："夫有尤物，足以移人。"尤物往往指那些不仅拥有美丽容颜，且举手投足之间充满女人味的魅力女性。

女人味，是多元化的气质内涵，是由内而外散发出来的韵味儿。女人味，不是妆扮就能实现的，一个心里抑郁，面容憔悴的女性，无论怎么妆扮，都无法散发光彩。尤物，是极具女性特征的，是优雅的、舒展的、自带吸引力的，最重要的一点，她一定是健康的。而女性健康，最具性别特点的两个指征就是乳房及胞宫，无论是展现女性魅力，还是孕育生命，乳房和胞宫的健康都起到决定性的作用。

现代女性，面临来自情感、婚姻、育儿、工作等方方面面的压力，还要不断学习精进、兼顾家庭与事业，更有怀胎十月的"重任"，实属不易。而女性相较男性，又更加敏感、细腻、重感情、多思虑，月行一次的经期，早来、晚来、多来、少来都让人头疼，不规律的月事也让怀孕变得越来越不容易，胞宫及乳房的各种囊肿、结节，也越来越高发，早衰早更比比皆是，这些都源于生活环境、饮食习惯、不良情绪及心理压力等多方面的影响，"经、带、胎、产"

花朵是植物的"繁殖"系统，萃取于花朵的精油很适合女性的生殖系统

每个环节都可能透支女性的健康，作为女性，需要多了解一些保养常识，多爱自己，追求由内而外散发的健康美。

芳香疗法中，有很多萃取自花朵的精油。在自然界中，花朵负责吸引蜜蜂授粉、完成植物繁殖，所以这一类的精油往往对女性生殖及内分泌系统有着完美的呵护、调养与平衡作用。从中医的角度来看，女性的乳房及胞宫健康，与肝、脾、肾的关系最为密切，用花、果、木精油来疏肝、健脾、补肾，让每一次的呵护都充满迷人香氛，于女性而言，真是美妙时刻。那么该如何用中医芳疗的思维来养护女子健康呢？这还需要从一位名医说起。

中医史上，在清代有一位名医，名为傅山，初名鼎臣，后改名山，原字青竹，后改为青主。傅青主出身于官宦世家，家学渊源，精通道学、医学、内丹、佛学、史学、儒学、诗词、书法、绘画、武术、音韵、美食等，被称为明清"六大儒"之一。傅青主在内、外、妇、儿方面均有极高造诣，尤以妇科为最，其著作《傅青主女科》被誉为女科经典著作。

《傅青主女科》分为上下卷，上卷主要论述女性带下、调经、种子等内容，下卷主要论述妊娠、孕产、产后等内容。其学术思想主要为：妊娠期倡补气，重用人参，"血非气不生，是以补气即所以生血。"产后病则多虚多瘀，以大补气血为先，兼顾祛邪、活血化瘀，擅长以生化汤化裁加减治疗产后诸症，补虚不留瘀，祛瘀不忘虚。因为孕产期的芳香疗法，有诸多需要特别留意的事项，非一章能尽言，所以本章主要着眼于女性常见问题的芳香疗法，便是上卷。

上卷中，共论述五门三十八条，涉及女性不同年龄段会遇到的带下（白带异常）病、经血过多、过少、经期不律、腹痛、更年期、不孕、癥瘕（泛指现代医学的子宫肌瘤、卵巢囊肿、子宫内膜异位症等）问题，其中过半数言及肝的问题，又以肝气郁结最为多见，所以，我们要了解女性的健康保养，必须先了解——肝。

绿萼梅又称为白梅花，有疏肝解郁之功效

首先要了解肝在五行中的位置，才能更好地理解养肝之道。《黄帝内经素问注直解·刺禁论》云："人身面南，左东右西。肝主春生之气，位居东方，故肝生于左。"肝五行应木，在圆运动图示中，左升右降，左东右西，所以肝木居左边东方位，主升。这和解剖生理学中身体结构的肝居于身体偏右位不同。《医学衷中参西录·第五期第一卷·深研肝左脾右之理》云："肝之体居于右，而其气化之用实先行于左，故肝脉见于左关。脾之体居于左，而其气化之用实先行于右，故脾脉见于右关。从其体临证疏方则无效，从其用临证疏方则有效，是以从用不从体也。"把脉的时候，左手的关部对应的是肝，就是从肝的气化之用来定位的，虽然肝的"实体"在身体右边，但从气机的运行来讲，肝是从左边升的，所以在诊病的时候遵从气机的升降，从左边诊脉，是"从用不从体"。

肝体柔用刚。《黄帝内经素问·卷第三·灵兰秘典论》云："肝者，将军之官，谋虑出焉。"将军，都是骁勇善战、性情刚烈之人。肝为阳，是从"用"而论，肝主怒，肝多实证，肝气常有余，常克脾土，肝阳容易上亢，肝火容易上升，肝风容易内动，这些都体现了肝为刚脏，为阳。另一方面肝又藏血，是从"体"而论，血属阴，所以肝之体又为阴，肝脏能保持平衡，肝阳、肝火、肝风不异，就是得到了肝血的濡润，同时

菊花茶可清肝明目、平抑肝阳、疏散风热

有肾水的滋养，肺金的平抑，脾土的培植，所以从体为柔。

肝属木，其母为肾水，其子为心火，水火一阴一阳；肝气为阳，肝血为阴，气血一阴一阳；所以肝处于水火之间，阴阳之中，"阴在内阳之首也，阳在外阴之实也"，在外阳气升发，在内以阴血为物质基础。

玫瑰花茶可疏肝解郁

《金匮衍义·卷一》云："有诸体而形诸用，故肝木者必收之而后可散，非收则体不立，非散则用不行，遂致体用之，偏之气，皆足以传于不胜也。偏于体不足者必补，酸以收之；偏于用不足者必补，辛以散之。故补体者必泻其用，补用者即泻其体，固知内经之辛补，为其用也；仲景之酸补，为其体也。"所以在治疗上，之于用还是之于体，便会有辛散与酸收两个角度，并无矛盾。

肝喜升喜动。《圣济总录·脏腑病症主药》云："肝属木，木为生物之始，故言肝者，无不此类于木。谓其肝气勃勃，犹如百木之挺植，肝血之灌注，犹如百木之敷荣。"肝合风木之性，主升发，性温和，喜条达恶抑郁。肝脏秉天之风气而生，性喜动而少静，易犯他者，比如常见

决明子可清肝明目、润肠通便

肝木克脾土，此外，眩晕昏仆、抽搐、甚则半身不遂，口眼歪斜，多与肝风内动有关。

肝主疏泄。是指肝具有舒展生发、疏散宣泄、升发透达的生理功能。条达是肝木之性，疏泄是指肝脏的功能。肝能疏通、畅达全身气机，进而促进血液、津液的运行代谢、水谷精微的输布与转化，脾胃之气的升降、胆汁的分泌排泄、促进男子排精、女子排卵、月经来潮以及情志的舒畅等作用。全身气机的通达，和解剖结构的肝关联不大，和经络上的肝经关联更大。"疏泄"一词最早见于《素问》，明确提出肝主疏

泄是元代的朱丹溪："司疏泄者肝也"。肝的功能正常，则以上所说的功能都可以正常发挥，如果异常则会出现各种问题。

肝气郁滞，则少腹、两胁、乳房会胀痛、闷痛，心情抑郁，闷闷不乐，喜叹息。

肝气郁结常常犯脾，则会腹胀、纳呆等；犯胃，则呃逆，呕吐，反酸等。

如若犯胆，则会口苦，厌食油腻。

气滞可能引发瘿瘤（甲状腺肿大）、瘰疬（颈部淋巴结结核）、乳癖（乳腺增生、结节肿块）、痰核（慢性淋巴结炎）、梅核气（咽喉明显异物感）。

影响到血的运行，气滞血瘀，则会出现痛经，血色紫暗有血块，癥瘕（癥者，坚硬不移，痛有定处，多属血病；瘕者，推之可移，痛无定处，多属气病）。

肝气郁滞还会影响排精排卵。

肝气一郁，影响范围是很广泛的，所以，为什么讲女性很多都是情志病，情志一郁，肝气不舒，则乳房出问题，月经出问题，影响脾运化生血，女性血虚，更加带来一系列的问题，气血是相互影响的，气为血之帅，血为气之母，只有气行血行，方为健康。

肝气为什么会郁滞？比如有邪气，湿热之邪阻于肝胆，寒邪凝滞于肝经，都会导致肝气郁滞；或者是受其他脏腑的病变影响；但最常见的原因是生活和工作上的压力；或是思虑重的人，因为一点小事情就想不开，郁郁寡欢；或是患得患失，总是很紧张；或是情绪起伏过大，一会儿开心，一会儿伤心；这些都会导致肝郁，所以情绪平和对肝的健康影响巨大，尤其女性，心情愉悦是非常重要的。

肝主藏血。王冰注解《黄帝内经素问》有云："肝藏血，心行之，人动则血运于诸经，人静则血归于肝藏，何者，肝主血海故也。"肝主藏血是指肝脏能贮藏血液以

女性的情绪对健康的影响非常大，肝气郁滞会引发一系列的健康问题

及调节血量。肝藏魂，魂靠血来养，到了夜里，血不回到肝脏，就是魂不守舍，睡眠也不会好，这两者也是互为因果的。

肝血虚，就会出现面色无华，苍白，萎黄，舌淡。女子月经需要肝血的充盈，如果肝血虚，则月经量少，经期短，经期延迟，甚至闭经。

肝开窍于目，目得血而能视，眼睛只有得到肝血的濡养以后，才能看清楚东西，所以现代人对着手机、电脑久视，也是伤血伤肝的。

肝血虚会出现头晕目眩，眼前发黑，目干涩、视目模糊、夜盲等。

肝主筋，筋是附着连接骨骼、关节和肌肉的一种组织，筋膜的营养来源于肝血，肝血充足，则筋脉得养、运动有力、灵活而持久，血虚则失濡润，就会出现运动无力而迟缓，关节屈伸不利，手足麻木，关节拘挛等问题。

前面养脾篇说过，脾主统血，如果脾气虚则会导致慢性出血，多为下部出血，伴有脾虚的其他症状。而肝阳过旺会导致血流过快，血热而迫血妄行，也会出血，多为上部出血，因为肝气是向上的，同时出血的时候会伴有热象。这种出血是疏泄太过。肝疏泄正常，则血行循脉；若疏泄无力，则与疏泄太过相反，会导致血行缓慢，出现瘀血癥瘕。

肝在志为怒，怒则气上，容易肝火上炎，肝阳上亢。除了发怒导致肝火旺，肝郁久了也会化火。所以对于肝郁来讲，是疏肝；对于肝火旺来讲，是清肝火；对于肝郁化火来讲，既有郁又有火，所以要疏肝气和清肝火同行。

肝阳亢的时候，往往导致阴虚，阴虚和血虚都会动风，可能会有抽筋这些现象；还会影响视力，造成眼睛干涩、头晕眼花、视力减退。阴虚和血虚的不同之处在于，血虚重点是影响月经，阴虚则表现为虚火，胁部隐隐有灼热的疼痛。肝血虚和肝阴虚，前者表现是脸色萎黄或脸色、舌色、唇色淡白，后者表现是舌红少苔，失润。肝

红枣可补血养肝、和颜色

陈皮可理气健脾，燥湿化痰，花茶中加入陈皮，可有助行气，缓解气滞不适

血虚多半与脾同病，因此治疗上要同时补脾；肝阴虚多半与肾有关，水不涵木，多半肾阴也不足，所以调理上要同时补肾阴。

　　了解肝的生理及病理特征后，不难发现，肝与女性的关系很密切，又因为女性多情志不畅，身体结构上，女性的胸腔本身就比较小，故多言女子心胸不如男，且心思敏感多虑，所以肝郁的女性可谓十有八九，肝郁会影响乳房健康，刚开始表现为胀痛，只是气机郁滞；如果不及时处理，气滞造成血瘀，或有痰阻，无形生变有形，就可能出现乳腺增生、结节、囊肿等问题。所以配方也各有侧重，如果只是气滞，就以疏肝理气为主，可以使用疏肝解郁畅养方。如果已经有结节瘀滞，还需兼以散结化瘀，可以使用散结化瘀畅养方。

芳疗处方

疏肝解郁畅养方

野胡萝卜籽精油 ……………2滴	柑橘精油 ……3滴
玫瑰精油 ……3滴	薄荷精油 ……1滴
	芹菜籽精油 ……1滴

将以上精油滴入 25 毫升葵花籽油或甜杏仁油中，搅拌均匀，抹于胸部。

芳疗处方

散结化瘀畅养方

玫瑰精油 ………2滴	松红梅精油 ……2滴
乳香精油 ………1滴	佛手柑精油 ……2滴
永久花精油 ……3滴	

将以上精油滴入 25 毫升葵花籽油或甜杏仁油中，搅拌均匀，抹于胸部。

　　在使用疏肝解郁方的时候，可以抹在胀痛的区域，如肝区、乳房、两胁等处；散结化瘀方主要涂抹在胸部，不需要复杂的手法，只需要轻抹让精油吸收即可。利用精油疏肝、行气、活血、散结、化瘀的特性，直接发挥作用。

除此之外，还可以配合中医外治手法进行气机的疏通，处理乳房问题，方法有四：

· 根据疼痛点所在的经络，决定如何疏通，乳房的胀痛是经络循行的去路不通，以此为理论指导，可以按揉疏通内关穴、陷谷穴、太冲穴、行间穴、屋翳穴、膻中穴、血海穴，其中陷谷穴和太冲穴为重点。按揉可以用手指的力量，也可以借助刮痧板的尖端，用力按揉。

· 在行间穴到太冲穴区域刮痧。刮痧需要油的润滑，可以用上面的疏肝解郁畅养方或散结化瘀畅养方。

· 疏通腋下至两胁肋区域，可以在皮肤上抹油后用刮痧板刮拭，也可以用手推揉。

· 从胸部疼痛点，像一支箭一样穿透到背部，在对应的背部位置附近找压痛点，按揉开。

外治法没有直接在胸部操作，原因在于人的气机运行是一个整体，在堵住的地方去拉动这个圆，势能是最小的，而从远端拉动，则势能更大。这些方法可以帮助推动气机运行，使整体气机更流畅，从而改善气滞状况。

疏肝非常有名的中成药是逍遥丸，组方为柴胡、白芍、茯苓、当归、炒白术、炙甘草、薄荷，有疏肝健脾，养血调经的作用。加味逍遥丸，是在原方基础上加了牡丹皮和栀子，可以舒肝清热，健脾养血。如果有热象，

芳疗处方

疏肝茶

| 玫瑰花 | 2克 | 绿萼梅 | 1克 |
| 马鞭草 | 1克 | 陈皮 | 3克 |

以上干品，热水冲泡即可，如果湿重不口渴的人群，水量不宜过大。

就用加味逍遥丸，如果没有，就用逍遥丸。

食疗上面，可以饮用疏肝茶，陈皮行气，玫瑰花、马鞭草、绿萼梅疏肝解郁，如果肝郁犯脾，脾气虚弱，可以加2克党参或人参，以补脾气。

除了疏肝理气、改善增生、结节、囊肿的需求，很多女性也会有丰胸的需求。不可否认，人类作为视觉动物，胸部曲线能展现女性魅力，尽管女性的学识、气质、涵养也很重要，但在普世认知里，拥有健康、丰满、挺拔的胸部曲线，会更加吸引异性的目光，这也是自然界的生物本能。但不管怎么说，胸部丰满与否不是最重要的，也不是定义女性美的唯一标准，重要的仍然是健康，健康才能散发由内而外的活力美。所以，丰胸，也一定是建立在健康的基础上。

丰胸，首先是畅通乳腺，健康的胸部才有丰满的意义，否则一切的丰胸都只是空谈。利用精油细微分子的高渗透性，畅通、活化乳腺。其次，在畅通的基础上补养气血，活化气血。有些女性产后下垂，实际上也是气虚的原因。丰满紧致畅养方适合这类需求的女性使用。

芳疗处方

丰满紧致畅养方

玫瑰精油 …………3滴	马鞭草酮迷迭香
甜橙精油 …………2滴	精油 …………2滴
欧白芷精油 …………3滴	

将以上精油滴入 25 毫升葵花籽油或甜杏仁油中，搅拌均匀，抹于胸部。

乳房与胞宫一脉相承，都与生殖功能密切相关。有些女性使用精油处理好胸部问题后，例假问题也随之解决。身体是一个整体，一方面精油分子进入身体循环系统后会影响全身，另一方面，肝郁气滞改善了，因此引发的月经问题也会随之改善。对女性来说，"通"是最重要的，气一旦郁滞，就会慢慢从无形变有形。《丹溪心法·卷三·六郁五十二》有云："气血冲和，万病不生，一有怫郁，诸病生焉。"28~35岁的女性，气血在一生中是相对旺盛的阶段，可谓生机勃发，这时候如果出现月事问题，大多是因为情志影响，肝气不调，要以疏肝为主。如果肝气郁结，在上表现为乳房胀痛等，在下就表现为月经问题，比如经期不规律，提前或推后，经血忽来忽断，时疼时止，痛经等，可以使用气血畅通温养方。

女性过了35岁，气血开始衰退，除了肝气不调，还会兼有气血不足，这时候出现月事问题，重在调肝，兼以养血，可以使用气血双补温养方。

造成女性气血不通的，还有两大因素，就是寒和湿，湿邪也会阻滞气机流通，寒凝则会血瘀；阳气虚，湿寒盛，就会导致"热量"不够，子宫是个"冷宫"，这种情况也会难以受孕。肾主生殖，肾阳有温煦气化的作为，为气机提供"动能"。"宫寒"也是由于阳气不足导致，傅山先生有云："夫寒冰之地，不生草木；重阴之渊，不长鱼龙。今胞胎既寒，何能受孕？"

盆腔积液，很多时候也是寒凉病，我们都知道，下雨后地上有积水，太阳一出来，这些水分就蒸发而散。为什么会有积液？也是身体缺乏阳气来温煦气化，所以就积阴于此。而这些寒湿之症，很多时候是与生活习惯、情志、饮食有关。

除了老生常谈的冷饮、寒凉水果、空调、抗生素和激素是造成体寒的原因，现代女性的衣着也有问题，追求低腰、低胸、低领，我们的大椎、腰部、腹部、脚后跟这些位置都要注意保暖，

芳疗处方

气血畅通温养方

玫瑰精油 ……………… 3滴	野胡萝卜籽精油 …… 1滴
柑橘精油 ……………… 3滴	快乐鼠尾草精油 …… 1滴
天竺葵精油 …………… 2滴	

将以上精油滴入 25 毫升葵花籽油或甜杏仁油中，搅拌均匀，抹于小腹处。

芳疗处方

气血双补温养方

欧白芷精油 …………… 3滴	天竺葵精油 …………… 1滴
玫瑰精油 ……………… 3滴	岩兰草精油 …………… 1滴
檀香精油 ……………… 2滴	

将以上精油滴入 25 毫米葵花籽油或甜杏仁油中，搅拌均匀，抹于小腹处。

而现代人露出来的也恰恰是这些位置。现代女性也不晒太阳，都躲着太阳，怕晒黑、晒出斑，所以就缺乏了从自然里补充"阳能"的机会。另外不运动，缺乏"动则通、动则升阳"的机会，这些因素的叠加，造成阳虚体质的人越来越多。另一方面，脾阳虚久了也必将累及肾阳虚，后天"赚不到钱"，就会拼命透支先天的"储备"。

阳虚体质的表现是怕冷，手足不温，平时喜温饮，喝冷饮或吃寒凉食物会容易腹泻，舌苔白，舌质淡红。补充"阳能"对女性来说是很重要的，平时可以快走或慢跑，如果能站桩就更好了。当然，也可以用精油泡脚，很多阳能十足的精油，具有驱寒除湿的功效，阳虚体质可以使用暖身沐足方。

女性胞宫寒冷，会造成痛经，行经不畅，甚至不孕。虽然中医里没有暖宫一词，但大抵就是指阳虚体质、寒湿邪盛的情况，此时，需温阳排湿，可以使用暖宫排寒温养方。

女性担心的各种肌瘤，囊肿，虽然成因不一而足，但大多数阳虚体质，都是寒凝血瘀、气滞痰阻所致。此时，需行气、驱寒、活血、化痰，可以使用升阳化瘀温养方。

除了月事问题，最常见的妇科问题就是带下病。白带是女性健康的晴雨表，正常的白带是无色、质黏、无臭的身体阴液，在排卵期量会增多，平时量不多。

在《傅青主女科》中，将带下病分为白带、青带、黄带、黑带、赤带。其中白、黄较为常见。白带异常的病因主要是肝、脾、肾功能的失调，肝气郁结，

芳疗处方

暖身沐足方

| 姜精油 ……………… 2滴 | 葡萄柚精油 ……………1滴 |
| 锡兰肉桂皮精油 ……1滴 | 欧洲刺柏精油 ……………2滴 |

将以上精油滴入 10 毫升全脂牛奶中，充分搅拌乳化后，倒入水中。或将以上精油搭配精油乳化剂，一般精油与乳化剂的比例为 1：4，混合后使精油乳化，再倒入水中即可。

芳疗处方

暖宫排寒温养方

姜精油 ……………… 3滴	天竺葵精油 …………2滴
芹菜籽精油 ……… 2滴	快乐鼠尾草精油 …1滴
欧洲刺柏精油 ……2滴	

将以上精油滴入 25 毫升葵花籽油或甜杏仁油中，搅拌均匀，抹于小腹处。

芳疗处方

升阳化瘀温养方

姜精油 ……………… 3滴	马鞭草酮迷迭香
松红梅精油 ………1滴	精油 ……………2滴
佛手柑精油 ………3滴	乳香精油 ……………1滴

将以上精油滴入 25 毫升葵花籽油或甜杏仁油中，搅拌均匀，抹于小腹处。

横犯脾土，损伤脾气，使其运化失常，水湿内停，流注下焦，湿邪蕴而化热；或肝经湿热，造成湿热下注；或肾气不足，下元亏虚，封藏失职；或肾阴虚，相火偏旺等。

一般来讲，白带色淡白或淡黄，质稀有腥气味，多属虚、属寒；色黄、赤、青，质黏稠，气臭秽，多属实、属热。虚则调补之，湿、热则宜利、宜清，上面我们也讲过脾、肾、肝的辨证，可以对应身体其他症状来辨证。另外，因青带、黄带、黑带病因较复杂，建议找中医辨证施治。

芳疗处方

带下外洗方

欧洲刺柏精油⋯⋯⋯2滴	沉香醇百里香
佛手柑精油⋯⋯⋯⋯1滴	精油⋯⋯⋯⋯⋯⋯2滴
留兰香精油⋯⋯⋯⋯1滴	

将以上精油搭配精油乳化剂，一般精油与乳化剂的比例为1∶4，混合后使精油乳化，再倒入水中混合均匀，冲洗或坐浴。

最为多见的还是黄带，令女性很是尴尬，有异味，甚至瘙痒难当，往往是湿热毒邪，这时候，为了缓解难受的症状，可以使用带下外洗方进行冲洗、坐浴。

引火归元——现代人常见上热下寒体质改善

为什么要特别写一章，专门讲"引火归元"？因为在我接触的个案中，发现很多人呈现上热下寒的体质，如果这种体质不改变，"补"也补不进去，"清"又不能清，很多人在用着一些错误的方式"补"或"清"，结果让体质越来越差，所以有必要让大家了解这种常见体质。

首先来了解"火"。火有实火、虚火、阳火、阴火。前面有讲过，虚、实简单理解就是：虚为少了，实为多了。实火，就是有火邪，这种实火当以苦寒泻之。现代人有实火的少了，即便在广东这种凉茶文化盛行的地区，也不多见。过去广东地区的人，日出而作，日落而息，夏季长且日头毒辣，长时间在太阳底下暴晒劳作，才可能会有实火。虽然说广东这种四季不分明的地区，没办法好好的"秋收冬藏"，但因为夏季日晒多，也能补充阳能。但现如今广东地区的人们，即便盛夏漫长，也没有多少机会晒太阳，无论室内还是车内，都是空调下躲着，再加上满大街的冷饮甜品店，把中焦脾胃也给冻起来，哪里还有实火？所以，现在能喝凉茶的人并不多，有的人觉得自己"上火"就去喝凉茶，结果更加损伤脾胃，损伤阳气，变得更虚，更加容易"上火"。

现代人常出现寒热错杂、上热下寒的体质

肉桂可补火助阳、散寒止痛、温经通脉、引火归元

葛根粉冲水喝可以滋阴

这种火，实际上就是虚火、阴火。李时珍说："诸阳火遇草而熵，得木而燔，可以湿伏，可以水灭。诸阴火不焚草木而流金石，得湿愈焰，遇水益炽。以水折之，则光焰诣天，物穷方止；以火逐之，以灰扑之，则灼性自消，火焰自灭。"这段话是说阳火，才能以湿伏，以水灭。如果是阴火，则要以火逐之。两者的调理方法是完全不同的。这又是为什么呢？

我们要来了解什么叫虚火、阴火。《景岳全书·卷之十五·火证》有云："如虚火之病源有二，虚火之外证有四，何也？盖一曰阴虚者能发热，此以真阴亏损，水不制火也；二曰阳虚者亦能发热，此以元阳败竭，火不归源也，此病源之二也。"这里指出，虚火有两种，一种是阴虚所致，一种是阳虚所致。

阴虚就是体内阴液少了，不能制阳，阳就显得亢了，比如正常人，阴、阳平衡90分，阴为物质基础，阳主导功能发挥。阴虚就是阴只有60分，阳是80分，这时候阳是相对正常的，但因为阴少了，所以显得阳多了。这时候会有什么症状呢？比如五心烦热，低热，潮热，小便少，大便干，舌红少苔或无苔，或是苔有裂纹，舌体瘦小，面色潮红，盗汗等，具体到不同的脏，还有相对应的一些症状。阴虚会有虚火，这时候要滋阴，把60分补到85分，阴阳方能平衡。

阴虚在五脏中有不同的表现：

· 肺阴虚容易伴有咳嗽无痰，或痰少而黏、潮热盗汗的症状，可以煮银耳百合粥。

· 心阴虚则容易心悸健忘、失眠多梦，可以喝甘草泡水，莲子煮粥。

· 肾阴虚，则会腰酸背痛、腰膝酸软、眩晕耳鸣、脱发、牙齿摇动，男子不正常遗精、女子月经量少，可以用五味子加枸杞泡水喝。

· 肝阴虚则容易出现脾气烦躁、易动怒，头晕眼花，两目干涩，视力减退，以及胁肋隐隐灼痛等症状，可以多吃绿叶蔬菜和桑葚。

· 脾阴虚则会大便干燥，食后腹中作胀，消瘦倦乏，涎少唇干，可以煮山药粥。

黄瓜可以润燥滋阴

虚火也会由阳虚造成，阳虚就是本身该有90分的阳气，现在只有50分，50分要做到90分的功能，就必然造成虚性亢奋，这是阳浮的基础。《景岳全书·卷之十五·论虚火》有云："气本属阳，阳气不足，则寒从中生，寒从中生，则阳无所存而泻散于外，是即虚火假热之谓也。"50分的阳气，阳不足易生寒邪，这就会让50分的阳气无所依附，虚散在外，这是进一步的阳浮机制。

阳虚阳浮，按严重程度不同，轻者虚阳上越，虚火上冲，症状主要在头面部，比如口舌生疮，口腔溃疡，牙龈肿痛，咽喉肿痛，头痛眩晕，口渴咽燥，面部爆痘，失眠，目赤等；重者虚阳外越，症状出现在全身，出现发热，面赤，肿块，汗出异常等。这种阳虚造成的虚火，身体上部呈现"上火"的症状，身体下部却呈现阳虚的寒象，比如容易腹泻，怕冷，乏力，疲劳，腰膝冷痛，夜尿多，女性会痛经，有瘀血，男性可能会生殖机能减退等等，这便是上热下寒。

泡脚有助引火下行

　　因为阳气虚浮在上，没有正常地发挥温煦、气化的功能，所以阴寒内盛，便会形成水湿、痰浊、瘀血。比较常见的是，有些女性，一边痛经、例假有血块，呈现下寒，另一边吃点什么温热的食物就牙龈肿痛、口舌生疮或是爆痘，呈现上热。

　　人体最好的状态是阳在下，阴在上，因为液体是从高往低流，阴液从上而下灌溉全身；而阳气是往上往外运动的，温煦全身。阴和阳的出发点及运动方向是相反的。而上热、下寒，就是一种颠倒，一种错乱。

　　这种虚火除了阳虚的原因，还可能兼有中焦瘀滞，吃得多，动得少，肥甘厚腻，寒凉过度，把脾土伤了，所以作为枢纽不能发挥土载四行的作用，圆转不动了。更加阻碍了颠倒之势回归正常。

　　另外，现代人思虑过重，神在外，耗散过度，下元亏空，也是导致上热下寒体质的原因。

　　这个时候，因为下面有寒，有阳虚怕冷等症状，如果着眼于补阳，也会同时让上部的"火"更加旺；如果因为上面有热，着眼于清热，寒凉药物损伤阳气，又会让阳虚进一步加重。这种体质的人，可能吃点补的就上火，吃点凉的又腹泻。虚不受进补，无实可清泻。

对于这种虚火、浮火，一方面要改善阳虚的体质，阳气壮才能驱除寒湿；另一方面要引火归元，增加下部的阳气"质量"，增强其引力优势，使上部的阳逐渐下沉，让虚浮在上的"火"能够回归正位。这个时候，补阳的方法就显得很重要，全面补阳会上"火"，所以要选择补阳亦能引火归元的处方，或是清补兼施，则需准确拿捏药方配伍比例。外治法，比如艾灸，则主要操作于下半身，并且在最后，要艾灸涌泉，引火归元。

艾灸关元可补阳，艾灸涌泉可引火归元

对于阳虚阳浮，补阳同时引火归元，方为正道。芳香疗法中，引火归元最好的办法就是早起将早安精油方抹在脚底，夜间入睡前按揉涌泉穴及温水泡脚。补阳的精油最好在早上起床的时候用，随着自然界阳气的升发，提升身体的阳能，顺势而为，事半功倍。

利用阳能十足的种子类精油以及根植大地的根部精油，补足

50分的阳气，再将阳气向下引流，回归本位。引火归元是我在个案处理时，配合用到最多的方法，因为很多人都有这种上热下寒的问题。很多阳虚体质，却补不进去的人，就适合用这种方法，从足底补阳，就不容易上火了，慢慢阳虚怕冷等一系列症状也会改善。

对于口干，还需提醒一点，口干并非一定为阴虚，阳虚也会口干，因为阳虚，无力气化蒸腾水液，化而为"雨"滋润，也会出现口干，阴虚和阳虚的舌象是不同的，

阴虚舌象通常为舌体瘦小，舌苔少，舌面较干，舌质较红；阳虚舌象通常舌体胖大，舌面水滑，舌体淡，舌苔白；阴虚需滋阴，阳虚则补阳，需留意区分。

最后还要强调一句，现代人有实火者少之又少，在用到清热类的中药或精油时，一定要确认是有实火可清，否则，只会本末倒置，伤害身体。大多数人的"火"，要么是阴虚，要么是虚火上浮，应该滋阴，或是引火归元。如果温里精油和清热精油同用，则需依个人体质拿捏好比例。我的经验是将温热精油用于脚底，对大多数人是相较容易操作的方法。

过敏体质的芳香呵护——特应性湿疹→过敏性鼻炎→哮喘

现代社会，患有过敏性疾病的人群越来越多，原因在于大家的饮食越来越精细，食品添加剂越来越多，装修、汽车尾气、工业发展造成的空气污染，果蔬残留的农药，肉类残留的激素、抗生素以及药物的滥用，缺乏运动，习惯晚睡，贪食寒凉，常年的空调让身体适应环境的能力下降，不良的的生活及饮食习惯导致身体正气不足，加剧了过敏疾病的高发。

过敏三部曲，英文称为Atopic March，是指特应性湿疹、过敏性鼻炎、哮喘，随着年龄的增长，接二连三的出现，这是过敏体质最常见的三个问题。当然，并不是说每个过敏体质都会遵循这个路线发展，如果护理得当，也可以阻断这个进行曲，而芳疗在这方面具有得天独厚的优势，例如，德国洋甘菊、没药、香蜂花、菁草、蓝艾菊等精油，经过现代研究，其中的天然化合物成分，如没药醇、母菊天蓝烃等，能有效处理各类敏感问题，避免或减少过敏人群使用激素、抗组织胺类药物，纯天然的精油更加亲近人体，不会产生依赖性和副作用。

过敏食物多为奶制品、鱼虾、鸡蛋、坚果、花生、豆类、小麦、某些水果等

过敏三部曲一般发生在过敏体质人群，过敏体质会遗传，如果妈妈是过敏体质，遗传概率是五成，如果爸爸是过敏体质，遗传概率是三成，综合起来，如果父母有一方是过敏体质，遗传概率是40%，如果父母两人都是过敏体质，那么遗传的概率则会超过50%。但是遗传的只是体质，并非疾病，父母和子女的过敏性疾病表现可能并不相同，比如父母可能表现为过敏性鼻炎，子女表现为特应性湿疹；也有可能父母没有过敏性疾病，但隐藏的这个过敏体质遗传给了孩子，孩子表现出了过敏性疾病；或是父母表现出过敏性疾病，子女虽然遗传了这个体质，但因为生活起居、饮食习惯得当，所以并未发作过敏性疾病。

过敏性体质与过敏性疾病并非等同，过敏性体质就像身体里有个密室，里面藏着过敏魔怪，如果不打开密室，魔怪会安安静静待着、不出来捣乱，但如果有把钥匙打开密室，吵醒魔怪，它们就会出来兴风作浪。这把"钥匙"就是后天的环境、饮食、生活习惯等因素。决定过敏性疾病是否发作有三大因素，一是过敏基因，二是过敏原，三是身体正气不足，也就是抵抗力不足。这三者中，过敏基因不能被改写，我们可以做的就是避免接触过敏原，同时提升免疫力。芳香疗法擅长两个功效，第一是在过敏疾病发作的时候，用天然温和的精油及时处理各种恼人的症状，避免症状加重，阻断过敏进行曲进一步发展；第二是提升身体抵抗力，这个可以在过敏性疾病未发作之前，起到预防作用，也可以在发作之时，起到协同治疗的作用。

特应性湿疹是过敏三部曲的前奏，从婴儿出生一两个月开始出现症状，一岁左右到达高峰，接下来到两三岁症状会逐渐缓解，有的人也会持续到成年，如果特应性湿疹不好好治疗，它不会自然痊愈，如果在婴幼儿时期没有根治，过敏的部位会转变到呼吸道，在2~6岁时，开始出现过敏性鼻炎，如果过敏性鼻炎也没有好好治疗，长期处于病态，肺卫弱的情况下，过敏症状会往下蔓延到气管，最后变成哮喘儿童，90%的哮喘儿童在五岁前会发作，最后有可能变成同时患有过敏性鼻炎和哮喘两个问题，苦不堪言。所以，最好在过敏体质的基因刚刚被打开的时候，及时妥善处理，不要任其发展，酿成苦果。

·过敏三部曲之一——特应性湿疹

特应性湿疹一般始发于婴幼儿时期，这个时期，小宝宝皮肤娇嫩，常常出现各种各样的皮肤问题，有时候家长也不知道哪个才是特应性湿疹，所以我们有必要了解小朋友常见的皮疹，以便更好地识别特应性湿疹，及时阻断过敏进行曲。

首先来了解最常见的汗疹，也就是痱子。汗疹是汗腺出口阻塞引起的轻微炎症，通常在炎热的夏天出现，好发于孩子背部、小屁屁、肌肤皱褶处，偏胖的孩子更易发作，疹子的外观是小颗隆起的红疹，剧烈瘙痒。出现汗疹，要注意保持皮肤通风，避免闷热，穿棉质的宽松衣物。可以用自制的天然爽身粉以及芳香泡浴来处理，芳香泡浴可以用精油、纯露或中草药。

芳疗处方

汗疹芳香爽身粉

罗马洋甘菊精油····3滴 ┃ 真正薰衣草精油···3滴

将20克食用玉米粉装在密封袋中，滴入精油，密封后大力摇晃，使精油分布均匀，抹在易出汗的部分，帮助皮肤保持干爽，精油可以舒缓汗疹造成的瘙痒。

芳疗处方

汗疹精油芳香浴

罗马洋甘菊精油····2滴 ┃ 真正薰衣草精油···2滴

将精油滴在10毫升全脂牛奶中，充分搅拌乳化后，再放入孩子洗澡水中。或将以上精油搭配精油乳化剂，一般精油与乳化剂的比例为1：4，混合后使精油乳化，再倒入水中即可。

芳疗处方

汗疹纯露芳香浴

| 罗马洋甘菊 | 真正薰衣草 |
| 纯露 ……… 10毫升 | 纯露 ……… 10毫升 |

将纯露倒入洗澡水中，或混合后，涂抹在孩子皮肤上。

芳疗处方

汗疹中草药芳香浴

| 菊花…………10克 | 薰衣草………20克 |

用菊花和薰衣草（干品）熬煮汤汁，倒入洗澡水中即可。

寻麻疹偶尔也会出现在一些孩子身上，发作的原因通常是食物过敏，在全身各处，出现浮起的疹子，呈块状红肿，疹子是红色或淡粉色，有时候摸上去皮温略高，严重时嘴唇或眼皮都会肿胀。寻麻疹最显著的特征就是成块，以及浮出皮肤表面，发作时间短，来得快去得也快，少数会演变成慢性寻麻疹。需要详细记录饮食，以便总结出过敏

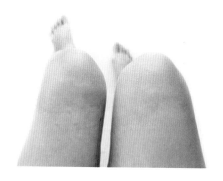

食物，在发作期间严格忌口，清淡饮食，如果是喝母乳的孩子，妈妈要严格忌口。特别痒的时候可以用紫草芳香膏缓解（紫草芳香膏配方见后面的［特应性湿疹］部分）。中医认为寻麻疹多因血虚有风而起，紫草浸泡油有养阴凉血的功效，薄荷精油可祛风透疹，德国洋甘菊、真正薰衣草、没药精油有舒敏止痒的功效。

接下来了解皮疹，它的类型多样，最常见的是湿疹，发作原因也有诸多因素，如年龄、性别、遗传、生活方式、饮食习惯、压力等等，湿疹是皮肤出现发红、干燥的斑块，有时伴有瘙痒和水泡，也称为皮炎，容易反复发作，反复抓挠刺激下会逐渐增厚变色。湿疹的类型有接触性皮炎、钱币状湿疹、干性湿疹、汗疱疹、脂溢性皮炎、特应性湿疹。婴幼儿常见的是脂溢性皮炎和特应性湿疹。

婴儿型脂溢性皮炎发作的原因是油脂分泌失衡，好发在皮脂溢出多的部位，比如头皮、面部、胸部等，形成慢性炎症性皮肤病，疹子外观是伴鳞屑的红色斑片，有时覆盖黄痂，皮损部位偶有瘙痒。有些成因是类酵母菌过度生长造成的。婴幼儿出现脂

溢性皮炎，通常在出生到三个月内发作最多，六个月之后会慢慢好转。处理方式是平衡、收敛油脂分泌，可以使用婴儿型脂溢性皮炎纯露芳香浴处方。

特应性湿疹是过敏三部曲的第一步，也称为异位性湿疹/异位性皮炎，发作原因主要是遗传过敏体质，接触过敏原，皮肤屏障受损等，通常初发于婴儿期，有强烈的瘙痒，皮疹成片出现。症状是皮肤发红，有时候会肿胀或出现小水疱，有时也会出现皮肤干燥、皲裂、脱屑，长期瘙痒抓挠会造成皮肤变厚。

小宝宝如果在头皮、脸部两侧出现对称性、红红的或是脱屑状的皮屑，嘴巴两边出现口水疹，双手手肘屈侧、膝盖后方、脖子、耳朵后方，这些皮肤皱褶处，出现对称性的红疹，并且家族有过敏史，那么较大概率是特应性湿疹。严重的时候也会合并感染，可能遍及全身。

中医认为，特应性湿疹大多是风邪、湿邪、热邪造成。婴幼儿初发期多是风热夹湿型，儿童期多是湿热蕴积型，常常伴有脾虚，久不治愈发展为慢性者，因病久伤血，血虚生风生燥，肌肤失去濡养，可能会转变为血虚风燥型。

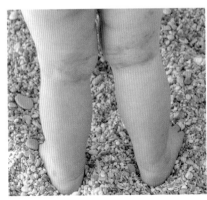

金银花

不同的邪气会造成不同的疹子外观，血虚风燥型，表现为皮表干燥，瘙痒脱屑；湿热蕴积型，表现的水泡丘疹，有些会伴随渗液；血瘀血虚型，表现为干燥受损的斑疹叠生，呈现肥厚苔癣疹块，抓破会容易重复感染。总的来讲，风邪就是皮肤像被风吹过一样，会有发痒想抓挠之感；湿邪就是渗出物较多；热邪疹子多会发红；血虚失濡养者，则会表现出一些干燥症。不论哪种类型的特应性湿疹，在沐浴时都可以加精油、纯露或中药汤剂。注意沐浴的水温不要太高，不能搓洗皮肤，避免使用碱性或含有化学成分的沐浴露，芳香浴之后，要抹上紫草芳香膏，以舒缓敏感、修复皮肤，缓解瘙痒。

芳疗处方

特应性湿疹　精油芳香浴

德国洋甘菊精油…2滴 ｜ 真正薰衣草精油…2滴

将精油滴在10毫升全脂牛奶中，充分搅拌乳化后，再放入孩子洗澡水中。或将以上精油搭配精油乳化剂，一般精油与乳化剂的比例为1：4，混合后使精油乳化，再倒入水中即可。

芳疗处方

特应性湿疹　纯露芳香浴

| 德国洋甘菊纯露 ········10毫升 | 真正薰衣草纯露 ········10毫升 薄荷纯露···10毫升 |

将以上纯露倒入洗澡水中，或混合后，涂抹在孩子皮肤上。

芳疗处方

特应性湿疹　中草药芳香浴

| 金银花········20克 薄荷 ········10克 | 甘草········10克 |

将以上中草药（干品）熬煮汤汁，倒入洗澡水中即可。

芳疗处方

紫草浸泡油

紫草·········50克	地黄·········15克
当归·········15克	乳香·········10克
防风·········15克	没药·········10克

将以上中药放入500克甜杏仁油中，浸泡数周，期间需偶尔置于太阳下接受阳光洗礼，帮助药材释放药性。

芳疗处方

紫草芳香膏

| 德国洋甘菊精油·······3滴 没药精油······2滴 | 真正薰衣草精油·······3滴 薄荷精油·······2滴 |

取20克紫草浸泡油，加入纯天然蜂蜡5克，隔水加热融化后，滴入以上精油，搅拌均匀，倒入消毒过的膏霜瓶中，置于室温，待其凝固便可（膏霜瓶视材质选择高温、臭氧或酒精消毒）。

紫草

如果皮肤有流汤流水的情况，可以洒芳香爽身粉或是中药粉来帮助收敛，减轻皮肤不适。

对于过敏性体质的宝宝，长期涂抹舒敏乳霜是非常必要的，特应性湿疹会损伤皮脂膜、皮脂腺，造成皮肤的自我保护能力下降，所以即使是特应性湿疹痊愈了，也要坚持使用舒敏乳霜，滋润修复宝宝的幼嫩肌肤，预防特应性湿疹的再次发作。

特应性湿疹发作的时候，需要留意

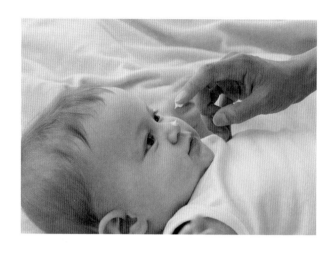

脾胃情况，请参见脾胃养护篇，配合使用脾胃调理膏，清除身体湿邪或湿热，才能更好地治标又治本。平时的衣物穿着要以全棉为适，不要穿着化纤类的衣物。湿疹发作期间需戒口，多吃五谷杂粮，不吃奶制品、海鲜、鱼类等发物以及生湿生热的食物。

·过敏三部曲之二——过敏性鼻炎

如果特应性湿疹好好处理，在孩子的喂养过程中，顺应时节饮食，保护好脾胃，多运动多晒太阳，避开过敏原，对孩子不要过度期盼造成无端的压力，那么孩子在身、心、灵各方面都能健康成长，过敏性疾病就能得到阻断。

如果特应性湿疹没有好好处理，就可能发展为过敏性鼻炎，处理不当就会持续到成年。当然，也有一些人，在儿童时期并没有出现过敏性鼻炎，成年后因为工作压力及饮食不当等原因，造成免疫力下降才出现过敏性鼻炎。过敏性鼻炎的症状让生活质量明显下降，并且容易有一系列的并发症，对心情、学习、工作，甚至社交，都会造成负面影响，需要认真对待，及时处理。

鼻子，是我们整个呼吸道的门户，它对肺部，对整个呼吸道的健康都非常重要，因为它具有很多"守护调节"的功能。正常人的鼻黏膜会不停地分泌具有生理功能的黏液，在不知不觉中，一天的分泌量有一升之多，一方面这些黏液帮助吸入的空气加湿，因为外界的空气对肺部来讲太干燥了，需要进行加湿处理；另一方面黏液可以吸附空气里细微的脏污，比如尘埃，而大的污物，则会被鼻毛阻挡，避免污染肺部。我们之前也了解到，肺乃娇脏，畏寒畏热，一物不容，毫毛必咳，所以，鼻腔就相当于

有的孩子对花粉或尘螨过敏

一个空气净化器，对吸入的空气进行净化加湿处理，守护呼吸道及肺部健康。

初次得鼻炎的人，症状往往比较轻，如果经过恰当积极的治疗，很快就会痊愈，严重的过敏性鼻炎都是多次发病积累而成的，有可能是没有好好治疗，也有可能是错误的治疗方法导致。每一次的鼻炎发作，对鼻腔黏膜都是一次损伤，造成鼻黏膜长期处于慢性发炎的状态，一旦形成病态的鼻黏膜，就不能发挥"看门护家"的作用，更难阻挡过敏原的"攻击"，造成恶性循环。

过敏性鼻炎的三大主要症状是打喷嚏、流鼻涕、鼻塞，其实这是身体自我保护的过程：打喷嚏是为了把鼻黏膜上的过敏原或是脏东西用气流冲走，鼻塞是鼻黏膜分泌了大量鼻水，也是为了将进入鼻腔的异物冲走，同时将鼻腔的通道变窄，阻止过敏原深入呼吸道。这些都是身体对于"异物攻击"所作出的反应。但问题是，正常人的身体并不认为这些是异物，不会拉响"身体警报"，命令免疫系统做出一系列的反应，而过敏人群的身体则会做出应激反应，所以一些西药的作用原理就是：认为这是没必要的过激反应，所以用药物压制这种免疫反应。但问题又来了，长期被压抑的免疫反应，等到真的该有免疫反应的时候也不反应了，身体就缺乏了自我保护的能力。

中医的思路不一样，中医着眼于扶持正气，正气足，自然就不会对邪气"大惊小怪"了。打个比方，就像一个娇气的孩子，遇到一点小事情就要哭，这个问题的本

质不是不能哭，而是内心太弱，所以中医不是
不让你哭，因为不让哭也是一种否定，会让孩
子更加自卑，这时候需要做的是强大孩子的内
心，以后再遇到这种小事情，不觉得有何大不
了，便也没有哭的必要了。

常常有人问，鼻炎能不能根治？这里首先
要明确"根治"是什么概念？如果根治是指改
变过敏的基因，这是不可能的。如果根治是指
过敏性疾病不再发作，则是有可能的。我们前
面也提到过敏性疾病的发作要"集齐"三大因
素：过敏基因、过敏原、低下的免疫力。并不
是每个带有过敏基因的人都会发作过敏性疾
病，差别就在于正气足不足，也就是我们所说
的机体免疫力、抵抗力强不强，正气十足，邪
不压正，自然就不会有一系列的症状出来，不
发作，何尝不是一种断根？

打喷嚏、流鼻涕、鼻塞是过敏性鼻炎的
三大主要症状

过敏性鼻炎有两个走向，处理好了能断
根，处理不好就会有一系列的并发症状。鼻炎
之所以恼人，也是因为有很多并发症，而且每
一个都令人难受不已。这些并发症背后发生的
机制是什么？让我们一起来了解。

过敏性鼻炎患者，长期处于轻度缺氧的状
态，堵塞的鼻腔会让颅内的压力增加，从中医
的角度来讲，堵塞会造成清阳不升，感觉头闷
闷的，造成头晕头痛；鼻炎的症状也让人无法
好好休息，睡眠质量低下，甚至根本睡不着，
精神状态就会很差，工作和学习效率低下。过
敏性鼻炎就像长期感冒的状态，想象一下我们
感冒时是否无法集中注意力、精神萎靡，过敏
性鼻炎的孩子一直处于这种状态中，不能集中
注意力跟随老师上课的节奏，甚至有的孩子会

菊科精油常用来处理过敏体质出现的各
种问题

不自觉的揉鼻子，搓眼睛，挤眉弄眼，显得浮躁不安，有时候就会被误判为过动儿，其实只要鼻炎处理好了，这些问题便会随之解决。

过敏性鼻炎会让鼻黏膜充血肿胀，鼻黏膜偶尔肿胀，比如感冒期间短时间充血肿胀，它会有自我修复的能力，但如果鼻黏膜一直处于病态，就像一直撑开的橡皮筋，会导致弹性疲乏，难以回缩到正常状态，无法回缩的鼻黏膜会变得肥大，使鼻腔空间减小，阻碍空气流通，使得"鼻塞"成为常态，这种鼻黏膜的肥厚称为"慢性肥厚性鼻炎"。肥厚鼻甲的肿大，通常从下鼻甲开始，逐渐发展到中鼻甲、上鼻甲，一旦鼻腔通通塞住，分泌物无处可去，就可能倒流到咽喉，引发咳嗽，如果当成咳嗽来治，往往治不好，只有鼻炎治好了，这种咳嗽才会痊愈，鼻涕倒流如果发生在夜间，躺卧睡觉的姿势会让倒流更严重，咳嗽也可能更严重，而且倒流也有可能会影响呼吸功能，造成睡眠呼吸中止症（指每小时5次以上、每次不少于10秒的呼吸暂停），此症有轻度和重度之分，如果重度会引起低氧，甚至危及生命，如果将枕头稍微抬高一点，可能会让倒流的情况好一点，但仍然不能掉以轻心。

过敏性鼻炎患病的时间越久，鼻黏膜肿胀就越明显，会堵塞鼻窦的开口区域，让鼻窦的生理功能受损，还会导致脓性分泌物堵塞在鼻窦里，这些分泌物一旦滋生细菌就会引发鼻窦炎。我们的鼻窦一共有四个部分，正面看，筛窦和蝶窦在鼻翼后方，上颌窦在牙齿咬合的上颌骨处，额窦在印堂的位置。侧面看，额窦和上颌窦在脸部比较靠前的位置，筛窦又分前、中、后筛窦，蝶窦就在比较深的位置。

鼻窦炎会在发生在任何一个鼻窦中，造成闷闭感，鼻窦炎非常难受，中医讲"不通则痛"，一旦气孔及经络被堵住，就会造成整个头面的闷痛，鼻窦也会有压痛感，

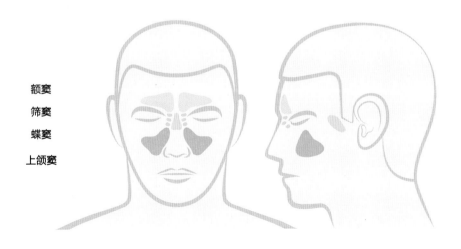

额窦
筛窦
蝶窦
上颌窦

局部肿胀难受，如果弯腰时，疼痛和压痛感会加重，甚至牵连到牙痛。鼻窦炎刚发作的时候，大多是急性的，如果没有处理好，反反复复发作，就可能发展成慢性鼻窦炎。鼻窦炎的鼻涕常常是黄色黏稠的，这些脓性分泌物闷久了会臭，有时候会觉得呼出的气有腥臭味。鼻腔堵塞，也会造成嗅觉减退，同时造成味觉减退。

肿胀的鼻黏膜还会压迫耳咽管的开口区，让本来能够正常开合的耳咽管出现阻塞，使中耳一直处于负压的状态，倒吸鼻子和鼻塞的时候，会加重负压情况，阻塞的耳咽管会造成分泌物往中耳跑，形成积液，便会诱发中耳炎。

中耳炎不容忽视，如果孩子感觉不适，需及时就医

不管是鼻涕造成的鼻塞，还是鼻甲肿大造成的鼻塞，常常导致患者用嘴呼吸，前面讲到鼻腔是"空气净化加湿器"，咽喉却没有这些功能，外界的空气不能经过湿润、加温、过滤，持续刺激咽喉，就会造成咽部的干痒，进而产生慢性咽炎，让人觉得咽喉不舒服，又干又紧，甚至有灼热和微痛感，总感觉有异物，便会频繁干咳或是不自主地清喉咙，试图清除咽部的异物感，但往往咳不出什么，或是仅仅咳出少量的分泌物。

张嘴呼吸也会导致面容变形，牙齿不整齐，上牙突出，被称为"腺样体面容"，极大地影响了容貌，这时候只做牙齿矫形往往是无效的，如果不能改变呼吸状态，还是会变形。这也是很多家长非常担心的状况，毕竟，每个家长都希望自己的孩子五官端正，外貌有时候还是会影响人的自信，所以及早纠正这种用嘴呼吸的错误方式，才能避免形成腺样体面容。

口呼吸侧貌　　　　　　　鼻呼吸侧貌

松科精油也常用于处理过敏性鼻炎

影响面容的还有黑眼圈，过敏性鼻炎会造成经络阻塞，影响血液流通，形成黑眼圈，如果鼻炎造成睡眠不好，更会加重黑眼圈。另外，过敏体质的人群还容易患过敏性结膜炎，经络阻塞造成气血精微没办法上输头目，眼睛也出现一系列干痒、炎症不适。

过敏性鼻炎，并非立即危害生命的大病重病，但又确实非常恼人，并发症非常之多，严重影响生活、工作和学习，要想从根源解决，必须了解其发病机制。

中医称过敏性鼻炎为"鼻鼽"，《黄帝内经素问·脉解篇》云："所谓客孙脉则头痛鼻鼽腹肿者，阳明并于上，上者则其孙络太阴也，故头痛鼻鼽腹肿也。"《素问玄机原病式·六气为病》云："鼽者，鼻出清涕也。""嚏，鼻中因痒而气喷作于声也。"鼻鼽，以阵发性鼻痒、喷嚏频作、大量清水涕为特点，伴有鼻塞、目痒等，分常年性和季节性两类，主要原因在于肺、脾、肾三脏功能失调。

肺主皮毛，将卫气输送于表，抵御外邪，肺气虚，就会正气不足，卫外无力，腠理疏松，风寒邪气乘虚而入，循经上犯鼻窍。《太平圣惠方·卷第三十七》云："肺气通于鼻，其脏有冷，随气乘于鼻，故使津液流涕，不能自收也。"临床常伴有恶风怕冷，气短乏力，自汗，舌淡胖，苔薄白。

脾为后天之本，化生气血濡养全身，脾气虚弱，气血生化无源，鼻失濡养；脾肺气虚，则会清阳不升，运化失司，不能通调水道，津液失布，水湿便会上犯鼻窍。临床见鼻塞较重，鼻涕量多，倦怠乏力，胃口不佳，易腹泻舌淡、苔白。

肾为先天之本，乃气之根，肾虚，肾不纳气，耗散于外，上越鼻窍；肾阳不足，摄纳无权，水湿上犯，便会清涕涟涟。《黄帝内经素问·宣明五气论》提出："肾为欠为嚏。"临床常伴有形寒肢冷，腰膝酸软，夜尿频多，小便清长，舌淡，苔白。小儿的过敏性鼻炎，肾气虚、肾阳虚相对较少出现，多以脾肺两脏功能失调为主。

辛夷是缓解鼻炎的常用中药

肺经伏热，脾胃湿热，或是积寒成热，便会形成寒热错杂证，上犯鼻窍，造成鼻甲肿胀，鼻涕黏稠腥臭。临床常伴口干烦热，舌质红，舌苔黄。除了舌象，我们还可以通过观察鼻甲的颜色来判断寒热，如果鼻甲肿胀颜色偏白或是粉白，通常是寒湿造成的；如果鼻甲又红又肿，往往代表体内有热。

在肺金保养一章中，有列示用舌象和症状来区分寒热，过敏性鼻炎区分寒热固然也很重要，但以我多年接触的个案来说，过敏性鼻炎的患者大多数是阳虚、寒底体质。过敏性鼻炎很多恼人的症状，治本通常需要一定的时间，在此期间，治标也很重要，先把症状解决，改善生活、学习和工作的状态，同时调理体质，提升正气，坚持正确的饮食和生活习惯，从而达到"断根"的目的。

改善症状，我们可以使用净畅呼吸熏香方，补益肺气，提升肺金功能。精油通过熏香，可以直接进入呼吸道，作用于"病灶区"，帮助收敛黏液，净畅呼吸。

除了熏香，还可以制作净畅呼吸草本膏，帮助舒缓鼻黏膜敏感症状，清除黏液，修复受损的鼻黏膜，重建鼻腔健康。

过敏性鼻炎的患者，即使症状处理好了以后，也可以长期熏香，以保养肺部，提升肺气，增强免疫力。每隔一段时间，可以逐次替换配方中的精油。在处理

芳疗处方

净畅呼吸熏香方

| 澳洲尤加利精油……4滴 | 欧洲银冷杉精油……2滴 |
| 芳樟精油……………2滴 | 乳香精油…………2滴 |

将以上精油滴入香薰机，在室内扩香即可。

芳疗处方

净畅呼吸草本膏

| 白千层精油…………2滴 | 松红梅精油…………2滴 |
| 德国洋甘菊精油…4滴 | 薄荷精油…………2滴 |

取20克葵花籽油或甜杏仁油，加入纯天然蜂蜡5克，隔水加热融化后，滴入以上精油，搅拌均匀，倒入消毒过的膏霜瓶中，置于室温，待其凝固便可（膏霜瓶视材质选择高温、臭氧或酒精消毒）。

症状的同时，我们也要调理体质，如果脾气弱的人群，根据舌象，可以配合脾胃保养一章中的脾胃调理平补方或温补方。如果肺部有热，可以搭配肺金保养的清凉膏使用。肺主呼吸，肾主纳气，过敏性鼻炎发生于成年人，常常伴有肾气弱和肾阳虚的情况，可以参考肾元养护中的益气方和温阳方。

净畅呼吸草本膏的意义在于缓解鼻炎症状，避免进一步发展，引发各种并发症，同时修复受损的鼻腔黏膜，帮助鼻黏膜恢复正常生理功能，芳香膏可以在鼻黏膜上形成保护层，帮助抵御"过敏原"侵袭，避免身体过度反应。在使用芳香膏的时候，一定要注意将膏体充分接触鼻黏膜，如果鼻涕很多，要先对鼻腔进行冲洗再涂抹，如果芳香膏随着鼻涕擤掉了，要及时补涂。鼻腔冲洗使用生理盐水就可以，有些人很喜欢冲洗鼻腔，觉得冲洗完以后，鼻腔清爽舒服，但如果经常冲洗，又没有膏脂的滋润，就会造成鼻腔干燥发痒，更容易产生敏感，甚至流鼻血，所以冲洗鼻腔一定要搭配膏脂滋润，这样对鼻黏膜的保护才是最好的。将芳香膏涂抹于鼻腔以后，还要取适量的膏体涂抹在迎香穴，按揉片刻，再沿鼻翼两侧，上下搓热，可以帮助通畅鼻腔，使用时注意避开眼部。

除了用芳香膏舒缓鼻炎症状，还可以通过艾灸来改善阳虚体质。艾灸中所用的艾草属菊科多年生草本植物，艾叶气味芳香，易燃，用作灸料，具有温通经络，行气活

每次用干净棉签取净畅草本膏抹于鼻腔内

还可用净畅草本膏抹于鼻翼两侧上下搓揉

如鼻塞严重可先冲洗干净再用净畅草本膏

血，祛湿逐寒，消肿散结，回阳救逆及防病保健的作用。

艾草

《名医别录》云："艾叶，味苦，微温，无毒。主灸百病。"如果辨证准确的情况下，艾灸确实可以治疗很多疾病，且外用相对安全愉悦。诸代名医对艾灸的疗效也给予了高度肯定，明朝药圣李时珍《本草纲目》云："艾叶生则微苦太辛，熟则微辛太苦，生温熟热，纯阳也。可以取太阳真火，可以回垂绝元阳。服之则走三阴，而逐一切寒湿，转肃杀之气为融和。灸之则透诸经，而治百种病邪，起沉疴之人为康泰，其功亦大矣。"《扁鹊心书》云："保命之法：灼艾第一，丹药第二，附子第三。"艾灸，用来调理体质，尤其是阳虚体质，是非常好的。《神灸经纶》云："夫灸取于火，以火性热而至速，体柔而用刚，能消阴翳，走而不守，善入脏腑。取艾之辛香做炷，能通十二经，走三阴，理气血，以治百病，效如反掌。"通经络、活气血、祛邪气、扶正气，也许就是对艾草最简洁的诠释。

过敏性鼻炎可以艾灸迎香穴、印堂穴，将热力直透病灶，有助鼻腔通畅；艾灸肺俞穴，对肺系统有益，有助提升肺气、驱除寒邪；艾灸大椎穴，有益气助阳的作用；艾灸脾俞穴或足三里，有助健脾祛湿。

如果想提升艾灸的效能，古法有隔姜灸、隔蒜灸、隔泥饼灸，在现代运用中，我们还可以配合艾灸芳香膏施灸，比如通经活络可以在艾灸芳香膏中加入乳香精油、没药精油，驱寒温阳可以加入姜精油，精油的渗透性很强，能使温通的效果更好。隔饼灸的灸饼上有很多细小的孔穴，也可以将精油滴在上面，随着艾灸之力，缓慢将精油释放，同步发挥功效，这些方法可以让艾灸达到事半功倍的效果。

值得一提的是，艾灸虽好但并非适合每个人，能否施灸，首要需要辨明的是身体的"水火"情况，如果阴液亏虚的人，舌质红，舌体瘦小，少苔或是无苔，这种体质身体里没"水"，艾灸是火，这就相当于锅里没水或仅少量水，底下加把火，会发生什么情况呢？水会烧干则阴虚更甚。舌体越淡，舌苔越

白，越水滑，越适合灸。舌体越红，舌苔越黄，越枯槁，越不适合灸。

另一种不适合艾灸的情况是身体有瘀堵，舌质紫红，舌下脉络怒张，这种情况要先解决瘀堵，可以刮痧，比如疏通膀胱经，将瘀堵解决后再施灸。还有一种情况是上热下寒，建议最后艾灸涌泉以引火归元。艾灸是强势的属火疗法，操作好效果就好，如果操作不好，也容易有"副作用"，对于过敏性鼻炎来说，具有一定的普遍性，大多数人都是阳虚，所以才将艾灸的方法同时介绍给大家，失误的可能性会少一点，重中之重，还是辨明水火，确定是可以灸的体质再进行施灸。

提升身体阳气还有个好办法就是泡脚，简便易行，对体质辨识的要求也没有艾灸这么高，需要提醒的是，秋冬季泡脚只需要泡到身暖即可，春夏季泡脚只需要泡到微微渗汗即可，任何季节，都不要泡到大汗淋漓，会过度耗气及耗损津液。如果辨明体质是阳虚有寒，可以使用阳虚体质泡脚方，补阳去寒湿的效果更好。

对于年龄较小的孩子来说，小儿推拿也是很好的绿色外治法，相较艾灸之力，更加温和。中医认为小儿具有脏腑娇嫩、形气未充、生机蓬勃、发育迅速的生理特点。小儿出生后，犹如萌土之幼芽，血气未充，经脉未盛，内脏精气未足，卫外机能未固，阴阳二气均属不足，具

小儿推拿是绿色、有效的外治法

有"稚阴稚阳"的特点，即"稚阳未充，稚阴未长"，无论在物质基础和生理功能方面都是幼稚和不完全的，处于不断生长发育的过程；另一方面，小儿机体生长发育迅猛，年龄越小，生长越快，营养的需求也越大，这种蓬勃发育的生长能力，犹如旭日初升，草木方萌，蒸蒸日上，欣欣向荣，古人把这种现象称为"纯阳"，认为小儿生机旺盛，对水谷精气的需求最为迫切。

　　《小儿药证直诀》原序云："（小儿）脏腑柔弱，易虚易实，易寒易热。"小儿的体质和功能都还在发育之中，相对偏弱，同时寒暖不能自调，饮食不能自节，所以外易受邪气侵袭，内易为饮食所伤，肺、脾最容易发病，且传变迅速。但同时，小朋友机体生机蓬勃，活力充沛，脏腑清灵，在疾病过程中，身体的组织再生和修复能力旺盛，且病因相对单纯，很少受七情影响，在患病之后，如能及时调治，护理周到，则效果又快又好，容易痊愈。

　　对于患过敏性鼻炎的小儿来说，调理体质是一件需要长期坚持的事情，外治法会让孩子容易接受，将芳疗膏脂结合小儿推拿的手法，往往可以达到事半功倍的效果，在过敏性鼻炎中，小儿推拿多以疏风宣肺、通窍鼻渊、益肺健脾为主，可以选择搭配开天门、推坎宫、运太阳、按揉迎香、推印堂、揉耳后高骨、掐风池、揉肺俞、揉脾俞、补脾经等手法。

　　其实处理过敏性鼻炎，无论小孩还是成人，都有很多方法，能够大大减轻鼻炎带来的"痛苦"，重点就在于坚持，同时注意生活、饮食习惯，养护好鼻黏膜，就可以关闭过敏基因，达到"断根"的目标，从而阻断过敏进行曲。

·过敏三部曲之三——哮喘

　　如果过敏性鼻炎没有好好治疗，或是使用错误的方法治疗，不健康的上游就会带来不健康的下游，从鼻腔影响到肺，上下呼吸道在结构和生理上有很多相似之处。过

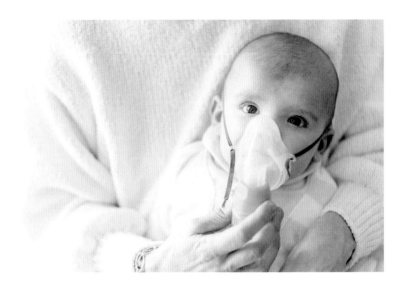

敏体质人群的支气管黏膜，通常也有过敏倾向，长期的过敏性鼻炎患者，常常用嘴呼吸，又冷又干、没有净化的空气直接侵袭支气管，让本身有过敏倾向的支气管更加不稳定，长此以往，就容易引发哮喘。

哮喘是指呼吸道间歇性缩窄，引起呼吸困难和喘息。这种呼吸道的变窄，有可能是肌肉收缩引起的；也有可能是气道黏膜肿胀发炎，产生过量的黏液，阻塞气道引起的；当然，也有可能同时发生。过敏性哮喘，是应激性的变态反应，也就是所谓过敏反应，造成呼吸道痉挛收缩，如果还有过敏性鼻炎史，那炎症和黏液也是一直存在的。正常情况下，空气可以自由通过气道，在哮喘发作的时候，支气管壁的肌肉收缩，再加上黏液聚集加重了阻塞，从而使呼吸道变窄，气流通过受到限制，就会引发呼吸急促、胸部紧缩感、持续干咳、恐慌汗出的症状。

中医学中哮喘的概念是广义的，泛指呼吸喘急，《黄帝内经》有"喘鸣""喘喝"之称；朱丹溪在《脉因症治》中首创"哮喘"之名，后世医家又将哮和喘分而为二，明代《医学正传》中指出："哮以声响名，喘以气息言。夫喘促喉中如水鸡声者，谓之哮；气促而连属不能以息者，谓之喘。"朱丹溪在《金匮钩玄》云："凡久喘，未发以扶正气为要，已发以攻邪为主。"道明了治疗原则：未发病时扶正气，发病时要祛邪同时扶正气。

哮喘大体可分为寒喘和热喘，寒喘的小朋友，你可以想象他的气管就像是一个水管，一旦遇冷，就会收缩，中医的做法就是驱寒解表，把体内的寒气驱除，再温里化痰，改善寒性体质。热喘的话，他的气管不单纯是收缩起来，还会肿胀，这时候，就要清肺热，把身体的热清掉，气管才能恢复到正常状态。

芳香疗法上，我们可以使用定喘熏香方和按摩方。这两个配方没有明显的寒热倾向，主要目的是放松紧张痉挛的气管，清除黏液，适合大多数哮喘人群。

如果同时要处理脾胃，可以参见脾胃芳疗养护，如果有明显的热象，可以搭配清凉方使用。如果有明显的寒象，可以搭配艾灸和泡脚，配方参见前面过敏性鼻炎篇。如果伴有肾气弱或肾阳虚，可以参考肾元养护中的益气方和温阳方。

值得一提的是，如果发展到哮喘，还是有一定的风险，气管的严重痉挛，可能危及生命，所以以上处方只能作为辅助，请不要忽略及时就医。

最后来说说过敏体质的饮食建议。作为过敏体质，最好去检测过敏原，避免进食或接触过敏原，当然，检测只能作为参考，还需要留意生活环境及细心记录饮食，排查过敏原。另一个饮食上的元凶是食品添加剂，大量存在于加工食品中，食用色素、调味剂、防腐剂、增稠剂、塑化剂等，尤其是特应性湿疹的人群，在过敏性疾病中，它和饮食的关系最为密切。饮食上要多做减法，尽量少加工，让食物越单纯越好，这样也容易排查出过敏原。

　　清淡饮食很重要，多吃粗粮，未加工的海带和紫菜有祛痰的效果，不过偏寒，记得放姜一起烹调。不要吃太咸或是肥甘厚腻的食物，容易增加脾胃负担，宋代医家也曾说："因食盐虾过多，逆得齁喘之痰。"古人很早就发现，吃太多的盐、虾会引起哮喘，和现代的研究也是不谋而合。对于小朋友来说，常常是脾肺同病，所以更加要注意饮食，患过敏性鼻炎的小朋友，大多是寒底居多，所以不能多食寒凉水果，对抗生素和激素的使用要谨慎，切不可滥用，以免积寒于体，损伤正气，奶制品、肉、蛋、海鲜、鱼类易生痰，也不适合多吃。

　　睡眠也非常重要，不要超过晚上十点，晚睡耗阳伤阴损气血，好的睡眠才能给身体好好充电。最后是要进行适量的运动，帮助通畅身体，提升阳能，促进代谢，增强体质。

夜来清梦好——芳疗失眠调理

白岩松在《痛并快乐着》一书中，用一整章篇幅来诉说他曾经饱受失眠之苦："把失眠当病的人并不太多，可如果失眠一旦成了习惯，那种折磨犹如软刀子杀人，内心的挣扎和绝望感受比经历一场轰轰烈烈的大病还严重。在人群中，这种病多发，尤其在用脑之人的群体更为普遍。"失眠带给人的痛苦，只有深受其中的人才能体会。无奈的是，现代人失眠问题越来越高发，极大地影响了生理机能、精神状态以及心理健康。

人生中，大概有三分之一的时间是在睡眠中度过的，睡眠对于身体而言，是天地间最大的"补药"。正常人的睡眠分为快速眼动睡眠和非快速眼动睡眠。在快速眼动睡眠期，大脑活动增加，信息得到处理，从而加强学习和记忆功能。虽然非快速眼动睡眠期也会做梦，但大多数的梦都发生在快速眼动睡眠期。非快速眼动睡眠由四个阶段组成，第一阶段是浅睡眠，在这个阶段可以自然醒来，第四阶段是深睡期，很难被唤醒。一个完整的睡眠周期约90分钟，平均睡眠周期由四分之三的非快速眼动睡眠和四分之一的快速眼动睡眠组成。

对于新生儿来说，每天需要16小时的睡眠，青少年一般需要8~10小时的睡眠，大多数成年人夜间平均睡眠时长需要7~8小时，60岁以上的老年人只需要6小时的睡眠，但通常在白天要小睡一会儿。当然，每个人需要的睡眠时间是存在差异的，有些人天生就不需要太多睡眠，标准就是睡醒后是否精力充沛。

失眠症是指长时间的睡眠质量差，包括睡眠始发障碍和睡眠维持障碍，导致不能满足身体的生理需要，引发一系列的身体问题。诸如记忆力减退，注意力无法集中，精神萎靡，反应迟钝，从而明显影响日常生活和工作。

起始性睡眠障碍是指准备睡觉后，超过30分钟以上才能入睡。睡眠维持障碍是指入睡后频繁醒来、无法进入深睡期或是深睡时间短，易醒且醒来超过30分钟以上才能再次入睡，或是睡眠时间不足6.5小时。这种睡眠紊乱每周至少发生三次，并持续一个月以上，对身心都造成极大压力，会被认定为患有失眠症。

中医学认为，人的正常睡眠是体内阴阳之气规律转化的过程，张景岳《类经·十八卷·不卧多卧》有云："卫气昼行于阳，夜行于阴，行阳则寤，行阴则寐，此其常也。若病而失常，则或留于阴，或留于阳，留则阴阳有所偏胜，有偏胜则有偏虚而寤寐亦失常矣。""寤"就是睡醒的意思，"寐"就是睡着的意思。睡眠与卫气的循行有着密切的关系，卫气昼行于阳而夜行于阴，卫气同行于脉道，依赖五脏的正常运转而周行于身。

张景岳《类经·十八卷·不得卧》有云："凡五藏受伤，皆能使卧不安，如七情劳倦、饮食风寒之类皆是也。""营卫之气来源于胃受纳水谷之气，与脾的运化，肺的宣发肃降，肝的疏泄，肾的潜藏，心主血脉密切相关，脏腑功能和，营卫之气才能源源而生。有了营卫之气，还要运行顺畅，失眠患者多是病程较长，"久病入络"，络主血，脉络阻滞便会产生瘀，一方面营卫之气不能顺畅运行，另一方面气滞血瘀会导致心失濡养，从而引发寤寐异常。心主神明，是君主之官，心神不安自然是难以安睡。

《景岳全书·卷之十八·不寐》云："不寐证虽病有不一，然惟知邪正二字则尽之矣。盖寐本乎阴，神其主也，神安则寐，神不安则不寐，其所以不安者，一由邪气之扰，一由营气之不足耳。有邪者多实证，无邪者多虚证。凡如伤寒、伤风、疟疾之不寐者，此皆外邪深入之扰也；如痰，如火，如寒气、水气，如饮食、忿怒之不寐者，此皆内邪滞逆之扰也。舍此之外，则凡思虑劳倦，惊恐忧疑，及别无所累而常多不寐者，总属真阴精血之不足，阴阳不交而神有不安其室耳。"内外邪气之类的失眠，因为范围太广、成因复杂，非一章能尽言，故不在此篇讨论范围。现代人的长期失眠往往因为思虑过重，思则气结，气结则血滞，前面我们也提到思则伤脾，脾虚则气血生化不足，思虑过度亦伤肝血，使得阳不入阴造成失眠。《症因脉治·卷三·不得卧》云："肝火不得卧之因，或因恼怒伤肝，肝气怫郁，或尽力谋虑，肝血有伤。肝主藏血，阳火扰动血室，则夜卧不宁矣。"情志不畅，抑郁不欢，则会气机阻滞，肝气不舒，气郁则血不行，肝经血瘀，久而化热，便造成失眠，现代人的失眠大多数都是情志原因。

气血化生充足，血行通畅，上奉于心，则心得所养；受藏于肝，则肝体柔和；统摄于脾，则生化不息；调节有度，化而为精，内藏于肾；肾精上承于心，心气下交于肾，则神志安宁。

心属火，肾属水，两者相互作用相互制约，肾中真阳上升，能温养心火；心火能制肾水泛滥而助真阳；肾水又能制心火，使其不致过亢而益心阴。

心肾相交，则水火济济，天清地暖；心肾不交，则水火不济，神志不宁。

心肾不交也可能与中焦脾土有关，中焦阻滞便不能发挥土载四行的作用，圆运动便不能正常运行。

综合以上，处理失眠主要考虑畅通营卫，疏肝养肝血，调和脾胃，交通心肾。有实证者需祛风、祛寒、清热、行气化痰、活血化瘀等。

失眠人群，按虚实分类，实证有：

心火旺者，舌尖红，心烦、多梦、健忘；可以喝绿豆粥。

肝气不舒者，舌体两边鼓胀或舌中有裂纹，胸胁胀满；参考肝木调养篇。

脾胃不和者，舌苔白腻或黄腻，有寒湿或湿热，或是舌面水滑；参考脾胃调养篇。

瘀血者，舌体偏紫红，舌下脉络怒张；可服用三七粉。

虚证有：

心气虚者，舌尖凹陷，气短，乏力，神疲，有的人会出现胸闷，自汗这些症状；可以喝人参水。

脾气虚或脾阳虚者，舌边有齿痕，舌淡白，舌中可能有凹陷；参考脾胃调养篇。

肾气虚或肾阳虚者，腰膝酸软，脱发，有的人会耳鸣，舌下部可能有凹陷；参考肾元养护篇。

阴虚火旺者可参考引火归元篇养阴食谱，可以喝莲子粥养阴安神。

如果有实证，可以通过刮痧、推拿、按揉压痛点来疏通经络；肝气郁结的可以拍打肝胆经，或使用第七章的外治手法。脾胃问题可以坚持摩腹。除此之外，站桩、打坐也对改善失眠大有助益。失眠的原因有很多，最重要的是将身体调回中和、平衡的状态。

与失眠相关的脏腑较多，如果不懂辨证，有没有更温和，普遍适用的方法呢？

首先可以泡脚，能温和的引火归元，调理五脏。泡脚会使体温略微升高，在体温回落的过程，会产生困意，有助入眠及深睡。也可以泡浴，对身心是一种解压和放松。无论是泡脚还是泡浴，配合晚安沐足/泡浴方，效果会更好。

> **芳疗处方**
>
> ### 晚安沐足/泡浴方
>
> 真正薰衣草精油…3滴 ｜ 快乐鼠尾草精油…2滴
> 马郁兰精油 …………3滴 ｜
>
> 将以上精油滴入10毫升全脂牛奶中，充分搅拌乳化后，倒入水中。或将以上精油搭配精油乳化剂，一般精油与乳化剂的比例为1∶4，混合后使精油乳化，再倒入水中即可。

其次可以熏香，也是非常好的促进睡眠的方法，熏香可以直接影响神经系统，放松情绪，使呼吸变慢，心神趋于宁静，可以在每晚睡前使用晚安熏香方，当然也可以是你自己喜欢的、能让你放松的精油。

用精油泡浴或泡脚，对改善失眠功效卓越

> **芳疗处方**
>
> ### 晚安熏香方
>
> 佛手柑精油…………3滴 ｜ 橙花精油……………2滴
> 真正薰衣草精油…3滴 ｜
>
> 将以上精油滴入香薰机，在室内扩香即可。

还有按摩也是极适合现代人的安眠方式，对于成人来说，按摩有助放松疲惫的身心；对于孩子来说，按摩可以促进亲子感情，增加孩子的安全感。用精油按摩，一方面手法可以发挥放松作用，另一方面，更重要的是通过精油的吸收来发挥安眠作用，晚安按摩方适合成年人使用，如果是孩子，可以使用橙花和罗马洋甘菊精油各1滴，加入10毫升甜杏仁油中，为孩子睡前按摩。

用精油熏香，人体嗅吸精油后快速作用于神经系统，有助促进睡眠

芳疗处方

晚安按摩方

檀香精油⋯⋯⋯⋯⋯2滴	乳香精油⋯⋯⋯⋯⋯2滴
真正薰衣草精油⋯3滴	永久花精油⋯⋯⋯⋯1滴
快乐鼠尾草精油⋯2滴	

将以上精油滴入25毫升葵花籽油或甜杏仁油中，搅拌均匀，按摩身体。

以上三种方法可以单独使用其中之一，也可以结合使用，对于失眠人群来说，放松心情、卸下压力是最重要的，我接触的很多失眠个案，大多数都是心思敏感、容易焦虑、心情烦躁之人，对人对事都有较高的要求，或是心情抑郁寡欢、遇事不易想开之人。情志与生理机能互为因果，所以，失眠人群，调整自己的心性最为重要。

橙花精油可缓解焦虑、助益睡眠

佛手柑精油可放松紧张的精神状态

龙脉脊柱养护——『低头久坐族』不容忽视的健康隐患

自古以来，中国人就把脊柱称为"男人的龙脉，女人的凤骨"。脊柱在身体中扮演着非常重要的作用，不仅仅是支撑身体，从西医的角度来说，脊柱有很多神经与全身各处相连；从中医的角度来说，督脉是气血贯通上下的重要通路。现代人，因为长时间使用电脑、手机，让脊椎承受过度的压力，劳损严重。低头、久坐都是脊柱的健康"杀手"，如何养护脊柱便显得尤为重要。

人体的脊柱由33个椎骨构成，颈椎7个，胸椎12个，腰椎5个，骶椎5个，尾椎4个。5个骶椎融合为1块，4个尾椎

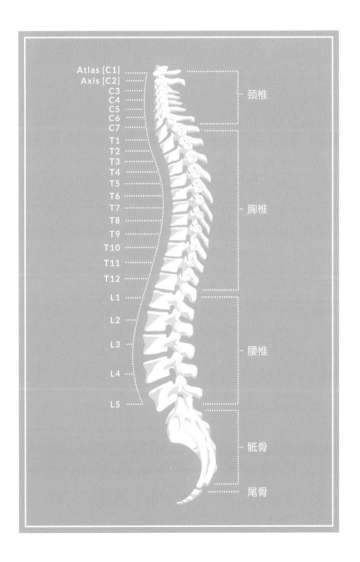

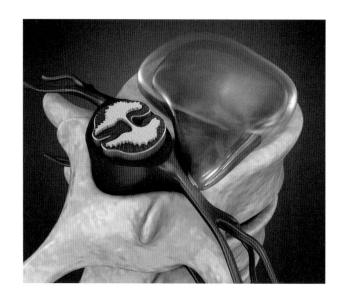

融合为1块，所以一般称为有26个椎骨。在国际通行的惯例中，习惯将颈椎、胸椎、腰椎、骶椎分别用C、T、L、S代表，后面加上数字表明自上而下的位置，比如C7就代表第七颈椎。

骨骼坚硬，"硬碰硬"便会造成伤害，所以在它们之间，依靠椎间盘来实现缓冲。椎间盘外部是一个封闭的纤维环，里面是髓核，是一种可以流动的胶冻状物质，正常情况下，髓核被纤维环包裹住，不会外溢，椎间盘发挥着"减震"的弹性作用，保护椎骨。如果椎间盘受到不正确的挤压，时间久了就有可能挤破纤维环，髓核脱出，就形成了椎间盘突出症，如果压迫到神经，则会影响神经所辐射的身体部分，比如腰椎间盘突出压迫到神经，便会影响同侧下肢，出现酸麻胀痛感。

椎骨由前方的椎体和后方的椎弓构成，它们中央有一个空间，也就是椎孔，这些椎孔随着脊柱上下排列，每个椎体的椎孔纵向相连，便形成了上下直通的管道，称为椎管。椎管内有又粗又长的神经通过，称为脊髓。整条脊髓，有31对脊髓神经：

颈神经有8对，通向五官、颈、肩、肘、手、脑神经、心、肺、血管等；

胸神经有12对，通向心、肝、脾、肺、肾和消化系统、泌尿系统；

腰神经有5对，与膀胱、大肠、小肠和神经系统相联系；

骶神经有5对，与1对尾神经一起，控制着人体的排泄系统。

31对脊神经连于脊髓，通过相应的椎间孔走出椎管，连接全身各处，支配它们的功能，脊髓与大脑共同形成中枢神经，是人体神经系统的主体。中枢神经系统接收全身各处的信息传入，经过加工分析后发出指令，指挥身体各项功能；或是将收集到的信息储存在中枢神经系统，成为学习、记忆的信息库。周围神经系统则负责感应和收集外界信息。

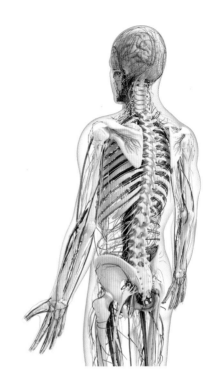

脊髓是四肢百骸的信息通路，负责信息传递与收集，将感知的信息传回大脑，再将大脑的命令发送至脊髓神经，传达至四肢百骸。我们的五脏六腑能够每天自主有序地完成工作，就是接受大脑信息的脊髓神经在发挥作用，如果神经受到压迫或损伤，便会影响身体的有序工作。

脊柱不同于普通的身体骨骼，比如四肢发生骨折，只要愈合后就不会造成太大的影响，即便有影响也仅限于局部。但如果脊柱骨折或关节错位，就会压迫甚至截断中央的脊髓，损伤脊髓神经，从而造成麻痹或瘫痪，也会影响身体功能，比如造成大小便失禁等。

除了椎骨和椎间盘，要想完成一系列的动作，形成我们"柔软的肢体语言"，还需要韧带与肌肉的参与，肌肉与韧带可以稳定、保护、平衡脊柱。肌肉与韧带不仅有弹性，还有力量，也就是张力。肌肉与韧带协助脊柱与椎间盘，完成扭头、弯腰、拉伸、转身等动作，韧带可以防止脊柱过度运动，形成一定的"拉扯"力，保护脊柱处于正常状态，并且维持脊柱的平衡，如果长时间不正确的姿势造成不均衡的受力，或是一侧的肌肉与韧带过度劳损，则会造成身体的歪斜，比如青少年越来越常见的脊柱侧弯。韧带是保护椎体稳定的主要结构，牢牢地"粘住"椎体，减轻椎间盘的负担。椎间盘的伤害往往是在肌肉与韧带过度劳损的情况下发生的，因为过劳，所以就没办法好好发挥稳定、保护、平衡脊柱的作用，从而造成椎间盘的损伤，进而造成神经压迫等问题。

整条脊柱，无论是哪个部分出了问题，都有可能引发一系列的身体状况。

颈椎有问题，有可能会造成脑供血不足、血压异常、心绞痛、神经衰弱、头晕、偏头痛、失眠、健忘、耳鸣、三叉神经痛、恶心、头昏等；

胸椎有问题，有可能会造成气短、胸闷、冠心病、胸痛、消化道疾病等；

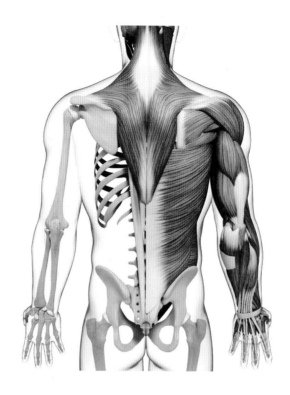

　　腰椎有问题，有可能会造成大腿酸麻胀痛、便秘或腹泻、腰软无力、性欲减退、排尿困难、静脉曲张、月经不调、痛经、坐骨神经痛、膀胱炎等；

　　骶椎有问题，有可能会造成痔疮、直肠炎、腰背痛、行走困难、膝关节痛等；

　　尾椎有问题，有可能会造成脊椎弯曲、髋骨关节炎、前列腺炎、马尾神经痉挛、酸痛等。

　　脊柱也是督脉循行的路线，《难经·二十八难》云："督脉者，起于下极之俞（长强穴），并于脊里，上至风府，入属于脑。"督脉被称为"阳脉之海"，分支和络脉联系很广。"督"有总督、督促之意，督脉在背部，背为阳，督脉对全身阳经有统率、督促的作用，而大椎更是各阳经的交汇点。带脉出于第二腰椎，与阳维脉交会于风府、哑门。督脉循行脊里，入络于脑，又络肾，与脑、髓、肾都有密切的联系。脑为"元神之府"，经脉的神气活动与脑有密切关系。

　　如果督脉脉气失调，"实则脊强，虚则头痛。"我们都知道，"痛则不通，通则不痛。"如果长时间久坐、久视，就会造成气血循行不畅。任督二脉形成的循环就是一个小周天。督脉不通，任脉也会受到波及。因此，一旦督脉脉气痹阻，引发的疾病遍及全身，阳气受阻，则五脏六腑的功能都会受到波及。

脊椎旁是足太阳膀胱经循经的路线，有五脏六腑重要的俞穴，又称为十二俞穴：

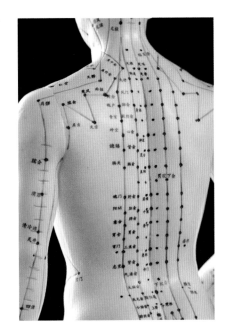

第三胸椎棘突下，旁开1.5寸，是肺俞；

第四胸椎棘突下，旁开1.5寸，是厥阴俞；

第五胸椎棘突下，旁开1.5寸，是心俞；

第九胸椎棘突下，旁开1.5寸，是肝俞；

第十胸椎棘突下，旁开1.5寸，是胆俞；

第十一胸椎棘突下，旁开1.5寸，是脾俞；

第十二胸椎棘突下，旁开1.5寸，是胃俞；

第一腰椎棘突下，旁开1.5寸，是三焦俞；

第二腰椎棘突下，旁开1.5寸，是肾俞；

第四腰椎棘突下，旁开1.5寸，是大肠俞；

第一骶椎棘突下，旁开1.5寸，是小肠俞；

第二骶椎棘突下，旁开1.5寸，是膀胱俞。

为什么要常常疏通膀胱经，就是因为膀胱经在背部，有很多重要的俞穴，背俞穴是五脏六腑之气输注之处，最能反映脏腑功能的盛衰，对于治疗五脏六腑的疾病有重要作用，同样的，如果久坐不动，也会造成膀胱经不通，便会反向影响五脏六腑的健康与平衡。器质健康影响功能发挥，反过来功能受阻也会影响器质健康。

长时间低头看手机、久坐，无疑是对脊柱影响最大的坏习惯，经年累月的不正确姿势，过度的负荷，让颈、背、腰都处于非正常生理体位，肌肉僵硬、韧带劳损，椎间盘压力增大，积劳成疾。除此之外，寒湿侵袭，也是造成脊柱损伤的重要原因，寒则收、则凝，湿则滞、则阻，寒湿会阻碍气血的顺畅流通，气血不通则百病由生。

所以要想养护好脊柱，就要建立良好的生活习惯，还要常常疏通经络，舒缓肌肉紧张，释放韧带压力，及时处理肩颈腰背不适，以免进一步损伤椎间盘，阻滞气血循环，影响脊柱健康。

我们可以用舒缓按摩方，为身体做疏通按摩，可以配合刮痧板疏通膀胱经，也可以用简单的推拿手法来疏通，同时，手法还能放松肌肉，将"堵点"按揉开，恢复气血、

长期低头易引发颈椎疾病

经络的畅顺。配方中的山金车浸泡油可以缓解肌肉紧绷感，活血散瘀，治疗扭伤及肌肉疼痛。圣约翰草浸泡油有镇定和稳定神经的能力，还能促进气血循环，缓解肌肉僵硬。

脊柱养护，重在预防，对于离不开手机和电脑的久坐族和低头族，非常有必要好好关注脊柱保养，常常用精油为自己、为家人按摩，及时疏通压痛点，也就是不通之处，缓解过于疲乏和紧张的身体。脊椎的伤害是一步步加深的，因为有韧带和肌肉的保护，并不会一开始就伤到脊椎。利用精油和推拿手法，可以很好地释放、舒缓韧带和肌肉的紧张

芳疗处方

舒缓按摩方

乳香精油……………2滴	芳香白珠精油………1滴
没药精油……………2滴	欧洲刺柏精油………1滴
真正薰衣草精油…2滴	欧白芷精油…………1滴
姜精油………………1滴	

将以上精油滴入15毫升葵花籽油或甜杏仁油中，另加入5毫升山金车浸泡油，5毫升圣约翰草浸泡油，搅拌均匀，作为按摩或刮痧用油。

与劳损，就像我们的爱车，时常保养，小问题及时处理，才能用得更久更好，如果一度过损却不关注，则会很快伤及核心，这便是脊柱养护的意义所在。

窈窕淑女君子好逑——芳疗纤体瘦身

瘦身，是女性聚会中经久不衰的话题。"瘦了还是胖了"是女性时刻关注的焦点。有些女性，为了瘦，不惜付出健康的代价，节食不吃饭、只吃蔬果汁、剧烈运动大量出汗、吃减肥药、用收腹带紧紧勒住自己……这些过激的减肥方法，影响女性脾胃健康、月事，甚至怀孕，所以不要再盲目减肥了，保持理智与清醒的头脑，在健康的基础上雕塑形体，方为正道。

人处于自然中，便离不开自然之道。自然之道言平衡，凡是激进、脱离正常规律的事物，即便带来一些"好处"，往往潜藏更深的"害处"。不论什么类型的体质要减肥，都要遵循身体运转的规则，找到肥胖背后的原因，去改善它，只要坚持，或早或晚一定会有效果。

首先来了解，什么样的人群算肥胖。国际通行的体重指数BMI的计算方法是：体重（kg）/身高（m²），比如一位女性身高1.60米，体重60kg，那么她的体重指数就是$60/1.6^2$，约为23.44，按照国际标准，体重指数在18.5以下是过瘦，在18.5~24.9是正常，在25~29.9属于超重，在30~34.9属于肥胖，高于35就属于严重肥胖了。

按照这个计算方法，身高1.6米，体重60公斤的人，属于正常。看到这个结果，很多女性会惊呼：这不可能，60

身体质量指数（体重指数）

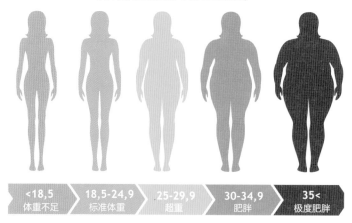

<18,5 体重不足	18,5-24,9 标准体重	25-29,9 超重	30-34,9 肥胖	35< 极度肥胖

公斤太胖了！这里面有两个问题，第一是国际通行的体重指数对各个国家和地区的人群，是否要有区别？第二是以体重这个单一数据来判断胖瘦是否片面？

对于欧美人来说，普遍食肉多，而中国人主要是谷食，因此我们的饮食普遍没有欧美人的热量高，加上中国人晒太阳和运动远不如欧美人，基于这些原因，注定我们的"热能"不如欧美人，尤其是脏腑的热能不如欧美人，所以身体胖，脂肪都集中在脏腑周围，越冷的区域越需要脂肪来"保温"，脂肪集中在上半身，尤其是腰腹部位，会显得更胖。另有调查表明，在欧美体重指数为30的人群与中国体重指数为25的人群，糖尿病的发病率是接近的。所以，BMI指数的标准放在中国人身上，要适当调整，有医学研究者认为，中国人正常体重指数只要超过22.6，就应该算超重，而欧美人，则要超过24.9才算超重，这是从肥胖与疾病关联的角度来分析。

按这个标准调整过后，如果体重指数不超过22.6，就是1.6米的人，体重为57.8公斤以下，则不算超重。这个结果对有些女性来说还是不能接受，假设1.6米的女性体重57公斤，她仍然会认为自己偏胖需要减肥，所以这里又有另外一个问题：体型与体重的关系。如果一个人常常锻炼，身上的肉紧实，不是脂肪而是肌肉，那么55公斤肯定不胖，身体会有不错的曲线。但如果一个人不锻炼，身上都是松松垮垮的脂肪，那么从观感上，55公斤看上去确实不够"苗条"。

综上所述，BMI的计算方法仅供参考，重点是身体够不够结实，是不是有足够的能量参与代谢，这才是健康的瘦，健康的美。在脾胃保养一章有说过，脾主肌，脾胃好的人，肌肉结实，反过来，常常运动让身体更结实，也会促进脾胃健康。胖与瘦，确实与脾胃有着非常紧密的关系。

人为什么胖？其实只要理智思考一下，不难得出答案：

第一，受纳过量，就是吃进去太多，身体消耗不了就囤积起来成了脂肪；

第二，消耗过少，就算吃得不算太多，但如果没有正常的运动消耗，也会囤积为脂肪；

第三，代谢障碍，就是身体不够通，其实这和第二条也是息息相关的，如果运动多，身体就会通，代谢就会正常，运动多肌肉的比重也会更大，肌肉里的线粒体可以"燃烧"脂肪，常运动的人，肌肉结实，即便多吃也不容易产生肥胖问题，因此，增肌是很重要的。另外一种则是病理性的代谢异常，这时候就不是追求瘦为首要目标了，而是先让身体回到健康状态；

第四，中医讲"胖人多痰湿"，身体热能不够则水湿痰饮积聚。如果是阳虚体质，身体出于"保温"的需求必须囤积脂肪，达到"病态"的平衡，这时候通过一些激进的手法把脂肪去掉，身体还是要长回这些脂肪，以维持"平衡"，只有把寒和湿祛除，身体才能真正摆脱脂肪的"保护"，达到稳定的"减肥"效果。

我们明白了肥胖的原因，就不难找到相应的处理办法，除了合理饮食，适当运动，芳香疗法可以在促进代谢以及驱除身体寒湿方面，为减肥"助力"，让身体更快达到瘦身的效果，并且在瘦身的同时调整了体质，不易反弹。芳疗处方分两部分，一个是循环代谢清灵方，主要是利用一些帮助身体循环系统工作的精油，提升代谢机能；一个是瘦身紧

暴饮暴食及不健康的饮食结构是造成肥胖的原因之一

芳疗处方

循环代谢清灵方

| 玫瑰天竺葵精油⋯⋯⋯⋯2滴 | 葡萄精油⋯⋯⋯⋯2滴 |
| 欧洲刺柏精油⋯⋯⋯⋯3滴 | 山鸡椒精油⋯⋯1滴
北非雪松精油⋯⋯⋯⋯2滴 |

将以上精油滴入25毫升葵花籽油或甜杏仁油中，搅拌均匀，推揉全身。

芳疗处方

循环代谢清灵方

| 马鞭草酮迷迭香精油⋯⋯⋯⋯3滴
黑胡椒精油⋯⋯2滴 | 永久花精油⋯2滴
松红梅精油⋯1滴
姜精油⋯⋯⋯⋯2滴 |

将以上精油滴入25毫升葵花籽油或甜杏仁油中，搅拌均匀，推揉全身或想瘦的部位。

致清灵方，可以帮助身体消解脂肪，提升热能，排除寒湿。

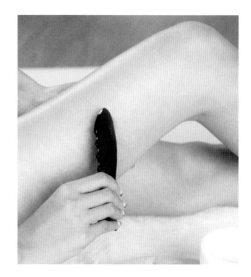

这两个版本的配方，可以作为身体按摩油，手法很简单，下半身往腹股沟方向推揉，上半身往腋窝方向推揉。也可以作为刮痧油，配方刮痧板使用，月经期间不刮痧，痧出后，要等痧退再刮。有的人，身上的肉很"僵硬"，但并不是结实的肌肉，可以通过手法让身体"柔软"下来，坚持推揉按摩一段时间，瘦身的效果便会慢慢体现。

瘦身期间饮食要正常，不要暴饮暴食或饥一顿饱一顿；不要只吃水果，很多水果都是偏寒凉的，会加重脾胃的寒湿；也不要拒绝碳水化合物，凡事都是适量，因为不可能一直不吃碳水，始终要回归正常的饮食和生活，身体需要在规律、正常的饮食状态下达致瘦身效果，这样才不会反弹；运动建议在白天，很多人晚上去健康房拼命锻炼或长时间夜跑，出汗确实可以让人短暂舒爽，但超量的运动、过量的出汗也是耗气伤津的，晚上阳要慢慢入阴才能进入睡眠，这时候运动把阳气搅动起来，便是"逆向行之"。当然，"利"与"不利"都是指长期的状态，偶尔为之，则无须过于介怀，常态才有讨论的意义。

清水出芙蓉——芳香疗法轻简护肤

断舍离，是很多人崇尚的生活哲学。护肤也是一样，芳香疗法倡导"轻易养护"的理念，"轻"即极简，"易"即平衡，给肌肤真正需要的营养与能量，肌肤就会有良好的呈现，也不会产生额外的负担，就如同宋代的极简美学精神。真正的美，不求繁复，恰到好处。

无奈的是，现代女性的妆台，护肤品越来越多，保养步骤越来越复杂，常常是里三层外三层的涂抹，让肌肤不堪重负，造成毛孔阻塞，长痘，长脂肪粒，越来越敏感等问题。其实，肌肤想要的并没有那么多，抹太多往往是因为每一个抹在脸上的产品，护肤的效能都不够，所以要叠加功效。如果每个步骤都是有效的护肤，又何须无限叠加呢？芳香疗法轻简护肤，追求的就是精准、高效，摒弃一切繁复。

很多女性最开始接触精油，都是用于皮肤保养，精油的分子很小，可以透过皮肤深入肌底层发挥功效，尤其在以下几方面呈现优势效能。

第一，舒缓敏感。精油取材于大自然，温和、亲肤性高，不给皮肤带来负担，也不易引起皮肤过敏，因此对敏感肌肤非常友好。另一方面，精油中含有的母菊天蓝烃、没药醇等成分，在皮肤发生敏感反应时，可以疗愈敏感，所以，芳疗的确是敏感肌的好朋友。被誉为化妆品公司最信

赖的皮肤顾问莱斯利·褒曼医生也认可芳香疗法用于护肤的优势，她指出："皮肤过敏最常见的过敏原是香料和防腐剂，国际日用香料香精协会（International Fragrance Association, IFRA）开展了一项计划，旨在开发适用于化妆品的安全香料，最近的研究已经证实了芳香疗法的好处。"

第二，促进新生。很多精油含酮类、醇类分子，这些天然化合物能有效帮助肌肤再生。在介绍薰衣草精油时，有提到芳疗之父盖特福塞的故事，充分展示了精油强大的修复功效。除了薰衣草，还有很多精油在这方面表现卓越。

第三，美白、去黄、淡斑。很多精油可以抑制酪氨酸酶的形成，从而阻断黑色素的生成，在美白肤色方面非常有优势，中国人讲，一白遮三丑，皮肤白皙，是很多女性追求的护肤目标，精油在这方面，温和安全有效。需要提醒的一点是，虽然柠檬精油可以美白，但具有光敏性，使用过后要严格禁止日晒。当然，除了柠檬，还有很多精油可以美白，却没有光敏性的困扰。

第四，抗衰老。精油可以抗氧化，增强肌肤紧致度和弹性，促进微循环，保持肌肤活力。现今欧洲仍有不老女神代言的匈牙利皇后水，其主要成分就是迷迭香纯露。如果你长时间用马鞭草酮迷迭香纯露敷脸，会明显感觉到皮肤的紧致，对皱纹的修护非常有好处，需要强调的一点是，马鞭草酮迷迭香的紧肤效果缘于它的强收敛性，也正是因为这一特性，使它的保温性能相对较弱，所以干性肌肤建议搭配玫瑰天竺葵纯露一起使用。

第五，处理痘肌炎症。很多精油具有抑制细菌滋生、平衡或收敛油脂分泌的效果，加上我们上面提到的促进新生的效果，就非常适合痘肌护理，消炎并防止重复感染，帮助快速愈合，活化血液循环，避免留下痘坑痘印。

那芳疗护肤，有什么样的运用方式呢？一起来了解。

· 洁肤

洁肤，目的是把皮肤清洁干净，清洁的对象主要是：皮肤自身的代谢产物，皮脂腺分泌的油脂和空气里的脏污混合的产物，防晒及彩妆品。所以常用的洁肤产品有两种：卸妆油及洁面露/皂。

彩妆是不溶于水只溶于油的，所以最简单、最温和的方式就是用油将彩妆融解，这是物理溶解的方式，为了更好地冲洗，会加入乳化剂，它可以让油遇到水以后瞬间乳化，不至于黏附在皮肤上不易冲洗。

溶解彩妆的油，市面常见的有矿物油和植物油两种，矿物油容易堵塞毛孔。芳香疗法使用天然的植物油，还可以调配精油，一方面可以营造香氛，另一方面可以调理肤质。

洁面露则更为简单，可以用植物油或是纯露，搭配温和的起泡剂，干性肌肤适合油底，油性肌肤适合纯露底，起泡剂推荐氨基酸型，洁净力足够，却又非常温和，如果不小心沾染眼部，也不会产生刺激，小朋友使用的洗发水或沐浴露，也可以用纯露及氨基酸起泡剂来调配。

芳香疗法还常用洁面皂，皂是由植物油和碱发生反应，产生皂和甘油，皂可以清洁皮肤，甘油可以滋润皮肤，为什么化工皂用完皮肤会干？是因为工业生产将里面的甘油提取出来用于护肤品的制造，所以缺失了滋润肌肤的成分。而手工皂，完整地保留了甘油成分，所以用完不会让皮肤觉得干燥。

用来制作手工皂的油脂，可以根据肤质来选择，植物浸泡油也非常受欢迎，比如菊花、紫草、金盏花、艾草等浸泡油，实现更丰富的护肤功效，这和古人的思路多有相仿。

皂分两种，固体皂和液体皂，液体皂需要用水剂稀释，在水剂的选择上，又可以丰富多样，比如绿豆水、红茶水等，当然也可以用纯露。固体皂和液体皂都可以添加精油，实现多元功效。

不难看出，芳疗的轻易养肤理念，虽然步骤简单，但在一个步骤的产品上，就可以实现多样的个性化需求，取材天然，借助自然的能量调理肌肤，不会给肌肤和环境带来负面影响。精油是高精纯物质，集合了植物最具疗愈性的精华部分，植物油、纯露、精油都有非常多的品种可以选择，每个品种都有自己的功效特性，可与肤质和需求进行精准匹配，所以才能实现极简护肤，否则就算步骤再简单，如果没有实现优秀的护肤功效，那也毫无意义。

我们的皮肤上有很多皮脂腺，它会分泌含蜡酯、甘油三酯和角鲨烯的皮脂，形成薄膜，帮助皮肤裹住水分，油脂过多会容易黏附空气里的脏污，造成毛孔堵塞，油脂过少则会造成皮肤干燥。青春期油脂分泌旺盛，可以每日使用洁肤产品一到两次。20岁以后，一天只需使用洁肤产品一次。越是干性的皮肤，清洁的次数要越少，人体自身分泌的油脂，本身对皮肤有滋养和保护的作用，过度清洁会让皮肤变得干燥、敏感。随着年龄的增长，皮肤的锁水功能越来越弱，皮脂腺功能也逐渐衰退，这时候，就需要减少使用清洁产品的次数，两天或三天用一次，其他时间只以温水洁肤即可。

需要强调的一点是，青春期才会有油脂分泌过旺的问题，如果25岁以后还呈现出油皮状态，往往代表皮肤深层缺水以及水油不平衡，因为缺水，皮肤才会大量分泌油脂进行自我保护，此时过度清洁，会造成皮肤更干、分泌更多油脂、皮肤更油的恶性循环，正确的做法是大量补水，平衡水油，改善肌底层的干燥，油脂分泌的问题才能得到彻底解决。

· 爽肤

芳疗所用的爽肤水就是纯露，有很多的品种，纯露对皮肤非常友好，而且功效全面，各个品种可以搭配使用。

纯露正确的使用方法是重复多次的
拍拭，很多人使用纯露只拍一次，就进
行润肤步骤了，但实际上，纯露非常亲
肤，极易吸收，要让肌肤"喝饱水分"，
才能更好地吸收乳霜，所以要重复多次
拍拭，重复的过程可以使用一个品种，
也可以使用两个或多个品种，比如对于

熟龄肌肤，可以使用玫瑰→天竺葵→橙花→乳香纯露，前后顺序可以调换，没有严格的要求，重点是重复多次，确保肌肤吸收足够的水分。

纯露也可以当成面膜使用，用压缩纸膜浸泡纯露，敷在脸上，再准备一个喷瓶，在敷脸的过程持续喷湿，因为纸膜携带水分的能力有限，很快就会被皮肤吸收，所以需要重复喷湿以保持源源不断的水分输入，敷脸的过程一般在15~20分钟，如果时间允许，可以每天敷脸，替代爽肤步骤，然后进行润肤。纯露非常温和，而且轻透，不会给肌肤带来任何负担，所以即使天天敷脸，也不用担心会长脂肪粒或者其他不良反应，可以安心使用。

东方人皮肤正常的pH应该在4.5~6.5，最低可到4.0，最高可到9.6，比较优秀的状态是在pH 5.0~5.5。所以，我们在选择纯露的时候，要留意纯露的pH，将各个纯露进行搭配使用，让皮肤的pH处于适合水平，会让皮肤更健康，吸收能力也更强。收敛性质或pH偏低的纯露，比如迷迭香、罗马洋甘菊纯露这一类，一般要搭配保湿功效的纯露一起使用，比如天竺葵、玫瑰纯露等，那些超出皮肤正常pH的纯露并不是不能使用，反而会有特别的功效，比如岩玫瑰纯露的pH 2.9~3.1，虽然很低，但其收紧肌肤的功效特别好，可以抗衰去皱，所以每一个品种的纯露都有她自己的特质和优势，我们要善于搭配，选择适合自己肤质和需求的纯露。

· 润肤

无论是市售乳霜还是芳疗乳霜，其本质都是水和油乳化的结果。水和油也是乳霜中含量最大的成分，所以它们的好坏，直接决定了乳霜的功效和品质。

芳疗乳霜以纯露来代替水，在水相中可以用不同品种的纯露，呈现出非常多样的功效选择，适合不同的肤质。油相的选择则更讲究。

常见护肤品中的油脂有很多种，按品质从低到高为：

· 矿物油：矿物油不能被皮肤吸收，会在皮肤表面形成一层膜，造成皮肤肌底严重缺水又掩盖缺水现象，极易出现皱纹和老化现象，且会阻塞毛孔，造成脂肪粒或痘肌。

· 氢化植物油：是一种人工合成油脂，我们已经知道要尽量避免食用氢化植物油，以免影响身体健康。氢化植物油不能为皮肤提供营养，且有造成粉刺的风险。

· 高温萃取植物油：高温可以使油的产量增加，但也会造成营养成分的流失，不适合用于护肤。

· 低温物理压榨植物油：这种方法获得的植物油，较大程度保留了植物油的营养成分，对肌肤非常有益。

· 有机认证植物油：野生及有机认证的植物油，品质更高，护肤功效更好。

天然植物油也有很多品种，比如常见的有荷荷巴油、甜杏仁油、葵花籽油、小麦胚芽油、阿甘油等，对肌肤有全面温和的护理功效，而玫瑰果油、石榴籽油、沙棘籽油、仙人掌籽油这一类珍稀植物油，产量很低，被誉为"植物水光针"，对肌肤的保养效果极其卓越。

乳霜质地由两个因素决定：水油比例以及乳化程度。所以，乳液和面霜实际上是同一个产物，其工艺原理并无太大差异，只是成分的比例不同，造就不同的质地。

芳疗乳霜会依据肤质和需求添加不同的精油，实现多样化的个性选择，精油的分子很小，一般护肤品成分的相对分子质量是500~1000，精油分子是150~225，所以精油可以深入肌肤发挥功效。因此不建议将精油加入普通的市售面霜中，以免精油成为载体，将防腐剂、香精等成分带入皮肤底层。

· 养肤

芳疗界认为真正会保养的女人都会用油。油是最源远流长的一种用法，也是传统芳香疗法沿袭下来最古老的保养术。中国古人的养肤方式，也多是以油质为基底，西方也一样，甚至有奢华的油浴（Shirodhara），天然的油脂非常容易吸收，加入精油后，护肤效能更高。

水和油都是皮肤需要的，水相（纯露）可以即时补充水分，油相（植物油）可以实现长效滋润，二者缺一不可，乳霜很好地结合了水相和油相，给皮肤水油均衡的滋养，随着年龄的增长，皮肤对于油分的需求会越来越高，油分含有更高的营养，所以熟龄肌肤非常有必要加入养肤步骤，使用天然植物油和精油呵护肌肤。

真正好的护肤精华油，是容易被皮肤吸收利用的，所以不用担心太油、长脂肪粒等问题，其实脂肪粒的成因是因为不能吸收，即便是水状的精华也有可能长脂肪粒，所以关键不在于质地，而在于亲肤吸收程度。

· 面膜

芳疗面膜是将精油调配在黏土、芦荟胶、乳霜等基底中，实现清洁、调理、滋养功效。

深层清洁面膜运用天然黏土（Clays）和纯露，调配成泥状，这些黏土来源于天然火山灰、沉积土等，经过大型的液压粉碎机研磨，得到非常精细、轻质的黏土，具有强大的吸附能力，可以吸附毛孔中的脏污，而且非常温和、还可以搭配精油，使平衡水油、通透毛孔的功效更好。

芦荟胶是非常好的面膜敷料，将精油调配在芦荟胶里，可以实现多样化的配方，比如美白淡斑、平衡水油、舒敏安抚、痘肌调理、淡化痘印、紧致嫩肤、晒后修复等功效。

乳霜滋养面膜通常是滋润度较高的乳霜，厚敷于面部，也可以用作晚安面膜，不需要清洗，为肌肤提供更深度、更长效的滋养呵护。

芦荟胶可以让精油的吸收
率提升四倍

在配制一个芳疗处方之前，需要对皮肤先做分析，了解自己的皮肤类型。肤质一般分为干性、油性、中性、混合性及敏感性。

干性皮肤的特征是肤质较细腻、较薄，毛孔不明显，皮脂分泌少，相对均匀，没有油腻的感觉，容易长细纹，脱皮，长斑。在秋冬季节或是夏季空调房里，会感觉皮肤很干，甚至使用保养品时有刺痛感，如果在夜间不进行肌肤保养，第二天起来会觉得皮肤有紧绷感，甚至有细碎的皮屑。平时化妆容易出现卡粉，上妆不服帖等现象。

油性皮肤的特征是脸部油脂分泌旺盛，在夏天尤其显得油光满面，不容易长皱纹，毛孔相对粗大，容易产生毛孔堵塞，造成白头、黑头，较容易长痘，如果夜间不进行肌肤保养，第二天也不会觉得皮肤干，平时化妆容易出油、脱妆。

混合性皮肤主要出油在T区，脸颊则呈现干性或偏中性的特征，T区毛孔略粗大，脸颊则毛孔不明显，偶尔长痘。

中性皮肤在各方面都呈现平衡完美的状态，不油不干，没有痘痘也不易长皱纹，不易脱妆，也不易过敏。

敏感肌肤，皮肤薄，易发红，容易有红血丝，对护肤品的选择要格外谨慎，对外界刺激敏感，容易泛红、发热、起疹，甚至红肿。敏感肤质不是独立的一个标签，一般来讲敏感肌肤容易偏干，或呈现混合性肌肤状态，由于现代人的饮食、生活及护肤习惯，敏感肌人群呈现上升趋势。

了解自己的肤质后，就可以来制定自己的芳疗护肤处方，比如干性的皮肤，同时有抗皱的需求，皮肤偶尔还容易敏感，那我们就可以在保湿、抗皱、舒敏里各选择一个精油来组合配方，当然，如果一款精油刚好同时符合两个需求，会是更佳选择。

精油品种	干性肌肤	敏感肌肤	平衡水油	去皱嫩肤	美白淡斑	收缩毛孔	淡化痘印	调理痘肌	红血丝	疤痕
玫瑰										
檀香										
茉莉										
橙花										
苦橙叶										
佛手柑										
乳香										
没药										
芹菜籽										
野胡萝卜籽										
广藿香										
真正薰衣草										
穗花薰衣草										
沉香醇百里香										
马鞭草酮迷迭香										
辣薄荷										
快乐鼠尾草										
香蜂花										
罗马洋甘菊										
德国洋甘菊										
永久花										
玫瑰樟										
芳樟										
山鸡椒										
茶树										
香桃木										
五脉百千层										
北非雪松										
丝柏										
欧洲刺柏										
玫草										
柠檬草										
玫瑰天竺葵										
依兰										

最后，再来了解斑点肌肤的芳疗护理。斑有很多种，常见的有晒斑、黄褐斑、老年斑、雀斑。精油对于晒斑、黄褐斑的效果不错，虽然需要一些时间坚持使用，但非常温和，在淡斑的同时还能调养肌肤，对整体肤质的改善大有助益。淡斑最适合膏脂，膏脂可以融合高浓度的精油，同时涂抹在脸上不会马上被

芳疗处方

雪莲凝脂淡斑方

玫瑰精油 ············· 3滴 ｜ 檀香精油············· 2滴
橙花精油 ············· 3滴 ｜ 玫瑰天竺葵精油···2滴

取石榴籽油、沙棘籽油、玫瑰果油、阿甘油各5克，加入纯天然蜂蜡5克，隔水加热融化后，滴入以上精油，搅拌均匀，倒入消毒过的膏霜瓶中，置于室温，待其凝固便可。可视皮肤对精油的耐受度，灵活调整精油比例。

吸收，降低高浓度精油带来过敏的可能性，缓慢释放精油效能，长效发挥作用，坚持使用，能让肌肤如雪，澄净如莲，素肌若凝脂！

无论是植物油、纯露还是精油，在护肤方面都能呈现惊艳的效果，芳疗用于护肤实为"降维运用"，因为精油的效能并不局限于护肤，精油在身体调养、疾病调理方面都有让人赞叹的效果，用于护肤乃大材小用，但换个角度，降维，意味着更高性价比、更高护肤效能，同时，自然的精华不会给皮肤和身体带来任何负担，"Less is more—— 少即是多"，就是我想倡导的芳疗轻易护肤理念，愿大家享受自然，向美而生！